建筑节能和功能材料工程系列丛书

建筑功能材料

主编　贾润萍　徐小威

同济大学 出版社
TONGJI UNIVERSITY PRESS
·上海·

图书在版编目(CIP)数据

建筑功能材料 / 贾润萍,徐小威主编. —上海：
同济大学出版社，2023.8
ISBN 978-7-5765-0396-8

Ⅰ. ①建… Ⅱ. ①贾… ②徐… Ⅲ. ①建筑材料-功
能材料 Ⅳ. ①TU5

中国国家版本馆 CIP 数据核字(2023)第 092511 号

建筑功能材料

主　编　贾润萍　徐小威
责任编辑　胡晗欣　　**责任校对**　徐逢乔　　**封面设计**　潘向蓁

出版发行　同济大学出版社　　　　www.tongjipress.com.cn
　　　　　　(地址:上海市四平路 1239 号　邮编:200092　电话:021-65985622)
经　　销　全国各地新华书店
排　　版　南京文脉图文设计制作有限公司
印　　刷　江苏句容排印厂
开　　本　787 mm×1092 mm　1/16
印　　张　13.5
字　　数　337 000
版　　次　2023 年 8 月第 1 版
印　　次　2023 年 8 月第 1 次印刷
书　　号　ISBN 978-7-5765-0396-8

定　　价　66.00 元

前　言

　　建筑功能材料是指建筑物中担负某些建筑功能的非承重用材料,是建筑材料的重要分支。随着建筑行业的快速发展和新技术及新工艺的研发,建筑功能材料及产品也在发生着巨大的变化,不断有新型的建筑功能材料投入市场。此外,部分建筑功能材料标准及规范不断更新,为了满足学生对建筑功能材料的正确认识和应用,编写一本反映当代建筑功能材料发展及应用现状的教材很有必要。

　　本书理论联系实际,紧密结合建筑功能材料领域的最新研究成果、产品生产及其在建筑工程设计、施工、管理等方面的应用,同时引入最近颁布的新标准和新规范,符合我国高等教育对技能型人才培养的要求。书中较为全面地介绍了各类建筑功能材料的功能原理(机理)、基本要求、基本组成、特性、规范及应用。

　　本书是根据高等学校材料科学与工程(建筑节能材料)专业本科教学大纲编写的,主要内容包括防水材料、防腐材料、声学材料、密封材料、防火材料、智能建材、绿色建材。本书适用面广,具有先进性、科学性、实用性、规范性及通用性等特点,可作为高等学校材料科学与工程类专业以及建筑学专业、土木工程专业、工业与民用建筑专业、建筑工程管理专业等本科生和研究生用书,也可作为建筑、建材等部门有关设计、科研、施工、管理、生产人员的参考用书。

　　本书由贾润萍编写第1,2,5,8章,徐小威编写第3,4,6,7章;贾润萍进行统稿工作,徐小威进行校核和修编定稿。

　　本书的编写得到了上海市教委、上海应用技术大学上海市应用型本科试点专业、中本贯通教育培养试点专业建设的支持。编写过程中参考了国内出版的一些同类教材、资料,在此对原作者表示衷心的感谢。由于建筑功能材料发展迅速,以及研究内容涉及很多跨学科的知识,同时限于编者的学识水平,加之时间仓促,书中难免有疏漏和不妥之处,恳请广大读者及同行专家批评指正。

编　者

2023 年 5 月

目　录

第1章

绪　　论

1.1　建筑功能材料的含义与分类

1.1.1　建筑功能材料的含义

建筑材料是土木工程的物质基础,在人类的生产和生活中占有极为重要的地位。建筑材料的种类繁多,可以按不同原则进行分类。其中,根据使用功能,可将建筑材料分为结构材料、装饰材料和建筑功能材料。结构材料主要是指构成建筑物受力构件和结构所用的材料,如梁、板、柱、基础、框架和其他受力构件所用的材料,对这类材料主要技术性能的要求是有良好的力学性能和耐久性能,常见的这类材料有木材、竹材、石材、水泥、混凝土、砖瓦和复合材料等;装饰材料主要是指装修各类土木建筑物以增强其使用功能和美观,同时兼有维持主体结构在各种环境因素下的稳定性和耐久性的建筑材料及其制品,包括各种涂料、油漆、镀层、贴面、瓷砖和具有特殊效果的玻璃等;建筑功能材料主要是指担负某些建筑功能的、非承重用的材料,赋予建筑物保温、隔热、防水、防潮、防腐、防火、阻燃、采光、吸声和隔声等功能,决定着建筑物的使用功能和品质,有的建筑功能材料往往还起着装饰材料的作用。

随着生活水平的提高,人们对建筑物的质量要求越来越高。而建筑用途的扩展,对其功能方面的要求也越来越高,这在很大程度上要靠建筑功能材料来完成。建筑功能材料的出现与发展,是使现代建筑有别于旧式传统建筑的原因之一,它大大改善了建筑物的使用功能,使其具备更加优异的技术经济效果,更符合人们的生活和工作要求。目前,建筑功能材料的地位和作用已越来越受到人们的关注及重视。

1.1.2　建筑功能材料的分类

建筑功能材料的种类极为丰富,即使是在同一建筑功能领域内,也可能会有数以百计甚至更多的材料及产品种类。通常,建筑功能材料按以下两种方式分类。

(1) 按化学成分划分,可以分为金属材料、非金属材料和复合材料。

(2) 按材料在建筑物中的功能划分,可以分为建筑防水材料、建筑防腐材料、建筑声学材料、建筑密封材料、建筑防火材料、智能建筑材料、绿色建筑材料及其他功能性装饰材料。

1.2　建筑功能材料的作用

建筑物的功能包括基本的物质功能和精神功能。从以人为本的角度出发,建筑首先要满足一般的基本功能需求,即防御和提供生产、生活的空间;其次,要满足最基本的生活需求,如建筑的朝向、保温、隔热、隔声、通风、采光、防水及防火等方面的要求,它们是满足人们生活和生产的必需条件。

随着社会的发展和人类生活水平的提高,建筑作为人类物质文明的象征和社会、文化进步的标志,其种类与样式越来越丰富,功能也越来越多样化。除了满足最基本的防御功能和提供生产、生活空间功能外,现代人对建筑的功能要求还包括舒适性、健康性、便利性、耐久性、私密性及美观性等诸多方面。因此,现代建筑对其主体构成——建筑材料提出了更高的要求。

建筑功能材料在建筑物中主要承担某一方面的功能,一般情况下是非承重的材料。它们赋予建筑物防水、防火、保温、采光、隔声和装饰等功能,决定着建筑物的使用功能与建筑品质。社会的进步和人们生活水平的不断提高,给人们带来了更多的闲暇时间,人们的生活观念也发生了变化,对体育场馆、娱乐厅、综合性商场大厦、高级宾馆、饭店等大型公共建筑的需求量将逐渐增多。所以,未来的建筑物将向更高、更大跨度发展。与此同时,人类正面临着土地资源、自然资源及能源的日益减少,地球环境日趋恶化的严峻形势。为了更加有效地利用有限的地球资源,扩大人类生存和工作的空间,未来建筑将向地下、海洋、沙漠和太空等空间发展,人类将在上述地方建造地下城市、海底隧道、人工岛和月球太空城等新型建筑。这些处于苛刻环境条件下的建筑,对其所用的建筑材料,尤其是建筑功能材料提出了更新、更高的要求。

可以看出,现代建筑的发展促进了建筑功能材料的发展,而建筑功能材料的广泛应用,又明显改善了建筑物的使用功能与建筑品质,满足了现代社会对建筑的多功能化要求,优化了人们的生活和工作环境。二者相互制约,相互依赖,相互推动,有着不可分割的密切联系。

1.2.1　建筑防水材料

防水是建筑的一项基本功能。防水材料是保证建筑物及构筑物免受雨水、地下水及其他水分的浸蚀、渗透的重要功能材料,其质量的优劣直接影响到人们的居住环境、卫生条件及建筑物的使用寿命。建筑物中需要进行防水处理的部位主要有屋面、墙面、地面(特别是浴室、卫生间地面)和地下室等处。防水材料品种多,按其主要原料分为沥青类防水材料、橡胶塑料类防水材料、水泥类防水材料和金属类防水材料。

1.2.2　建筑防腐材料

建筑防腐蚀是为了防止工业生产中酸、碱、盐等侵蚀性物质以及大气、地面水、地下水、土壤中所含的侵蚀性介质对建筑物造成腐蚀而影响建筑物的耐久性,在建筑布局、结构造型、构造设计、材料选择等方面采取防护措施,例如,提高钢筋混凝土承重构件的混凝土强度等级和密实性,加大保护层并涂刷防腐材料,采用防腐蚀楼地面等。因此,合理地使用防腐蚀和耐腐蚀材料,可更好地提高建筑物的使用寿命。

1.2.3 建筑声学材料

建筑声学材料是一种能在较大程度上吸收由空气传递的声波能量或阻隔声波传播的功能材料,一般分为吸声材料和隔声材料。随着环境声学问题在现代居住环境方面逐渐被重视,建筑声学材料已经在现代建筑中得到广泛应用。在音乐厅、影剧院、歌舞厅、体育馆、大会堂、播音室、学校教室和图书馆等室内的墙面、顶棚、地面等部位,适当安装声学材料能改善声波在室内传播的质量,控制和降低噪声干扰,可以起到改善厅堂音质、消除回音和颤动回声等作用,从而保持良好的隔声效果,并且有利于人们的身心健康。

1.2.4 建筑密封材料

建筑密封材料是嵌入建筑物缝隙、门窗四周、玻璃镶嵌部位以及由于开裂而产生的裂缝中,能承受位移且能达到气密、水密目的的材料,又称嵌缝材料。密封材料有良好的黏结性、耐老化性和对高、低温度的适应性,能长期经受被黏结构件的收缩与振动而不被破坏。密封材料按构成类型分为溶剂型密封材料、乳液型密封材料和反应型密封材料,按使用时的组分分为单组分密封材料和多组分密封材料,按组成材料分为改性沥青密封材料和合成高分子密封材料。

1.2.5 建筑防火材料

建筑防火与人民的生命和财产安全息息相关,涉及建筑物的安全性问题。随着我国国民经济的发展和城市化进程的加快,现代建筑物趋向高层化、大型化,居住形式趋于密集化,加上城市生活能源设施逐步燃气化、电气化,以及建筑物室内各种可燃的内装饰材料的大量使用,使火灾发生的概率增大。高层建筑由于高度高、层数多、人员集中、功能复杂、设备繁多、装修量大以及所承受的风力和雷击次数多等诸多因素,与一般低层、多层建筑相比,防火的难度更大,火灾发生时的危害程度也更加严重。因此,现代建筑,特别是高层建筑,应特别重视防火问题。除了提高结构材料的防火能力之外,在建筑物的主体构件或基材表面、墙体、天花板吊顶等部位施加或使用防火材料是必不可少的重要措施。常用的防火材料包括防火板、防火门、防火玻璃、防火涂料和防火包等。

1.2.6 智能建筑材料

智能建筑材料是指材料本身具有自我诊断和预告失效、自我调节和自我修复的功能并可继续使用的建筑材料。当这类材料的内部发生异常变化时,材料的内部状况能被反映出来,以便在材料失效前采取措施,甚至能够在材料失效初期进行自我调节,恢复材料的使用功能。如自动调光玻璃,可根据外部光线的强弱自动调节投光率,保持室内光线的强度平衡,既避免了强光对人的伤害,又可调节室温和节约能源。

1.2.7　绿色建筑材料

绿色建筑材料是指采用清洁生产技术,不用或少用天然资源和能源,大量使用工农业或城市固态废弃物生产的无毒害、无污染、无放射性,达到使用周期后可回收利用,有利于环境保护和人体健康的建筑材料。绿色建筑材料的定义围绕原料采用、产品制造、使用和废弃物处理4个环节,并实现对地球环境负荷最小和有利于人类健康两大目标,达到"健康、环保、安全及质量优良"4个目的。

1.3　本书特点与学习方法

(1) 掌握材料的性能及应用范围:不同类型的建筑功能材料在其原材料的生产工艺、结构和构造、性能及应用、施工及检验等方面有各自的特点,但也有共性。应全面掌握各类功能材料的性能特点,以便在种类繁多的建筑功能材料中选择最合适的品种加以应用,这点尤为重要。对于建筑功能材料制备的产品,应了解其原材料、生产工艺及结构、构造知识,明确这些因素是如何影响材料及制品性能的。此外,几乎所有的建筑功能材料及其制品都需要进行现场安装或施工,应对其安装、应用等方面的知识有一定的了解,为从事新型建筑材料的研究、开发、生产及应用工作打下基础。

(2) 熟悉相关的技术标准:大部分常用的建筑功能材料,均由专门的机构制定并发布相应的技术标准,对其质量规格、验收方法和应用技术规程等作了详尽而明确的规定。技术标准是生产、流通和使用单位检验产品质量是否合格的技术文件。为了保证材料的质量,进行现代化生产和科学管理,必须对材料产品的技术要求制定统一的执行标准。其内容一般包括产品规格、分类、技术要求、检验方法、验收规则、包装及标志、运输和储存注意事项等。

(3) 注重功能机理的系统掌握:建筑功能材料的知识,需要学习和研究的内容很广,涉及材料学、热学、光学、电学等多学科以及建筑学(建筑物理)、结构、施工等专业领域,具有多学科知识渗透交叉的特点。例如,学习建筑防火材料时,首先需要学习掌握物质的燃烧原理,还需要了解燃烧链反应以及阻断链反应的阻燃机理;而在学习建筑声学材料时,则需要对建筑声学的基本理论有一定的了解。因此,注重对建筑功能材料相关功能机理的学习掌握,有助于对不同建筑功能材料的性能、应用以及相关检测方法等知识内容进行深入了解。

第2章

防 水 材 料

2.1 概述

防水材料是为了保证建筑物或构筑物的某些部位不受雨水、地下水、生活用水及空气中湿气的浸蚀而采用的一种专门的材料,在整个建筑工程中占有重要的地位。建筑防水工程的优劣会直接影响建筑物和构筑物的功能和使用寿命。建筑防水材料的应用领域十分广泛,目前主要应用领域包括:房屋建筑的屋面、地下、外墙和室内;高速公路和高速铁路的桥梁、隧道;城市道路桥梁、地下管廊和地下空间等市政工程;地下铁道等交通工程;引水渠、水库、坝体、水力发电站、水处理厂等水利工程。

建筑工程的防水技术按其构造做法可分为两大类,即结构构件自身防水和采用不同材料的防水层防水。结构构件自身防水,主要是依靠建筑物构件(如底板、墙体、楼板等)材料自身的密实性及某些构造措施(如坡度、伸缩缝等),也包括辅以嵌缝油膏、埋设止水环(带)等,起到结构构件能自身防水的作用。采用不同材料的防水层做法,则是在建筑构件的迎水面或背水面以及接缝处另外附加用防水材料做成的防水层,以达到建筑物防水的目的。这种做法可分为两种:一种是刚性材料防水,如涂抹防水砂浆、浇筑掺有外加剂的细石混凝土或采用预应力混凝土等;另一种是柔性材料防水,如铺设各种防水卷材、涂布各种防水涂料等。

在防水卷材方面,首先对传统的沥青基油毡进行了改革,采用了以橡胶和塑料改性沥青的玻璃纤维或聚酯纤维无纺布柔性油毡,从而克服了传统纯沥青基油毡热淌冷脆的缺点,提高了材料的强度、延伸率和耐老化性能,使防水质量得到提高。另外,研制和开发橡胶、塑料和橡塑共混三大系列高分子防水卷材,例如,橡胶系防水卷材的主要品种为三元乙丙橡胶卷材,塑料系防水卷材的主要品种为聚氯乙烯防水卷材,橡塑共混系防水卷材的主要品种为氯化聚乙烯橡胶共混防水卷材、铝箔橡塑防水卷材等,可与多种胶黏剂配套进行冷施工。与传统的二毡二油做法相比,高分子防水卷材都具有单层结构防水、冷施工、使用寿命长等特点。

防水涂料是近几年为适应新建工程和原有建筑堵漏的需要而发展起来的一类新型防水材料,它特别适用于构造复杂部位的基层涂布。目前,防水涂料已研发了改性沥青、橡胶和塑料三大类共十余种产品,如聚氨酯涂料、改性沥青嵌缝油膏、聚氯乙烯嵌缝膏等,这对提高各种建筑构件接缝质量和复杂点的密封防水质量起到了重要的作用。

欧美国家对建筑防水材料的研究走在世界的前列,在改性沥青防水卷材和聚氯乙烯(Polyvinyl Chloride,PVC)、热塑性聚烯烃(Thermoplastic Polyolefin,TPO)等聚合物防水材料方面有先进的技术,改性沥青油毡和高分子防水材料也都是欧洲国家首先开发成功而后传入其他国家的。随着屋面防水卷材与施工技术的不断发展,以及各种单层聚合物材料的出现,尽管整体市场处于平稳状态,但欧洲市场一直经历着明显又渐进的变化。建筑防水材料具有多样化特征,现有的一些先进防水材料在不同国家及不同的防水工程上都可以得到各自应用。目前建筑防水材料仍以沥青基卷材为主。氧化沥青油屋面和地下防水膜的使用呈现下降趋势,改性沥青卷材在许多国家已成为主导防水材料。高分子防水卷材占有重要地位,三元乙丙橡胶(Ethylene-Propylene-Diene Monomer,EPDM)、PVC、TPO等高分子材料由于耐久性高、安全环保无污染,甚至可以重复使用,是未来防水材料发展的主流,市场需求也会逐渐提高。

在国外建筑防水材料迅速发展的推动下,国内的新型建筑防水材料也在不断进步。通过引进和借鉴国外先进设备和技术,我国提高了改性沥青防水卷材、高分子防水卷材和防水密封材料等的技术水平,发展了新型建筑防水卷材、新型建筑防水涂料、新型建筑密封材料和新型堵漏材料等门类。

2.1.1　我国防水材料发展趋势

建筑防水材料技术的发展,关键是要提高自主创新能力、开展基础理论研究并且加强企业的技术储备。依托高等院校的创新平台,逐步建立防水工程基本理论体系,加强防水材料结构和性能关系以及施工应用技术研究,开发针对不同防水体系的维修、翻新技术和产品,重视配套材料的研制和生产,推动产品的系统化应用。

未来我国防水材料的发展趋势为:大力发展高分子防水卷材,适当发展防水涂料,努力开发密封材料,并注重开发止水、堵漏的硬质聚氨酯发泡防水保温一体化材料,逐步减少低档材料,相应提高各类中高档材料的比例,全面提高我国防水材料的总体水平;解决相应的生产装备、配套原材料和施工技术问题,减少建筑物的渗漏,保证防水工程使用期限的逐步提高;规范市场,改进管理体制,尽快实行防水工程质量保证期制度。

2.1.2　防水材料的分类

防水材料通常包括刚性防水材料和柔性防水材料两大类[1]。

刚性防水材料是指以水泥为基体的渗透结晶型防水材料,一般由硅酸盐水泥和石英砂、添加剂、具有活性的化学物质制备得到,通常为无机粉末状[2]。此类产品与水接触后,具有活性的化学成分渗透进入混凝土内部,反应生成不溶于水的结晶体,填充在毛细孔结构中,使得混凝土致密性好、防水性优良[3]。相比柔性防水材料,刚性防水材料可在潮湿的基面施工,基面湿度大于9%时,仍能保证材料与基体间不发生分离脱层现象。同时,刚性防水材料还具有渗透深度大、自修复力强、环保性好、防水作用长久等优点[4]。但是刚性防水材料没有延展性,不能在结构变化大的部位施工。

柔性防水材料包括涂料类和卷材类两种。涂料类防水材料一般以沥青、合成高分子聚合物为主要成膜物质,通过掺入适量助剂、溶剂等加工制成[5]。卷材主要由胎基、涂覆料、覆面材料制备而成[6]。涂料类防水材料可适应复杂地形,能连续防水施工,设备简单,施工技术容易掌握;但涂料需一定时间的物化反应,固结后才能生成防水层,部分涂料在固化过程中还会释放有害气体危及人员健康,且施工工期长,不便于管理。卷材类防水材料具有施工方便、工期短、成形后无须养护、不受气温影响、环境污染少、层厚易控制、用材准确以及施工现场管理方便等优点,但使用中需根据防水基层的形状进行量裁,复杂地形需拼接,且相互搭接处的黏结难度较大,不能绝对密封,存在漏水隐患[7-9]。

美国防水材料市场以沥青瓦为主,其占比达到 80%;意大利防水材料市场大多是无规聚丙烯(Atactic Polypropylene, APP)改性沥青防水卷材,其占比高达 90%;法国以苯乙烯-丁二烯-苯乙烯(Styrene-Butadiene-Styrene, SBS)改性沥青防水卷材作为平屋面建筑的防水材料;德国防水材料市场中有 40% 为乙烯共聚物改性沥青防水卷材;日本主要以聚氨酯防水涂料为主,其应用比例极高[10-13]。

近年来,我国的防水材料行业也有了突破性进展。聚合物改性沥青防水材料因其优良的性能,在防水材料市场所占的比重迅速上升。聚合物改性沥青防水卷材是聚合物改性沥青防水材料的典型代表,其在市场中所占比重很大。聚合物改性沥青防水卷材是通过将高分子聚合物及助剂进行混合、熔化搅拌、成形等工序,制备出以高分子薄膜为封层材料,且能够发生弯曲形变的层状防水材料[14]。按聚合物改性剂材料特性不同,将聚合物改性沥青防水卷材分为弹性体改性沥青防水卷材、塑性体改性沥青防水卷材两类,前者以 SBS 改性沥青防水卷材为代表,后者以 APP 改性沥青防水卷材为代表[15],但这两种防水卷材造价较高,一定程度上限制了其在工程中的应用。如果能添加废胶粉进行复合改性,则既可解决环保问题,又可降低防水材料的成本,这是目前业界关注的重点,具有重要的工程应用价值。

2.2　防水卷材

防水卷材是建筑工程防水材料的重要品种之一。防水卷材的品种较多,性能各异。但无论何种防水卷材,要满足建筑防水工程的要求,均需具备以下性能。

1. 耐水性

耐水性指在水的作用下和被水浸润后其性能基本不变,在压力水作用下具有不透水性。常用不透水性、吸水性等指标表示。

2. 温度稳定性

温度稳定性指在高温下不流淌、不起泡、不滑动,低温下不脆裂的性能,即在一定温度变化下保持原有性能的能力。常用耐热度、耐热性等指标表示。

3. 机械强度、延伸性和抗断裂性

机械强度、延伸性和抗断裂性指防水卷材承受一定荷载、应力或在一定的变形条件下不断裂的性能。常用拉力、拉伸强度和断裂伸长率等指标表示。

4. 柔韧性

柔韧性指在低温条件下保持柔韧的性能。它对保证材料易于施工、不脆裂十分重要。常用柔度、低温弯折性等指标表示。

5. 大气稳定性

大气稳定性指在阳光热、臭氧及其他化学侵蚀介质等因素的长期综合作用下抵抗侵蚀的能力。常用耐老化性、热老化保持率等指标表示。

各类防水卷材的选用应充分考虑建筑的特点、地区环境条件、使用条件等多种因素,结合材料的特性和性能指标来选择。

新型防水卷材的分类如图 2-1 所示。

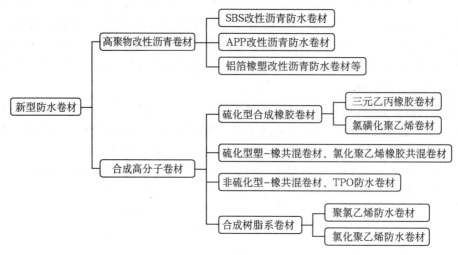

图 2-1　新型防水卷材分类

2.2.1　沥青防水卷材

沥青防水卷材是以沥青(石油沥青或煤焦油沥青、煤沥青)为主要防水材料,以原纸、织物、纤维毡、塑料薄膜和金属箔等为胎基(载体),用不同矿物粉料或塑料薄膜等做隔离材料所制成的防水卷材,通常称之为油毡。胎基是油毡的骨架,使卷材具有一定的形状、强度和韧性,从而保证了其在施工中的铺设性和防水层的抗裂性,对卷材的防水效果有直接影响。沥青防水卷材由于卷材质量轻、价格低廉、防水性能良好、施工方便、能适应一定的温度变化和基层伸缩变形,故多年来在工业与民用建筑的防水工程中得到了广泛应用。目前,我国大多数屋面防水工程仍采用沥青防水卷材。通常根据沥青和胎基的种类对油毡进行分类,如石油沥青纸胎油毡和石油沥青玻纤油毡等。

2.2.1.1　石油沥青纸胎油纸、油毡

凡用低软化点热熔沥青浸渍原纸而制成的防水卷材都称为油纸,在油纸两面再浸涂软化点较高的沥青后,撒上防粘物料即成油毡。在表面撒石粉做隔离材料的称为粉毡,撒云母片做隔离材料的称为片毡。

油纸主要用于建筑防潮和包装,也可用于多叠层防水层的下层或刚性防水层的隔离层。油毡适用面广,但石油沥青纸胎油毡的防水性能差、耐久年限低。建设部于 1991 年 6 月颁发的《关于治理屋面渗漏的若干规定》的通知中已明确规定:"防水材料选用石油沥青油毡的,其设计应不少于三毡四油。"所以,纸胎油毡按规定一般只能做多叠层防水,片毡用于单层防水。石油沥青纸胎油毡按卷重和物理性能分为Ⅰ型、Ⅱ型、Ⅲ型。Ⅰ型、Ⅱ型油毡适用于辅助

防水、保护隔离层、临时性建筑防水、防潮及包装等,Ⅲ型油毡适用于屋面工程的多层防水。石油沥青油毡的物理性能应符合《石油沥青纸胎油毡》(GB 326—2007)的规定,如表2-1所示。

表2-1　石油沥青油毡的物理性能

项　　目		指　　标		
		Ⅰ型	Ⅱ型	Ⅲ型
单位面积浸涂材料总量/(g·m^{-2}),≥		600	750	1 000
不透水性	压力/MPa,≥	0.02	0.02	0.10
	保持时间/min,≥	20	3.0	30
吸水率/%,≤		3.0	2.0	1.0
耐热度		(85±2)℃,2 h涂盖层无滑动、流淌和集中性气泡		
拉力(纵向)/(N·50 mm^{-1}),≥		240	270	340
柔度		(18±2)℃,绕 φ20 mm 圆棒或弯板无裂缝		

2.2.1.2　煤沥青纸胎油毡

煤沥青纸胎油毡是采用低软化点煤沥青浸渍原纸,用高软化点煤沥青涂盖油纸两面,再涂或撒隔离材料所制成的一种纸胎防水材料。

煤沥青纸胎油毡按幅宽分为 915 mm 和 1 000 mm 两种规格;按技术要求分为一等品(B)和合格品(C);按所用隔离材料分为粉状面油毡(F)和片状面油毡(P)两个品种。

煤沥青纸胎油毡的标号分为 200 号、270 号和 350 号三种,即以原纸每平方米质量克数划分标号。各等级、各标号煤沥青纸胎油毡的物理性能应符合《煤沥青纸胎油毡》(JC 505—1992)的规定,如表2-2所示。

表2-2　煤沥青纸胎油毡的物理性能指标

项　　目		200 号	270 号		350 号	
		合格品	一等品	合格品	一等品	合格品
可溶物含量/(g·m^{-2}),≥		450	560	510	660	600
不透水性	压力/MPa,≥	0.05	0.05		0.10	
	保持时间/min,≥	15	30	20	30	15
		不渗漏				
吸水率(常压法)/%,≤	粉毡	3.0				
	片毡	5.0				
耐热度/℃		70±2	75±2	70±2	75±2	70±2
		受热2 h涂盖层应无滑动和集中性气泡				
拉力(25℃±2℃时,纵向)/N,≥		250	330	300	380	350
柔度/℃,≤		18	16	18	16	18
		绕 φ20 mm 圆棒或弯板无裂缝				

2.2.1.3 其他纤维胎油毡

这类油毡是以玻璃纤维布、石棉布、麻布等为胎基,用沥青浸渍涂盖而成的防水卷材。与纸胎油毡相比,其抗拉强度、耐腐蚀性和耐久性都有较大提高。

1. 沥青玻璃布油毡

沥青玻璃布油毡是用中蜡石油沥青或高蜡石油沥青经氧化锌处理后,再用低蜡沥青涂盖玻璃纤维两面,并撒布粉状防粘物料而制成的,它是一种使用无机纤维为胎基的沥青防水卷材。这种油毡的耐化学侵蚀性好,玻璃布胎不腐烂,耐久性好,抗拉强度高,有较好的防水性能。

沥青玻璃布油毡按幅宽可分为 900 mm 和 1 000 mm 两种规格。

沥青玻璃布油毡的物理性能应符合《石油沥青玻璃纤维胎防水卷材》(GB/T 14686—2008)的规定,如表 2-3 所示。

表 2-3 沥青玻璃布油毡的物理性能指标

序号	项　目		指　标	
			Ⅰ型	Ⅱ型
1	可溶物含量/(g·m^{-2}),≥	15 号	700	
		25 号	1 200	
		试验现象	胎基不燃	
2	拉力/(N·50 mm^{-1}),≥	纵向	350	500
		横向	250	400
3	耐热性		85℃	
			无滑动、流淌、滴落	
4	低温柔性		10℃	5℃
			无裂缝	
5	不透水性		0.1 MPa,30 min 不透水	
6	钉杆撕裂强度/N,≥		40	50
7	热老化	外观	无裂纹、无起泡	
		拉力保持率/%,≥	85	
		质量损失/%,≤	2.0	
		低温柔性	15℃	10℃
			无裂缝	

2. 沥青玻纤胎油毡

沥青玻纤胎油毡是以无定向玻璃纤维交织而成的薄毡为胎基,用优质氧化沥青或改性沥青浸涂薄毡两面,再以矿物粉、砂或片状沙砾作为撒布料制成的油毡。沥青玻纤胎油毡由于采用 200 号石油沥青或渣油氧化成软化点大于 90、针入度大于 25 的沥青(或经改性的沥青),故涂层有优良的耐热性和耐低温性。油毡有良好的抗拉强度,其延伸率比 350 号纸胎油毡高一倍,吸水率也低,故耐水性好。因此,其使用寿命大大超过纸胎油毡。另外,玻纤胎油毡优良的耐化学侵蚀和耐微生物腐烂性能,使其耐腐蚀性大大提高。沥青玻纤胎油毡的防水性能优于沥青玻璃布胎油毡。

沥青玻纤胎油毡按单位面积质量分为 15 号、25 号两个标号,按力学性能分为Ⅰ型、Ⅱ型,可用于屋面及地下防水层、防腐层及金属管道的防腐层等。由于沥青玻纤胎油毡质地柔软,用于阴阳角部位防水处理时,边角服帖、不易翘曲、易于黏结牢固。沥青玻纤胎防水卷材的物理性能应符合《石油沥青玻璃纤维胎防水卷材》(GB/T 14686—2008)的规定,如表 2-3 所示。

2.2.2 合成高分子改性沥青防水卷材

沥青基防水卷材在建筑防水工程的实践中起着极其重要的作用,广泛应用于建筑物的屋面、地下和其他特殊构筑物的防水,是一种面广量大的防水材料。沥青基防水卷材根据所使用的沥青不同,可分为普通沥青防水卷材和聚合物改性沥青防水卷材两大类。

传统的沥青防水卷材主要是沥青纸胎油毡,但纸胎油毡由于延伸率低、低温易脆裂、高温易流淌、耐老化性能差以及污染环境等因素,难以适应现代建筑物及各防水部门的多种要求[16]。近年来,沥青纸胎油毡的产量逐年降低,纸胎油毡已逐渐被聚合物改性沥青防水卷材所代替。

聚合物改性沥青防水卷材是以玻纤毡、聚酯毡、黄麻布、聚乙烯膜、聚酯无纺布等为胎基,以合成高分子聚合物改性沥青为浸涂材料,以粉状、片状、粒状矿质材料或合成高分子薄膜等为覆面材料制成的可卷曲的片状类防水材料。

聚合物改性沥青防水卷材按照所选用浸涂材料的种类,可分为弹性体改性沥青防水卷材、塑性体改性沥青防水卷材、橡塑共混体改性沥青防水卷材三大类。其中,弹性体改性沥青防水卷材主要品种为 SBS 改性沥青防水卷材,塑性体改性沥青防水卷材主要品种为 APP 改性沥青防水卷材,橡塑共混体改性沥青防水卷材的典型代表是 SBS、APP 共混改性沥青聚乙烯胎防水卷材。在聚合物改性沥青防水卷材中,绝大多数为 SBS 改性沥青防水卷材和 APP 改性沥青防水卷材,其中 SBS 改性沥青防水卷材所占比例最大。

常见聚合物改性沥青防水卷材的特点、适用范围及施工工艺如表 2-4 所示。

表 2-4 常见聚合物改性沥青防水卷材的特点、适用范围及施工工艺

卷材名称	特点	适用范围	施工工艺
SBS 改性沥青防水卷材	耐高、低温性能有明显提高,弹性和耐疲劳性明显改善	单层铺设的屋面防水工程或复合使用,适合于寒冷地区和结构变形频繁的建筑	冷施工铺贴或热熔铺贴
APP 改性沥青防水卷材	具有良好的强度、延伸性、耐热性、耐紫外线照射及耐老化性能	单层铺设,适合紫外线辐射强烈及炎热地区屋面使用	热熔法或冷粘法铺设

（续表）

卷材名称	特点	适用范围	施工工艺
PVC改性焦油沥青防水卷材	有良好的耐热及耐低温性能，最低开卷温度为−18℃	有利于在冬季负温度下施工	可热作业、可冷施工
再生胶改性沥青防水卷材	有一定的延伸性，且低温柔性较好，有一定的防腐蚀能力，价格低廉，属低档防水卷材	变形较大或档次较低的防水工程	热沥青粘贴
废橡胶粉改性沥青防水卷材	抗拉强度、低温柔性均比普通石油沥青纸胎油毡的明显提高	叠层使用于一般屋面防水工程，宜在寒冷地区使用	热沥青粘贴

聚合物改性沥青的性能在很大程度上决定着聚合物改性沥青防水卷材的质量。由于聚合物可以显著提高沥青的受热稳定性，降低其低温脆性，改善其弹性、塑性和低温变形性，因此，聚合物改性沥青代表着沥青的发展方向，已得到越来越广泛的应用[17]。人类向沥青中掺入添加剂以改善沥青的性能已有很久的历史。早在19世纪中期，国外就有人采用硫化的方法改善沥青的性能，即在熔融状态下的沥青中添加硫黄，使沥青针入度降低、软化点上升[18]。英国人Samuel Whiting在1873年就申请了橡胶改性沥青的专利[19]。法国在1902年就修筑了掺有橡胶的沥青路面。1910年，又有人通过在沥青中掺入煤油等轻油制品来改善沥青的使用性能[20]。美国从20世纪40年代开始就已大量应用再生轮胎橡胶粉对沥青进行改性，其后又对氯丁橡胶、丁苯橡胶和SBS改性沥青进行了研究。欧洲从20世纪80年代广泛使用EVA来改善沥青的性能，但到了80年代中期，在认识到SBS的优良性能后，SBS成为最主要的沥青改性剂。80年代末期，欧洲已经广泛使用聚合物改性沥青防水卷材，如SBS改性沥青在法国的使用份额占到该国防水卷材用量的75%，在英国和德国的使用份额达到40%以上，APP改性沥青防水卷材在意大利的防水材料市场中占90%。意大利于90年代初期研究出了以SBS和APP的混合料对沥青进行改性的工艺，生产出的产品具有良好的低温柔性和耐热性[21]。90年代，欧洲专利中介绍了聚烯烃与弹性体混合物对沥青进行改性的方法，改性后得到的产品性能优于SBS和APP改性沥青的性能[22]。

在国内，对聚合物改性沥青防水卷材的研究起步较晚，但发展较快。20世纪80年代，原武汉工业大学（现武汉理工大学）承担了国家"七五"科技攻关项目"SBS、APP改性沥青及其防水卷材的研究"，在国内率先开展了SBS、APP应用于防水卷材的研究，并掌握了不同种类沥青与SBS、APP的混合比例，工艺参数，产品的基本物理性能和老化规律，而且"七五"科技攻关项目的研究成果曾经还被作为防水材料界参考的指导性指标[23]。90年代末期，高佑海等[24]先将基质沥青进行催化氧化，再掺入SBS改性剂对沥青进行改性，结果显示，此种工艺与国内同类技术相比，在防水卷材达到同等软化点和低温柔度指标的条件下，能显著减少SBS的用量。成玉华等[25]在制备SBS改性沥青的过程中掺入等规聚丙烯（Isotatic Polypropylene，IPP），试验结果显示IPP的加入显著提高了SBS改性沥青的软化点、延伸度和机械强度。贾春芳等[26]研究了改性沥青防水卷材的性能，结果表明选用相溶性合适的SBS、沥青、增塑剂可以显著改善产品的性能。2010年我国聚合物改性沥青防水卷材产量已达到 2 200 万 m²,2016 年则突破了 6 000 万 m²。为促进防水卷材工厂化生产及推广,我国从 1985 年以来,就陆续从美国、德国、法国等国家引入 15 条高聚物改性沥青防水卷材生产线,技术水平得到了很大程度的提高。近年来,在学习国外先进技术的基础上,我国根据国情和资源特点自主研发了多条性能优越的改性沥青防水卷材生产线。目前,我国自主研发的聚合物改性沥青防水卷材生产线已有 100 多条,年生产能力可达到 2 亿 m²[27]。

使用 SBS 改性沥青是由于 SBS 特殊的化学结构使沥青具有较好的高低温性能,同时由于 SBS 改性剂降低了沥青的湿度敏感性,在潮湿条件下不易被水损害,使改性沥青具有更好的抗水损害性能。聚合物作为沥青改性剂,应满足以下几个条件:与沥青有一定的相溶性,以保证聚合物在沥青中的均匀分散和稳定;在沥青加工混合温度下能抵抗分解,以防止改性作用的丧失;与沥青掺混、储存过程及在使用年限内均能保持原有的优良性能;加入沥青中,不会使沥青黏度有很显著的增大。

聚合物改性沥青防水卷材物理性能应符合表 2-5 的规定。

表 2-5　聚合物改性沥青防水卷材物理性能要求

项　目		性能要求		
		聚酯胎	玻纤胎	聚乙烯胎
不透水	压力/MPa,≥	0.3	0.2	0.3
	保持时间/min,≥	30		
拉力/(N·50 mm⁻¹),≥	纵向	450	350	100
	横向		250	
延伸率/%		最大拉力时,≥30	—	断裂时,≥200
耐热度(85℃,2 h)		SBS 卷材 90℃、APP 卷材 110℃无滑动、流淌、滴落		PEE* 卷材 90℃ 无流淌、起泡
低温柔性(−5～−25℃)		SBS 卷材−18℃、APP 卷材−5℃、PEE 卷材−10℃		

注:* PEE 卷材是指高聚物改性沥青聚乙烯胎防水卷材。

2.2.2.1　SBS 改性沥青防水卷材

1. SBS 改性沥青防水卷材介绍

SBS 改性沥青防水卷材,是在石油沥青中加入 SBS 进行改性的卷材,以玻纤毡、聚酯毡等增强材料为胎体,以 SBS 改性石油沥青为浸渍涂盖层,上表面撒以细砂、矿物粒(片)料或覆盖聚乙烯膜,下表面撒以细砂或覆盖聚乙烯膜(塑料薄膜为防粘隔离层),经过选材、配料、共熔、浸渍、复合成形、卷曲等工序加工而成的一种柔性防水卷材。

SBS 是由丁二烯和苯乙烯两种原料聚合而成的嵌段共聚物,是一种热塑性弹性体,它在受热的条件下呈现树脂特性,即受热可熔融,呈黏稠液态,可以和沥青共混,兼有热缩性塑料和硫化橡胶的性能,也称热缩性丁苯橡胶,具有弹性好、抗拉强度高、不易变形、低温性能好等优点。

SBS 改性沥青防水卷材有如下特点:

(1) 可溶物含量高,可制成厚度大的产品,具有塑料和橡胶特性。

(2) 聚酯胎基有很高的延伸率、拉力、耐穿刺能力和耐撕裂能力;玻纤胎基成本低,尺寸稳定性好,但拉力和延伸率低。

(3) 具有良好的耐高温和耐低温性能,能适应建筑物因变形而产生的应力,抵抗防水层断裂。

(4) 具有优良的耐水性,由于改性沥青防水卷材采用的胎基以聚酯毡、玻纤毡为主,吸水性小,涂盖料延伸率高、厚度大,可以承受较大的水压力。

(5) 具有优良的耐老化性、耐久性,以及耐酸、碱侵蚀及耐微生物腐蚀性能。

(6) 施工方便,可以选用冷粘法、热粘法、自粘法,可以叠层施工。厚度大于 4 mm 的可以单层施工,厚度大于 3 mm 的可以热熔施工。

(7) 可选择性、配套性强,生产厚度范围在 1.5~5 mm,不同涂盖料、不同的胎基和覆盖料,具有不同的特点和功能,可根据需要进行合理选择和搭配。

(8) 卷材表面可撒布彩砂、板岩、反光薄膜等,既增加抗紫外线的耐老化性,又美化环境。

SBS 改性沥青防水卷材主要应用领域如下:

(1) 各种工业与民用建筑屋面、地下工程的防水、防渗,游泳池、消防水池等构筑物的防水。

(2) 地铁、隧道、混凝土铺筑路面的桥面、污水处理厂等市政工程防水。

(3) 水渠、水池等水利设施防水。

(4) 聚酯胎 SBS 改性沥青防水卷材,适用于防水等级为Ⅰ级、Ⅱ级的屋面工程和地下工程。

(5) 玻纤胎和玻纤增强聚酯胎 SBS 改性沥青防水卷材,适用于结构稳定或采用机械固定施工的屋面和地下工程。

2. SBS 改性沥青防水卷材的发展状况

在弹性体改性沥青防水卷材中,SBS 改性沥青防水卷材最具代表性。20 世纪 70 年代初,美国出现了 SBS 热塑性弹性体,当时是以商品的形式出现。与此同时,法国首先研究出了 SBS 改性沥青,并将其命名为弹性沥青[27],后因其具有多种优良的物理化学性能,在欧洲乃至日本、美国等国家广泛流传。我国于 80 年代中期开始对 SBS 改性沥青技术进行研究,由于在防水卷材生产中的应用也受到各界的认可,被列入重点发展和推广项目[28]。

在沥青中加入 10%~15% 的热塑性弹性体,制备出 SBS 改性沥青后,以聚酯毡或玻纤毡作为卷材的骨架,以加入了 10%~15% 改性剂制备出来的 SBS 改性沥青为涂覆料,覆面材料为塑料薄膜,再经过选材、配料、共熔、浸渍、涂盖、复合等一系列工序加工制成,制成中档或高档柔性的可卷曲的片状防水材料[29]。在常温下,SBS 具备橡胶状的弹性,但是在高温下,它又表现为熔融的流动性。用 SBS 进行改性后,沥青防水卷材具备多种优点,如胎基耐腐蚀、抗拉强度大、延伸性能好及耐疲劳等,不仅大大延长了卷材寿命,增强了其综合性能,且提高了工作效率并改善了作业环境[30],它的各项指标均能达到国家标准,且大大减少了施工过程中污染物的排放,减少了环境污染。

SBS 之所以广泛地被应用到沥青改性当中,是由于其独特的性能,它可以有效地提升防水卷材的弹性性能和低温性能,更重要的是它还具有耐潮湿性能,而这正是防水卷材必须具备的性能。纵然目前合成的聚合物达成千上万种之多,可是能够真正满足用于改性沥青的却非常少,因为要想能够很好地改性沥青,那么所用的聚合物必须满足下面的要求:

(1)聚合物要能够和沥青很好地相溶,不能出现分层等现象,这就要求聚合物改性沥青的离析性能好,聚合物需要在沥青中分散均匀。

(2)聚合物的分解温度必须要高,至少要高于沥青的加工温度,这样才能保证聚合物能够完整地、不被破坏地起到改性的作用。

(3)沥青经过聚合物的改性,其黏度不宜过大,因为如果黏度太大,则改性沥青的流动性能降低,不利于在生产过程中涂盖,会使得涂层不均匀,从而影响沥青防水卷材的性能。

(4)沥青经过聚合物的改性之后,需要在较长时间下储存,那么沥青和聚合物之间就必须能够长期稳定互溶,不能出现分层等现象[31]。

SBS 改性沥青防水卷材的物理性能应符合《弹性体改性沥青防水卷材》(GB 18242—2008)的规定,如表 2-6 所示。

表 2-6　SBS 改性沥青防水卷材的物理性能指标

序号	项　目		指　标				
			Ⅰ 型		Ⅱ 型		
			PY	G	PY	G	PYG
1	可溶物含量/(g·m⁻²),≥	3 mm	2 100				—
		4 mm	2 900				—
		5 mm	3 500				
		试验现象	—	胎基不燃	—	胎基不燃	—
2	耐热性	℃	90		105		
		mm,≤	2				
		试验现象	无流淌、滴落				
3	低温柔性/℃		−20		−25		
			无裂缝				
4	不透水性(30 min)/MPa		0.3	0.2	0.3		
5	拉力	最大峰拉力/(N·50 mm⁻¹),≥	500	350	800	500	900
		次高峰拉力/(N·50 mm⁻¹),≥	—	—	—	—	800
		试验现象	拉伸过程中,试件中部无沥青涂盖层开裂或胎基分离现象				
6	延伸率	最大峰时延伸率/%,≥	30		40		
		第二峰时延伸率/%,≥	—				15

(续表)

序号	项目			指 标				
				Ⅰ型		Ⅱ型		
				PY	G	PY	G	PYG
7	浸水后质量 增加/%,≤	PE、S		1.0				
		M		2.0				
8	热老化	拉力保持率/%,≥		90				
		延伸率保持率/%,≥		80				
		低温柔性/%			−15		−20	
				无裂缝				
		尺寸变化率/%,≤		0.7	—	0.7	—	0.3
		质量损失/%,≤		1.0				
9	渗油性	张数,≤		2				
10	接缝剥离强度/(N·mm⁻¹),≤			1.5				
11	钉杆撕裂强度ᵃ/N,≥					—		300
12	矿物粒料黏附性ᵇ/g,≤			2.0				
13	卷材下表面沥青涂盖层厚度ᶜ/mm,≥			1.0				
14	人工 气候 加速 老化	外观		无滑动、流淌、滴落				
		拉力保持率/%,≥		80				
		低温柔性/℃			−15		−20	
				无裂缝				

注:PY—聚酯毡;G—玻纤毡;PYG—玻纤增强聚酯毡;PE—聚乙烯膜;S—细砂;M—矿物粒料。

ᵃ 仅适用于单层机械固定施工方式卷材。

ᵇ 仅适用于矿物粒料表面的卷材。

ᶜ 仅适用于热熔施工的卷材。

2.2.2.2 APP 改性沥青防水卷材

APP 改性沥青防水卷材是以 APP 树脂改性沥青浸涂玻璃纤维或聚酯纤维,在(布或毡)胎基上表面撒以细矿物粒料,下表面覆以塑料薄膜制成的防水卷材。这类卷材的弹塑性好,具有突出的热稳定性和抗强光辐射性,适用于高温和有强烈太阳辐射地区的屋面防水,单层铺设,可冷、热施工。

聚丙烯可分为无规聚丙烯、等规聚丙烯和间规聚丙烯,无规聚丙烯是生产等规聚丙烯的副产品,是改性沥青用树脂与沥青共混性最好的品种之一,有良好的化学稳定性,无明显熔化点,在165~176℃之间呈黏稠状态,黏度随温度升高而下降,200℃时流动性最好。APP 材料最大的特点是分子中极性碳原子少,因而单键结构不易分解,掺入石油沥青后,可明显提高其软化点、延伸率和黏结性能。软化点随 APP 的掺入比例增加而提高,因此,能够提高卷材耐紫外线照射性能,具有耐老化性能优良的特点。

APP改性沥青防水卷材有如下特点:

(1)高性能。对于静态和动态撞击以及撕裂具有非凡的抵抗能力(如聚酯胎基),在弹性沥青配合下,聚酯胎基可使防水卷材承受支撑物的重复性运动而不产生永久变形。

(2)耐老化性。材料以塑性为主,对恶劣气候和老化作用具备强有效的抵抗力,确保在各种气候条件下工程质量的永久性。

(3)美观性。除具有抵御外界破坏(紫外线污染)的保护作用外,还可产生具有各种颜色的产品,能够完美地与周围环境融为一体。

这种防水卷材具有多功能性,适用于新、旧建筑工程,腐殖土下防水层,碎石下防水层,地下墙防水等,广泛用于工业与民用建筑的屋面和地下防水工程,以及道路、桥梁建筑的防水工程。与SBS改性沥青卷材相比,其耐热度更好,且有良好的耐紫外老化性能,尤其适合于紫外线辐射强烈及炎热地区的屋面使用。APP改性沥青防水卷材的物理性能应符合《塑性体改性沥青防水卷材》(GB 18243—2008)的规定,如表2-7所示。

表2-7 APP改性沥青防水卷材的物理性能指标

序号	项 目		指 标				
			Ⅰ型		Ⅱ型		
			PY	G	PY	G	PYG
1	可溶物含量/ (g·m⁻²),≥	3 mm	2 100				—
		4 mm	2 900				—
		5 mm	3 500				
		试验现象	—	胎基不燃	—	胎基不燃	—
2	耐热性	℃	110		130		
		mm,≤	2				
		试验现象	无流淌、滴落				
3	低温柔性/℃		−7		−15		
			无裂缝				
4	不透水性(30 min)/MPa		0.3	0.2	0.3		
5	拉力	最大峰拉力/(N·50 mm⁻¹),≥	500	350	800	500	900
		次高峰拉力/(N·50 mm⁻¹),≥	—	—	—	—	800
		试验现象	拉伸过程中,试件中部无沥青涂盖层开裂或胎基分离现象				
6	延伸率	最大峰时延伸率/%,≥	25	—	40	—	—
		第二峰时延伸率/%,≥	—	—	—	—	15
7	浸水后质量增加/%, ≤	PE、S	1.0				
		M	2.0				

序号	项　目		指　标				
			Ⅰ型		Ⅱ型		
			PY	G	PY	G	PYG
8	热老化	拉力保持率/%,≥	90				
		延伸率保持率/%,≥	80				
		低温柔性/%	−2		−10		
			无裂缝				
		尺寸变化率/%,≤	0.7	—	0.7	—	0.3
		质量损失/%,≤	1.0				
9	接缝剥离强度/(N·mm⁻¹),≤		1.5				
10	钉杆撕裂强度ᵃ/N,≥		—				300
11	矿物粒料黏附性ᵇ/g,≤		2.0				
12	卷材下表面沥青涂盖层厚度ᶜ/mm,≥		1.0				
13	人工气候加速老化	外观	无滑动、流淌、滴落				
		拉力保持率/%,≥	80				
		低温柔性/℃	−2		−10		
			无裂缝				

注:ᵃ 仅适用于单层机械固定施工方式卷材;
　　ᵇ 仅适用于矿物粒料表面的卷材;
　　ᶜ 仅适用于热熔施工的卷材。

2.2.2.3　铝箔面石油沥青防水卷材

铝箔面石油沥青防水卷材是以玻璃纤维毡为胎基,以石油沥青为浸渍涂盖层,以银白色铝箔为上表面反光保护层,以矿物粒料和塑料薄膜为底面隔离层制成的防水卷材。

这种卷材对阳光的反射率高,具有一定的抗拉强度和延伸率,弹性好,低温柔性好,在−20~80℃温度范围内适应性较强,抗老化能力强,具有装饰功能,适用于外露防水面层,并且价格较低,是一种中档新型防水材料。

铝箔面石油沥青防水卷材的物理性能应符合《铝箔面石油沥青防水卷材》(JC/T 504—2007)的规定,如表2-8所示。

表2-8　铝箔面石油沥青防水卷材的物理性能指标

项　目	指　标	
	30 号	40 号
可溶物含量/(g·m⁻²),≥	1 550	2 050
拉力/(N·50 mm⁻¹),≥	450	500

（续表）

项　　目	指　　标	
	30 号	40 号
柔度/℃	5	
	绕 φ35 mm 圆弧无裂纹	
耐热度	(90±2)℃,2 h 涂盖层无滑动、起泡、流淌	
分层	(50±2)℃,7 d 无分层现象	

2.2.2.4　其他改性沥青卷材

氧化沥青防水卷材是以氧化沥青或优质氧化沥青(催化氧化沥青或改性氧化沥青)为浸涂材料,以无纺玻纤毡、加纺玻纤毡、黄麻布、铝箔或玻纤铝箔复合为胎体加工制造而成的防水卷材。该类卷材造价低,属于中低档产品。优质氧化沥青卷材具有很好的低温柔性,适合于北方寒冷地区建筑物的防水。

丁苯橡胶改性沥青防水卷材是采用低软化点氧化石油沥青浸渍原纸,以催化剂和丁苯橡胶改性沥青加填料涂盖两面,再撒以撒布料所制成的防水卷材。该类卷材适用于一般建筑物的防水、防潮,具有施工温度范围广的特点,在－15℃以上均可施工。

再生胶改性沥青防水卷材是将废橡胶粉加入石油沥青中,经高温脱硫为再生胶,再掺入填料,经炼胶机混炼,以压延机压延而成的一种质地均匀的无胎体防水材料。该类卷材具有延伸性较大、低温柔性较好、耐腐蚀性强、耐水性及耐热稳定性良好等特点。其价格低廉,属于低档防水卷材,适用于屋面、地下接缝和满堂铺设的防水屋,尤其适用于基层沉降较大或沉降不均匀的建筑物变形缝处的防水。

自粘性改性沥青防水卷材是以自粘性改性沥青为涂盖材料,以无纺玻纤毡、无纺聚酯布为胎体,在浸涂胎体后,下表面用隔离纸覆盖,上表面用具有保护功能的隔离材料覆面,使用时只需揭开隔离纸便可铺贴,稍加压力就能粘贴牢固。它具有良好的低温柔性和施工方便等特点,除一般工程外更适合于北方寒冷地区建筑物的防水。

橡塑改性沥青聚乙烯胎防水卷材是以橡胶和 APP 为改性剂掺入沥青做浸渍涂盖材料,以高密度聚乙烯膜为胎体,经辊炼、辊压等工序制作而成的防水卷材。该卷材既有橡胶的高弹性和延伸性,又有塑料的强度和可塑性,综合性能优异。加上胎体本身有良好的防水性和延伸性,一般已有足够的单层防水能力。其施工方便,冷粘热熔均可,不污染环境,对基层伸缩和局部变形的适应能力强,适用于建筑物屋面、地下室、立交桥、水库及游泳池等工程的防水、防渗和防潮。

铝箔橡塑改性沥青防水卷材是以橡胶和聚氯乙烯复合改性石油沥青做浸渍涂盖材料,以聚酯毡、麻布或玻纤毡为胎体,聚乙烯膜为底面隔离材料,软质银白色铝箔为表面保护层,经共熔、浸渍、复合、冷却等工序制作而成的防水卷材。该产品具有橡塑改性沥青防水卷材的众多优点,综合性能良好,再加上以水密性、耐候性和阳光反射性良好的铝箔作为保护层,更增强了其耐老化能力,使用温度为－10～85℃,在－20℃时也有防水性。该卷材施工方便,冷粘热熔均可,不污染环境,而且低温柔性好,在较低温度下也可施工,适用于工业与民用建筑屋面的单层外露防水层。

2.2.3　合成高分子防水卷材

合成高分子防水卷材是以合成橡胶、合成树脂或二者的共混体为基料,再加入硫化剂、软化剂、促进剂、补强剂和防老剂等助剂和填充料,经过密炼、拉片、过滤、挤出(或压延)成形、硫化、检验和分卷等工序而制成的可卷曲片状防水卷材,可将其分为加筋增强型和非加筋增强型两种。

合成高分子防水卷材具有弹性大、拉伸强度高、延伸率大、耐热性和低温柔性好、耐腐蚀、耐老化、可冷施工、可单层防水和使用寿命长等优点。其可分为橡胶基(如三元乙丙橡胶防水卷材、氯丁橡胶防水卷材、丁基橡胶防水卷材和再生橡胶防水卷材等)、树脂基(如聚氯乙烯防水卷材、氯化聚乙烯防水卷材等)和橡塑共混基(如氯化聚乙烯-橡胶防水卷材、热塑性聚烯烃防水卷材等)三大类。此类卷材按厚度分为 1 mm、1.2 mm、1.5 mm、1.8 mm、2.0 mm 等规格,一般单层铺设,可采用冷粘法或自粘法施工。它彻底改变了沥青基防水卷材施工条件差、污染环境等缺点,是值得大力推广的新型高档防水卷材。目前多用于高级宾馆、大厦、游泳池、厂房,以及要求有良好防水性的屋面、地下等防水工程。

合成高分子防水卷材因所用的基材不同而性能差异较大,使用时应根据其性能特点合理选择,常见合成高分子防水卷材的特点、适用范围及施工工艺见表 2-9。

表 2-9　常见合成高分子防水卷材的特点、适用范围及施工工艺

卷材名称	特点	适用范围	施工工艺
三元乙丙橡胶防水卷材	防水性能优异,有较好的耐候性、耐臭氧性、耐化学腐蚀性、弹性和抗拉强度,对基层变形开裂适应性强,质量轻,使用温度范围广、寿命长,但价格高,黏结材料尚需配套完善	防水要求较高、防水层耐用年限要求长的工业与民用建筑,单层或复合使用	冷粘法或自粘法铺设
丁基橡胶防水卷材	有较好的耐候性、耐油性、抗拉强度和延伸率,耐低温性能稍弱于三元乙丙橡胶防水卷材	单层或复合使用于要求较高的防水工程	冷粘法铺设
氯化聚乙烯防水卷材	具有良好的耐候、耐臭氧、耐热老化、耐油、耐化学腐蚀及抗撕裂性能	单层或复合使用,宜用于紫外线强的炎热地区	
氯磺化聚乙烯防水卷材	延伸率较大、弹性较好,对基层变形开裂的适应性较强,耐高、低温性能好,耐腐蚀性能优良,有很好的难燃性	适用于受腐蚀介质影响及寒冷地区的防水工程	
氯化聚乙烯-橡胶共混防水卷材	不但具有氯化聚乙烯特有的高强度和优异的耐臭氧、耐老化性能,而且具有橡胶所特有的高弹性、高延伸性及良好的低温柔性	单层或复合使用,宜用于寒冷地区或变形较大的防水工程	
三元乙丙橡胶-聚乙烯共混防水卷材	热塑性弹性材料,有良好的耐臭氧和耐老化性能,使用寿命长,低温柔性好,可在负温条件下施工	单层或复合使用于外露防水屋面,宜在寒冷地区使用	

（续表）

卷材名称	特点	适用范围	施工工艺
聚氯乙烯防水卷材	具有较高的拉伸强度和抗撕裂强度,延伸率较大,耐老化性能好,原材料丰富,价格便宜,容易黏结	单层或复合使用于外露或有保护层的防水工程	冷粘法或热风焊接法施工

2.2.3.1　三元乙丙橡胶防水卷材

三元乙丙橡胶防水卷材是以乙烯、丙烯和双环戊二烯三种单体共聚合成的,以三元乙丙橡胶和丁基橡胶为主体,掺入适量的促进剂、软化剂、硫化剂、补强剂和填充剂等,经过配料、密炼、拉片、过滤、挤出(或压延)成形、硫化等工序加工制成[32]。

三元乙丙橡胶是由乙烯、丙烯和任何一种非共轭二烯烃共聚合成的高分子聚合物,由于主链具有饱和结构的特点,因此呈现出高度的化学稳定性。

三元乙丙橡胶防水卷材具有如下特点:

(1)耐老化性好,使用寿命长。由于三元乙丙橡胶分子结构中的主链上没有双键,因此,当它受到臭氧、紫外线、湿热的作用时,主链上不易发生断裂。所以它有优异的耐候性和耐老化性,使用寿命可达 50 年以上。

(2)耐化学性好。当作为化学工业区的外露屋面和污水处理池的防水卷材时,对于多种极性化学药品和酸、碱、盐都有良好的抗侵蚀性。

(3)具有优异的耐绝缘性能。三元乙丙橡胶的电绝缘性能比丁基橡胶更为优异,尤其是耐电晕性突出,而且由于其吸水性小,所以浸水后的抗电性能仍然良好。

(4)拉伸强度高、伸长率大。对伸缩或开裂变形的基层适应性强,能满足防水基层伸缩或开裂、变形的需要。

(5)具有优异的耐低温和耐高温性能。在低温或高温环境中,仍然具有很好的弹性、伸缩性和柔韧性,能保持优异的耐候性和耐老化性,可在严寒和酷热的环境中长期使用。

(6)施工方便。可采用单层防水施工法,冷施工,不仅操作方便、安全,而且不污染环境,不受施工环境条件的限制。

这种防水卷材广泛适用于各种工业与民用建筑屋面的单层外露防水层,是重要等级防水工程的首选材料,尤其适用于:受震动、易变形建筑工程防水,如体育馆、火车站、港口和机场等;各种地下工程防水,如地下储藏室、地铁和隧道;有刚性保护层或倒置式屋面,以及储水池、隧道等土木建筑工程防水;蓄水池、污水处理池、电站、水库及水渠等工程防水。

2.2.3.2　丁基橡胶防水卷材

丁基橡胶防水卷材是以优质的丁基橡胶为主要原料,加入防老化剂、促进剂等助剂,经反复混炼、压延而成的一种中档可卷曲片状高分子防水卷材。

丁基橡胶防水卷材具有较好的延伸率和耐高低温性能,采用冷粘法施工,十分方便。

本品对基层伸缩、开裂、变形的适应性较强,适用于屋面、地下建筑等工程的防水和防潮。

2.2.3.3 氯化聚乙烯防水卷材

氯化聚乙烯防水卷材是以聚乙烯经过氯化改性制成的新型树脂——氯化聚乙烯树脂,掺入适量的化学助剂和填充料,采用塑料或橡胶的加工工艺,经过捏和、塑炼、压延、卷曲、分卷、包装等工序,加工制成的弹塑性防水材料。按照有无复合层分类,无复合层的为N类,用纤维单面复合的为L类,织物内增强的为W类,其中每类产品按理化性能分为Ⅰ型和Ⅱ型(表2-10、表2-11)。

氯化聚乙烯容易制成各种颜色的卷材,在氯化聚乙烯防水卷材中加入颜料,既可减少对太阳光辐射的吸收,又能起到一定的装饰作用,特别是浅色防水卷材,其隔热效果明显。

氯化聚乙烯防水卷材具有如下特点:

(1) 该卷材的主体原料氯化聚乙烯树脂中的含氯量为30%~40%,它不但具有合成树脂的热塑性能,而且还具有橡胶的弹性。由于氯化聚乙烯分子结构本身的饱和性以及氯原子的存在,其具有耐候、耐臭氧、耐油、耐化学药品以及阻燃性能。

(2) 原材料来源丰富,生产工艺较简单,卷材价格较低,在国内属于中档防水卷材。

(3) 采用冷粘法作业,施工方便,无大气污染,是一种便于黏结成为整体防水层的卷材,有利于保证防水工程质量。

表 2-10　氯化聚乙烯防水卷材 N 类的理化性能指标

序号	项　目		性能指标	
			Ⅰ 型	Ⅱ 型
1	拉伸强度/MPa,≥		5.0	8.0
2	断裂伸长率/%,≥		200	300
3	热处理尺寸变化率/%,≤		3.0	纵向2.0 横向1.5
4	低温弯折性		−20℃无裂纹	−25℃无裂纹
5	抗穿孔性		不渗水	
6	不透水性		不透水	
7	剪切状态下的黏合性/(N·mm^{-1}),≥		3.0 或卷材破坏	
8	热老化处理	外观	无起泡、裂纹、黏结和孔洞	
		拉伸强度变化率/%	+50 −20	±20
		断裂伸长率变化率/%	+50 −30	±20
		低温弯折性	−15℃无裂纹	−20℃无裂纹

(续表)

序号	项目		性能指标	
			Ⅰ型	Ⅱ型
9	耐化学侵蚀	拉伸强度变化率/%	±30	±20
		断裂伸长率变化率/%		
		低温弯折性	−15℃无裂纹	−20℃无裂纹
10	人工气候加速老化	拉伸强度变化率/%	+50 −20	±20
		断裂伸长率变化率/%	+50 −30	±20
		低温弯折性	−15℃无裂纹	−20℃无裂纹

注:非外露使用可以不考核人工气候加速老化性能。

表 2-11 氯化聚乙烯防水卷材 L 类与 W 类的理化性能指标

序号	项目		性能指标	
			Ⅰ型	Ⅱ型
1	拉力/(N·cm⁻¹),≥		70	120
2	断裂伸长率/%,≥		125	250
3	热处理尺寸变化率/%,≤		1.0	
4	低温弯折性		−20℃无裂纹	−25℃无裂纹
5	抗穿孔性		不渗水	
6	不透水性		不透水	
7	剪切状态下的黏合性/(N·mm⁻¹),≥	L 类	3.0 或卷材破坏	
		W 类	6.0 或卷材破坏	
8	热老化处理	外观	无起泡、裂纹、黏结和孔洞	
		拉力/(N·mm⁻¹),≥	55	100
		断裂伸长率变化率/%	100	200
		低温弯折性	−15℃无裂纹	−20℃无裂纹
9	耐化学侵蚀	拉力/(N·mm⁻¹),≥	55	100
		断裂伸长率变化率/%	100	200
		低温弯折性	−15℃无裂纹	−20℃无裂纹
10	人工气候加速老化	拉力/(N·mm⁻¹),≥	55	100
		断裂伸长率变化率/%	100	200
		低温弯折性	−15℃无裂纹	−20℃无裂纹

注:非外露使用可以不考核人工气候加速老化性能。

氯化聚乙烯防水卷材适用于各种工业与民用建筑物、构筑物单层或双层的外露不上人的新建或翻修屋面的防水，也适用于上面有保护层的上人屋面、地下室、地下车库、隧道、游泳池或水库等项目工程的防水。

2.2.3.4 氯磺化聚乙烯防水卷材

氯磺化聚乙烯(Chlorosulfonated Polyethylene)是用氯气和二氧化硫处理聚乙烯后得到的聚合物。该聚合物是一种弹性体，具有较好的力学性能，抗紫外线、抗臭氧、耐候性好。

氯磺化聚乙烯防水卷材是以氯磺化聚乙烯为基料，掺入适量的软化剂、稳定剂、硫化剂、促进剂、着色剂和填充剂等，经混炼、挤出或压延成形、硫化、冷却等工序加工制成的防水卷材。目前产品有单层卷材，也有用聚酯纤维增强的卷材等品种。该类卷材不仅具有橡胶的高弹性和高延展性，而且具有优异的耐臭氧、耐大气老化和不透水性能，并有较好的耐酸、碱、盐等化学物品腐蚀的性能，且热稳定性强，低温柔性好，因此使用时不受气候区域限制，外露施工使用效果良好。由于其本身含氯量高，故具有很好的阻燃性能，能离火自熄。

氯磺化聚乙烯防水卷材可用于各种屋面，尤其是化工厂房的屋面防水，也可用于地下工程、浴室、桥梁、隧道、电站、水库、水渠、蓄水池以及污水处理池的防水，特别适用于在有腐蚀介质影响的部位做建筑防腐及防水处理。

2.2.3.5 聚氯乙烯防水卷材

聚氯乙烯防水卷材系以聚氯乙烯树脂为主要成分，以红泥(炼铝废渣)或经过特殊处理的黏土类矿物粉料为填充剂，掺入改性材料、增塑剂、抗氧剂等，经捏合、塑化、压延、整形、冷却等主要工艺流程加工而成。可适用于工业与民用建筑的各种屋面防水、建筑物地下防水以及旧屋面维修等。其中，以煤焦油与聚氯乙烯塑脂混溶料为基料的防水卷材是 S 型，以增塑聚氯乙烯为基料的防水卷材是 P 型。

聚氯乙烯防水卷材具有如下特点：

(1)拉伸强度高，伸长率好，对基层伸缩或开裂变形的适应性强。

(2)卷材幅面宽，可焊接性好，采用先进的热风焊接技术，即使经数年风化仍可焊接，焊缝牢固可靠。

(3)良好的水蒸气扩散性，冷凝物易排释，留在基层的湿气易于排出。

(4)耐植物根系穿透，耐化学腐蚀，耐老化。

(5)低温柔性和耐热性好。在低温下(−20℃)保持良好的柔韧性，高温时不出现物体流动现象。

(6)冷施工，机械化程度高，操作方便。

2.2.3.6 氯化聚乙烯-橡胶共混防水卷材

氯化聚乙烯-橡胶共混防水卷材系以氯化聚乙烯树脂和合成橡胶共混为主体，加入适量促进剂、稳定剂、软化剂、填充剂和硫化剂等，经过塑炼、混炼、过滤、挤出或压延成形、定制等工序加工制成的防水卷材。

氯化聚乙烯-橡胶共混防水卷材是一种硫化型合成高分子卷材，它将氯化聚乙烯树脂和合成橡胶以共混的形式,通过优选最佳的共混胶种、共混比例和共混历程获得的一种高分子"合金"。

这种"合金"的性能同时包含了氯化聚乙烯树脂的耐老化性能和高强度以及合成橡胶的高弹性和优异的耐低温性能,不但在性能上较原纯氯化聚乙烯树脂和原合成橡胶有较大的提高,达到高档防水卷材的性能水平,且其属易黏物质,黏结效果好,有效地保证了卷材冷粘施工的整体效果。其物理性质如表 2-12 所示。

表 2-12 氯化聚乙烯-橡胶共混防水卷材物理性能指标

序号	项 目		性能指标	
			S 型	N 型
1	拉伸强度/MPa,≥		7.0	5.0
2	断裂伸长率/%,≥		400	250
3	直角形撕裂强度/(kN·m^{-1}),≥		24.5	20.0
4	不透水性(30 min)/MPa		0.3	0.2
5	热老化保持率 (80℃±2℃,168 h)	拉伸强度/MPa,≥	80	
		断裂伸长率/%,≥	70	
6	脆性温度/℃,≤		—40	—20
7	臭氧化(500×10^{-8},168 h×40℃,静态)		伸缩缝 40%无裂缝	伸缩缝 20%无裂纹
8	黏结剥离强度 (卷材与卷材)	kN/m,≥	2.0	
		浸水 168 h, 保持率/%,≥	70	
9	热处理尺寸变化率/%,≤		+1,—2	+2,—4

氯化聚乙烯-橡胶共混防水卷材可冷施工,采用单层粘贴防水,以水乳型氯丁胶黏剂作为配套使用的基层处理剂,能克服一般卷材因基层潮湿不能施工的缺点,基层无明水,温度在 5℃以上即可施工,施工工艺简便,工效高。该类卷材适用于屋面、地下室、水库、堤坝、电站、桥梁、隧道、水池、浴室、排污管道等各种建筑防水工程,也适用于跨度较大的工业建筑防水工程,如厂房、冷库、屋面、高中层建筑及民用建筑等工程。

2.3 防水涂料

防水涂料是一种流态或半流态物质,涂布在基层表面,经溶剂或水分挥发,或经各组分间的化学反应,形成有一定弹性和一定厚度的连续薄膜,使基层表面与水隔绝,起到防水、防潮作用。

防水涂料固化成膜后的防水涂膜具有良好的防水性能,特别适用于各种复杂、不规则部位的防水,能形成无接缝的完整防水膜。它大多采用冷施工,不必加热熬制,既减少了环境污染,改善了劳动条件,又便于施工操作,加快了施工进度。此外,涂布的防水涂料既是防水层的主体，又是胶黏剂，因而施工质量容易保证，维修也较简单。但是，防水涂料须采用刷子或刮板等逐层涂刷（刮），故防水膜的厚度较难保持均匀一致。因此，防水涂料一般只适用于工业与民用建筑的屋面防水工程、地下室防水工程和地面防潮、防渗等。

1. 防水涂料的特点

（1）整体防水性好。能满足各类屋面、地面、墙面的防水工程的要求，在基材表面形成一定的强度和厚度，如在管道根、阴阳角处等涂刷防水涂料，较易满足使用要求。为了增加强度和厚度，还可以与玻璃布、无纺布等增强材料复合作用，如一布四涂、二布六涂等，更增强了防水涂料的整体防水性和抵抗基层变形的能力。

（2）温度适应性强。因为防水涂料的品种多，用户选择余地很大，可以满足不同地区气候环境的需要。防水涂层在−30℃低温下不开裂，在80℃高温下不流淌。溶剂型涂料可在负温下施工。

（3）操作方便，施工速度快。涂料可喷可刷，节点处理简单，容易操作。水乳型涂料在基材稍潮湿的条件下仍可施工。冷施工，不污染环境，比较安全。

（4）易于维修。当屋面发生渗漏时，不必完全铲除整个旧防水层，只需在渗漏部位进行局部修理，或在原防水层上重做一层防水处理。

2. 防水涂料的分类

目前，我国防水涂料一般有三种分类方法。按涂料成膜物质的主要成分，可分为合成树脂类、橡胶类、橡胶沥青和沥青类等。按涂料类型，可分为溶剂型、水乳型和反应型，它们的性能特点如表2-13所示。

表2-13 溶剂型、水乳型和反应型防水涂料的性能特点

项目	溶剂型防水涂料	水乳型防水涂料	反应型防水涂料
成膜机理	通过溶剂的挥发、高分子材料的链接触成膜	通过水分子的蒸发，乳胶颗粒靠近、接触、变形等过程成膜	通过预聚体与固化剂发生化学反应成膜
干燥速度	干燥快，涂膜薄而致密	干燥较慢，一次成膜的致密性较低	可一次形成致密的较厚的涂膜，几乎无收缩
储存稳定性	储存稳定性较好，应密封储存	储存期一般不宜超过半年	各组分应分开密封存放
安全性	易燃、易爆、有毒，生产、运输和使用过程中应注意安全，注意防火	无毒、不燃，生产使用比较安全	有异味，生产、运输和使用过程中应注意防火
施工情况	施工时应通风良好，保证自身安全	施工较安全，操作简单，可在较为潮湿的找平层上施工，施工温度不宜低于5℃	施工时需现场按照规定配方进行配料，搅拌均匀，以保证施工质量

按照不同的工程应用部位，可以分为屋面防水涂料、墙面防水涂料、厕浴间防水涂料、地下防水涂料和道桥用防水涂料等。

3. 防水涂料的性能

防水涂料的品种有很多，各类产品之间性能差异也较大，但是无论何种防水涂料，其性

能都包含以下几个指标：

（1）固体含量。指防水涂料中所含固体的比例。由于涂料涂刷后靠其中的固体成分形成涂膜，因此，固体含量多少与成膜厚度及涂膜质量密切相关。

（2）耐热度。指防水涂料成膜后的防水薄膜在高温下不发生软化变形、不流淌的性能。它反映防水涂膜的耐高温性能。

（3）低温柔性。指防水涂料成膜后的膜层在低温下保持柔韧性的性能。它反映防水涂料在低温下的施工和使用性能。

（4）不透水性。指防水涂膜在一定水压（静水压或动水压）和一定时间内不出现渗漏的性能，是防水涂料满足防水功能要求的主要质量指标。

（5）延伸性。指防水涂膜适应基层变形的能力。防水涂料成膜后必须具有一定的延伸性，以适应由于温差、干湿等因素造成的基层变形，保证防水效果。

防水涂料的使用，应考虑建筑的特点、环境条件和使用条件等因素，结合防水涂料的特点和性能指标来选择。

2.3.1　沥青基防水涂料

沥青基防水涂料指以沥青为基料配制成的水乳型或溶剂型防水涂料。这类涂料对沥青基本没有改性或者改性作用不大，包括石灰乳化沥青、膨润土沥青乳液和水性石棉沥青防水涂料等。

水乳型沥青基防水涂料是以水为介质，采用化学乳化剂或矿物乳化剂制成的沥青基防水涂料。这类涂料施工安全，不污染环境。其施工应用特点如下：

（1）施工温度一般要求在 0℃ 以上，最好在 5℃ 以上，具有弹性大、延伸性好、抗拉强度高的特点，能适应基层的变形，并有一定的抗冲击性和抗老化性。但由于使用有机溶剂，不仅在配制时易引起火灾，且施工时要求基层必须干燥。由于有机溶剂挥发时，还会引起环境污染，加之目前溶剂价格不断上扬，故除特殊情况外，已较少使用。近年来，我国重点发展的是水性沥青防水涂料。

（2）对基层表面的含水率要求不是很严格，但应无明水，下雨天不能施工，下雨前 2 h 也不能施工。

（3）不能与溶剂型防水涂料混用，也不能在料桶中混入油类溶剂，以免破乳影响涂料质量。施工时应注意涂料产品的使用要求，以保证施工质量。

溶剂型沥青防水涂料由沥青、溶剂、改性材料和辅助材料组成，主要用于防水、防潮和防腐，其耐水性、耐化学侵蚀性均好，涂膜光亮平整、丰满度高。主要品种有冷底子油、再生橡胶沥青防水涂料、氯丁橡胶沥青防水涂料和丁基橡胶沥青防水涂料等。其中，除冷底子油不能单独用作防水涂料，仅可作为基层处理剂以外，其他品种均为较好的防水涂料。

2.3.1.1　石灰乳化沥青涂料

石灰乳化沥青涂料是以石油沥青为基料、石灰膏为乳化剂，在机械搅拌下将沥青乳化制成的厚质防水涂料。

石灰乳化沥青涂料为水性、单组分涂料,具有无毒、不燃和耐候性较好的特点,可在潮湿基层上施工。但石灰乳化沥青涂料延伸率较低,所以抗裂性较差,容易因基层变形而开裂,从而导致漏水、渗水。另外,由于材料中沥青未经改性,在低温下易变脆,还存在单位面积涂料耗用量过大的缺点。一般结合嵌缝油膏、胶泥等密封材料用于工业厂房的屋面防水,渠道、下水道的防渗,以及材料表面防腐等。

2.3.1.2 膨润土沥青乳液

膨润土沥青乳液是以油质石油沥青为基料,以膨润土为分散剂,经机械搅拌而成的一种水乳型厚质沥青防水涂料。该涂料可涂在潮湿的基层上形成厚质涂膜,耐久性好。涂层与基层的黏结力强,耐热度高,可达 90～120℃,适用于各种沥青基防水层的维修,也可用作保护层或复杂屋面、保温面层上独立的防水层。

2.3.1.3 水性石棉沥青防水涂料

水性石棉沥青防水涂料是以石油沥青为基料,以碎石棉纤维为分散剂,经机械搅拌而成的一种水溶性厚质防水涂料。该涂料无毒、无污染,水性冷施工,可在潮湿和无积水的基层上施工。由于涂料中含有石棉纤维,涂料的稳定性、耐水性、耐裂性和耐候性较一般的乳化沥青好,且能形成较厚的涂膜,防水效果好,原材料便宜;缺点是施工温度要求高,一般要求在 10℃ 以上,气温过高则易黏脚,影响操作。施工时配以胎体增强材料,可用于工业与民用建筑钢筋混凝土屋面防水,地下室、卫生间的防水,层间楼板层的防水以及旧屋面的维修等。

2.3.2 高聚物改性沥青防水涂料

高聚物改性沥青防水涂料一般是用再生橡胶、合成橡胶或 SBS 对沥青进行改性而制成的水乳型或溶剂型涂膜防水涂料。

高聚物改性沥青防水涂料亦称橡胶沥青类防水涂料,其成膜物质中的胶黏材料是沥青和橡胶(再生橡胶或合成橡胶)。此类涂料是以橡胶对沥青进行改性作为基础的。用再生橡胶进行改性,可以改善沥青低温冷脆性、抗裂性,增加涂料的弹性;用合成橡胶(如氯丁橡胶、丁基橡胶等)进行改性,可以改善沥青的气密性、耐化学腐蚀性、耐燃性、耐光性、耐气候性等;用 SBS 进行改性,可以改善沥青的弹塑性、延伸性、耐老化性和耐高低温性能等。

目前我国生产的溶剂型高聚物改性沥青防水涂料品种有氯丁橡胶-沥青防水涂料、再生橡胶沥青防水涂料(包括胶粉沥青防水涂料)、丁基橡胶沥青防水涂料等。水乳型高聚物改性沥青防水涂料品种有水乳型再生胶沥青防水涂料(包括 JG-2 型、SR 型、XL 型等多种牌号产品),水乳型氯丁橡胶沥青防水涂料(包括各种牌号的阳离子型氯丁胶乳沥青防水涂料),丁腈胶乳沥青防水涂料,丁苯胶乳沥青防水涂料,SBS 橡胶沥青防水涂料,阳离子水乳型再生胶氯丁胶沥青防水涂料(包括 YR 建筑防水涂料等产品)。上述产品均属薄质防水涂料范畴。

在水乳型橡胶沥青防水涂料中,除阳离子氯丁胶乳沥青防水涂料、阳离子水乳型再生胶氯丁胶沥青防水涂料外,其余均为阴离子水乳型产品。

2.3.2.1 再生橡胶改性沥青防水涂料

再生橡胶改性沥青防水涂料,按分散介质的不同分为溶剂型和水乳型。

溶剂型再生橡胶沥青防水涂料,又称为再生橡胶-沥青防水涂料、JG-1 橡胶沥青防水涂料,是以再生橡胶为改性剂,以汽油为溶剂,添加各种填料如滑石粉、碳酸钙等而制成的防水涂料。其优点是改善了沥青防水涂料的柔韧性和耐久性等,而且原料来源广泛、成本低、生产简单,但是使用汽油为溶剂,施工时需要注意防火和通风,并且需多次涂刷才能形成较厚的涂膜。

溶剂型再生橡胶沥青防水涂料具有以下特点:

(1)能在各种复杂基面形成无接缝的涂膜防水层,具有一定的柔韧性和耐久性,本品需进行数次涂刷,才能形成较厚的涂膜。

(2)本品以汽油为溶剂,故涂料干燥固化迅速,但在生产贮存、运输、使用过程中有燃爆危险,应严禁烟火,并配备消防设备。

(3)本品可在常温和低温下冷施工,施工时应保持通风良好,及时扩散挥发掉汽油分子,故对环境有一定污染。

(4)本品生产所用原材料来源广泛,生产成本较低。

(5)本品的延伸性等性能比溶剂型氯丁橡胶沥青防水涂料略差。

溶剂型再生橡胶沥青防水涂料适用于工业与民用建筑混凝土屋面的防水层;厕浴间、厨房间的防水;旧油毡屋面维修和翻修;地下室、水池、地坪等抗渗、防潮、防水。

水乳型再生橡胶改性沥青防水涂料是由阴离子型再生乳胶和阴离子型沥青乳胶混合均匀构成,再生橡胶和石油沥青的微粒借助于阴离子表面活性剂的作用,稳定分散在水中而形成的乳状液。其主要的成膜物质是再生橡胶和石油沥青,与溶剂型的同类产品相比较,由于用水替代了汽油,因而具备了水乳型涂料的一系列特点:

(1)能在复杂基面形成无接缝防水膜,需多遍涂刷才能形成较厚的涂膜。

(2)该涂膜具有一定的柔性和耐久性。

(3)本品以水作为分散介质,具有无毒、无味、不燃的优点,安全可靠,冷施工,不污染环境,操作简单,维修方便,产品质量易受生产条件影响,涂料在成膜及贮存过程中其稳定性易出现波动。

(4)可在稍潮湿但无积水的基面施工。

(5)原料来源广泛,价格较低。水乳型再生橡胶改性沥青防水涂料适用于工业与民用建筑的屋面防水、墙身防水和楼地面防水,也适用于旧房屋的维修和补漏等。

2.3.2.2 氯丁橡胶沥青防水涂料

氯丁橡胶沥青防水涂料又分为溶剂型氯丁橡胶沥青防水涂料和水乳型氯丁橡胶沥青防水涂料。

溶剂型氯丁橡胶沥青防水涂料是以氯丁橡胶改性石油沥青为基料,以汽油为溶剂,加入高分子填料、无机填料、防老剂、助剂等制成的防水涂料。它是我国出现较早的一个新型防水材料品种,20 世纪 60 年代就开始在工程上大面积使用。

氯丁橡胶是一种性能较好、产量较大的合成橡胶,氯丁橡胶沥青防水涂料是氯丁橡胶和石油沥青溶化于甲基或二甲苯中而形成的一种混合胶体溶液,其主要成膜物质是氯丁橡胶和石油沥青。

本品延伸性好,耐候性、耐腐蚀性优良,能在复杂基层形成完整无接缝的防水层,且适应基层的变形能力强。需反复多次涂刷才能形成较厚的涂膜,形成涂膜的速度较快且致密完整,能在较低温度下进行冷施工。溶剂易挥发、有毒,施工时应注意通风良好,施工人员应配备防护措施,生产、储运过程应远离火源,并要有切实的防爆措施。

溶剂型氯丁橡胶沥青防水涂料适用于工业与民用建筑混凝土屋面防水层,水池、地下室等的抗渗防潮,防腐蚀地坪的隔离层,旧油毡屋面的维修等防水工程。

水乳型氯丁橡胶沥青防水涂料又名氯丁胶乳沥青防水涂料,是以阳离子型氯丁胶乳与阳离子型沥青乳液混合构成氯丁橡胶及石油沥青的微粒,借助于阳离子型表面活性剂的作用,稳定分散在水中而形成的一种乳状液。

水乳型氯丁橡胶沥青防水涂料兼有橡胶和沥青的双重优点,与溶剂型同类涂料相比较,二者都以氯丁橡胶和石油沥青为主要成膜物质,故性能相似,但水乳型氯丁橡胶沥青防水涂料以水代替有机溶剂,不但成本降低,而且具有无毒、无燃爆、施工过程无环境污染等优点,主要产品属阳离子水乳型。

水乳型氯丁橡胶沥青防水涂料适用于工业与民用建筑的屋面、墙身和楼地面防水,地下室和设备管道的防水,旧房屋的维修和补漏等。

2.3.2.3　SBS 改性沥青防水涂料

SBS 改性沥青防水涂料又可以分为溶剂型 SBS 改性沥青防水涂料和水乳型 SBS 改性沥青防水涂料。

溶剂型 SBS 改性沥青防水涂料是以石油沥青为基料,采用 SBS 热塑性弹性体作沥青的改性材料,配以适量的助剂、防老剂等制成的溶剂型防水涂料。其具有优良的防水性、黏结性、弹性和低温柔性,因此是一种性能良好的建筑防水涂料,广泛应用于各种防水防潮工程,如工业与民用建筑的屋面防水,水箱、水塔、水闸以及各种地下、海底设施等的防水、防潮工程。对渗漏的旧沥青油毡屋面、刚性防水屋面及石棉瓦屋面修补效果特别显著。

水乳型 SBS 改性沥青防水涂料是指以石油沥青和水为基料,先用 SBS 改性剂对沥青进行改性,再乳化并添加其他辅助材料,在一定工艺条件下制成的一种水乳型高聚物改性沥青防水涂料。当涂料施工后,在常温条件下随着乳化沥青的破乳和水分的不断挥发,形成一层以 SBS 改性沥青为主要成膜物质,具有一定厚度的整体性好、无接缝的防水层。它具有优异的环保性、防水性、黏结性、耐老化性、耐高低温性和易施工性等,能够在形状复杂、潮湿的基层上施工,是一种理想的防水材料[33,34]。

与溶剂型 SBS 改性沥青防水涂料相比,水乳型 SBS 改性沥青防水涂料具有以下几个方面的优点[35-37]:

(1) 环保、挥发性有机化合物(VOC)含量低、气味小、对相关人员身体危害小。水乳型 SBS 改性沥青防水涂料分散介质是水,在生产、检测及使用过程中,水分的挥发不会造成环境污染,也不会危害生产人员、检测人员和施工人员等的身体健康。而溶剂型 SBS 改性沥青防水涂料分散介质是有机溶剂,其中含有大量的 VOC,在生产、检测及使用过程中,大量的 VOC 挥发,造成环境污染,严重危害生产人员、检测人员和施工人员等的身体健康。当 VOC 达到一定浓度时,在短时间内相关接触人员就会出现头痛、胸闷、恶心、乏力等症状,严重时更会出现昏迷、抽搐等症状,并会对人的肾脏、肝脏、呼吸系统、大脑和神经系统等造成伤害。

(2) 节约资源,生产及运输成本低。水乳型 SBS 改性沥青防水涂料分散介质是水,而溶剂型 SBS 改性沥青防水涂料分散介质是有机溶剂,二者的分散介质的价格差了将近千倍,以水代替有机溶剂,在降低成本方面具有明显的优势,并且能够节约石化资源。另外,溶剂型 SBS 改性沥青防水涂料属于易燃危险品,需按危险品运输。而水乳型 SBS 改性沥青防水涂料属于普通化学品,可以按照一般运输方式运输。一般运输方式运输费用明显低于危险品运输费用。

(3) 安全。溶剂型 SBS 改性沥青防水涂料属于易燃危险品,在生产、贮存、运输和使用等过程中,存在易燃、易爆等安全问题,对生产环境、贮存环境和运输条件要求高,要严格防火、防爆。而水乳型 SBS 改性沥青防水涂料属于普通化学品,安全性能好。

(4) 施工时对基层要求低,与基层黏结强度高。溶剂型 SBS 改性沥青防水涂料施工时要求基层表面干燥,不可在潮湿基层上直接施工。而水乳型 SBS 改性沥青防水涂料可在潮湿(含水率不大于 9%)基层上直接施工,对基层要求低,能够缩短施工工期,特别适合我国多雨的江淮地区使用。

(5) 有政策优势。各国对涂料中的 VOC 含量作出了严格的限制,且要求越来越高。未来溶剂型 SBS 改性沥青防水涂料的市场份额缩减所造成的市场空白,很大一部分将被水乳型 SBS 改性沥青防水涂料所取代。

水乳型 SBS 改性沥青防水涂料既可以单独使用,形成防水层,也可以与防水卷材结合使用,形成复合防水层。其适用范围包括[38-41]:

(1) 厨房及卫生间防水防潮。目前,家庭防水处在发展初期,市场前景广阔。厨房及卫生间防水具有影响大、面积小、管道多、用水频繁且用量大、施工难度高、维修难度大等特点[42]。水乳型 SBS 改性沥青防水涂料由于其环保性能优异,施工方便,能够在复杂形状的基层上施工,并且可在潮湿基层上直接施工,具有防水层整体性能好的优点,其施工性能优于防水卷材,能够满足厨房及卫生间防水防潮的需要。

(2) 地下防水、屋面防水及外墙防水。地下防水包括工业与民用地下建筑防水工程,以及隧道和地下铁道等防水工程。由于地下防水的固有特性,所使用的涂料需在潮湿基层上直接施工,而水乳型 SBS 改性沥青防水涂料正好具备这一特性。

水乳型 SBS 改性沥青防水涂料能够满足非永久性的建筑屋面和一般建筑屋面的防水需要,与防水卷材结合使用能够满足重要建筑屋面及高层建筑屋面的防水需要。在屋面上使用水乳型 SBS 改性沥青防水涂料可以形成整体性好、无接缝的防水层。施工时不会污染环境和危害施工人员的身体健康。

2.3.2.4　丁苯橡胶改性沥青防水涂料

丁苯橡胶改性沥青防水涂料是以石油沥青为主要原料,以低苯乙烯丁苯橡胶胶乳为改性材料,采用阴离子乳化剂和稳定剂等其他辅助材料配制而成的建筑防水涂料。

丁苯橡胶改性沥青防水涂料可分为水乳型和溶剂型两种。

水乳型丁苯橡胶改性沥青防水涂料是以石油沥青为基料,以丁苯橡胶等为改性材料,经共混配得改性沥青,再以膨润土方分散剂经乳化而制成。

溶剂型丁苯橡胶改性沥青防水涂料则是以石油沥青为基料,以丁苯橡胶等为改性材料,并添加其他助剂且以溶剂为分散剂配制而成。

水乳型和溶剂型两种丁苯橡胶改性沥青防水涂料均为冷作业防水涂料,二者互为补充,形成产品系列。丁苯橡胶改性沥青防水涂料因用橡胶改性,其涂膜弹性好,延伸率高,易形成厚的涂膜,冷施工,施工方便。水乳型无污染,价格低,适于春、夏、秋季使用,在雨天、冰冻期不能施工;施工温度必须在 5℃以上,以 10~35℃为宜;涂布在 6 h 内不能被雨淋;运输、贮存应在 0℃以上,严防暴晒,勿近热源,以防破乳。溶剂型应在室内存放,防止暴晒,应远离火源和热源,严格按照施工操作规程进行施工,现场严禁动用明火;可在负温下施工,便于冬季使用。

丁苯橡胶改性沥青防水涂料可广泛用于卫生间、厕浴间、地下室、隧道等的防水以及屋面补漏,也可与油毡配套使用形成复合防水层。

2.3.2.5　改性沥青屋面隔热防水涂料

改性沥青屋面隔热防水涂料是由改性沥青添加反光颜料等外加剂制成的一种隔热防水涂料。其特点是其既是屋面防水材料,又可作为最终装饰层,且起隔热作用。用该涂料做成的屋面可反射 80% 以上的阳光,在高温气候条件下可降低内部温度 15%~20%,可用于各种材料的防水屋面,如石板瓦、瓷砖、油毡、沥青以及石棉板等屋面。相同功能的类似产品还有隔热防水涂料,其由底层和面层组成。底层为防水涂料,由再生胶乳液掺入一定的轻质碳酸钙和滑石粉制成;面层为隔热防水涂料,以丙烯酸丁酯丙烯腈-苯乙烯等多元共聚乳液为基料,掺入反射率高的金红石型氧化钛和玻璃粉等填料制成。

2.3.3　合成高分子防水涂料

20 世纪 50 年代,合成高分子材料工业迅速发展,为防水涂料的研制与应用提供了物质基础。合成高分子防水涂料是伴随着合成高分子材料工业的兴起而迅速发展起来的。60 年代,随着建筑艺术和建筑技术的发展,传统的建筑防水处理方法已不能适应时代发展的需要,这促进了防水涂料的发展。

目前,国外防水涂料的发展已达到相当高的水平,不少国家已制定出产品标准和施工规程。在工业发达国家,合成高分子防水涂料的产量较高,其工程应用量已占防水材料总量的12% 左右。在美国、西欧和日本等地,多以延伸性和耐候性优良的合成树脂及合成橡胶为主要原料,发展各种合成高分子涂料,取得了很好的效果。

我国合成高分子涂料的发展始于 20 世纪 80 年代,随着我国合成高分子材料工业的稳步发展,以各种合成树脂和合成橡胶为原料的防水涂料(例如双组分聚氨酯防水涂料、丙烯酸酯类的浅色防水涂料等)也相继在建筑工程中使用,而且合成高分子涂料在防水工程中的应用量日益增加[43]。

合成高分子防水涂料是以合成橡胶或合成树脂为主要成膜物质,加入其他辅助材料而配制成的单组分或多组分的防水涂膜材料。

合成高分子防水涂料的种类繁多,一般按其不同的原材料来进行分类和命名。简单地按其形态进行分类,主要有三种类型。第一类为乳液型,属单组分高分子防水涂料中的一种,其特点是经液状高分子材料中的水分蒸发而成膜;第二类是溶剂型,也是单组分高分子防水涂料中的一种,其特点是经液状高分子材料中的溶剂挥发而成膜;第三类为反应型,属双组分高分子涂料,其特点是用液状高分子材料作为主剂与固化剂进行反应而成膜(固化)。

常用的合成高分子防水涂料包括聚氨酯、丙烯酸、硅橡胶(有机硅)、氯磺化聚乙烯、氯丁橡胶、丁基橡胶、偏二氯乙烯涂料以及其中的混合物等,其物理性能应符合表 2-14 的规定。

表 2-14　合成高分子防水涂料物理性能要求

项　　目		性能要求		
		反应固化型	挥发固化型	聚合物水泥涂料
固体含量/%,≥		94	65	65
拉伸强度/MPa,≥		1.65	1.5	1.2
断裂延伸率/%,≥		350	300	200
柔性		−30℃,弯折无裂纹	−20℃,弯折无裂纹	−10℃,绕 $\phi10$ mm 圆棒无裂纹
不透水性	压力/MPa,≥	0.3		
	保持时间/min,≥	30		

高分子防水涂料除聚氨酯、丙烯酸和硅橡胶(有机硅)等涂料外,均属中低档防水涂料。若用涂料进行一道设防,其防水耐用年限仅聚氨酯、丙烯酸和硅橡胶等涂料可达 10 年以上,但也不超过 15 年。所以,按屋面防水等级、防水耐用年限以及设防要求来考虑,涂膜防水屋面只能适用于屋面防水等级为Ⅲ、Ⅳ级的工业与民用建筑。既然涂膜防水可单独做成一道设防,同时涂膜防水又具有整体性好、对屋面节点和不规则屋面便于防水处理等特点,那么涂膜防水也可作Ⅰ、Ⅱ级屋面多道设防中的一道防水层。

2.3.3.1　聚氨酯防水涂料

聚氨酯防水涂料有单组分和多组分两种,不论是单组分还是双组分都是以聚氨酯为成膜物质的反应型防水涂料,具有耐水解、可延伸性、流展性、耐老化性以及适当的强度和硬度,其中单组分涂料的物理性能和施工性能均不及双组分。双组分聚氨酯防水涂料产品由甲、乙组分组成,甲组分是聚氨酯预聚体,乙组分是固化剂等多种改性剂组成的液体;二者按一定的比例混合均匀,经过固化反应,形成富有弹性的整体防水膜。

聚氨酯防水涂料在固化前为无定型黏稠状液态物质,易在复杂的基面上施工,其端部收头容易处理,防水工程质量容易保证,防水层质量较高。该涂料为化学反应型,几乎不含溶剂,体积收缩小,易做成较厚的涂膜,而且涂膜呈整体,无接缝,有利于提高防水层质量。

聚氨酯防水涂料的聚氨酯预聚体一般以过量的异氰酸酯化合物与多羟基聚酯或聚醚进行反应,生成末端带有异氰酸基的高分子化合物,这是聚氨酯防水涂料的主剂。预聚体中的异氰酸酯基很容易与带活性氢的化合物(如乙醇、胺、多元醇、水等)反应,但与不含活性氢的化合物较难反应。固化剂的作用则是用来与预聚体反应,以制成橡胶状弹性体。其由交联剂(与异氰酸酯进行反应的活性氢化合物)、填料、改性剂、稳定剂及用来调节反应速度的促进剂经混合搅拌而成。

由于可供选择的反应剂种类繁多,所以合成的聚氨酯可具有各种各样的性能,包括做成各种颜色。聚氨酯防水涂料具有优异的耐油、耐磨、耐臭氧、耐海水侵蚀及一定的耐碱性能,柔软,富有弹性,对基层伸缩和开裂的适应性强,黏结性能好,并且由于固化前是一种无定型黏稠物质,故对于形状复杂的屋面、管道纵横部位、阴阳角、管道根部及端部收头都容易施工,因此是目前世界上最常用和有发展前途的高分子防水材料。

聚氨酯防水涂料属于橡胶系,涂膜具有橡胶弹性,延伸性好,抗拉强度和抗撕裂强度都比较高。对一定范围内的基层变形裂缝有较强的适应性,是一种高档防水涂料。

聚氨酯防水涂料适用于各种地下建筑、厨房、厕所、浴室、卫生间的防水工程,污水池的防漏,地下管道的防水、防腐蚀等。

聚氨酯防水涂料的物理力学性能见表2-15、表2-16。

表 2-15 单组分聚氨酯防水涂料物理力学性能指标

序号	项 目		性能指标	
			Ⅰ 型	Ⅱ 型
1	拉伸强度/MPa,≥		1.9	2.45
2	断裂时的延伸率/%,≥		550	450
3	撕裂强度/(N·mm^{-1}),≥		12	14
4	低温弯折性/℃,≤		−40	
5	不透水		0.3 MPa,30 min,不透水	
6	固体含量/%,≥		80	
7	表干时间/h,≤		12	
8	实干时间/h,≤		24	
9	加热伸缩率/%	≤	1.0	
		≥	−4.0	
10	潮湿基面黏结强度^a/MPa,≥		0.50	
11	定伸时老化	加热老化	无裂纹及变形	
		人工气候老化^b	无裂纹及变形	
12	热处理	拉伸强度保持率/%	80~150	
		断裂伸长率/%,≥	500	400
		低温弯折性/℃,≤	−35	

序号	项 目		性能指标	
			Ⅰ型	Ⅱ型
13	碱处理	拉伸强度保持率/%	60～150	
		断裂伸长率/%,≥	500	400
		低温弯折性/℃,≤	−35	
14	酸处理	拉伸强度保持率/%	80～150	
		断裂伸长率/%,≥	500	400
		低温弯折性/℃,≤	−35	
15	人工气候老化[b]	拉伸强度保持率/%	80～150	
		断裂伸长率/%,≥	500	400
		低温弯折性/℃,≤	−35	

注:[a] 仅在地下工程处于潮湿基面时作此要求;
　　[b] 仅用于外露使用的产品。

表 2-16　多组分聚氨酯防水涂料物理力学性能指标

序号	项 目		性能指标	
			Ⅰ型	Ⅱ型
1	拉伸强度/MPa,≥		1.9	2.45
2	断裂时的延伸率/%,≥		450	450
3	撕裂强度/(N·mm⁻¹),≥		12	14
4	低温弯折性/℃,≤		−35	
5	不透水		0.3 MPa,30 min,不透水	
6	固体含量/%,≥		92	
7	表干时间/h,≤		8	
8	实干时间/h,≤		24	
9	加热伸缩率/%	≤	1.0	
		≥	−4.0	
10	潮湿基面黏结强度[a]/MPa,≥		0.50	
11	定伸时老化	加热老化	无裂纹及变形	
		人工气候老化[b]	无裂纹及变形	
12	热处理	拉伸强度保持率/%	80～150	
		断裂伸长率/%,≥	400	
		低温弯折性/℃,≤	−30	

（续表）

序号	项 目		性能指标	
			Ⅰ型	Ⅱ型
13	碱处理	拉伸强度保持率/%	60～150	
		断裂伸长率/%,≥	400	
		低温弯折性/℃,≤	−30	
14	酸处理	拉伸强度保持率/%	80～150	
		断裂伸长率/%,≥	400	
		低温弯折性/℃,≤	−30	
15	人工气候老化[b]	拉伸强度保持率/%	80～150	
		断裂伸长率/%,≥	400	
		低温弯折性/℃,≤	−30	

注：[a] 仅在地下工程处于潮湿基面时作此要求；

　　　[b] 仅用于外露使用的产品。

2.3.3.2 丙烯酸酯防水涂料

丙烯酸系防水涂料是一种水性防水涂料,它以丙烯酸酯作为成膜物质,加入各种助剂、填料及颜料而制成,其优点是防水性能良好,耐候性优于聚氨酯,化学稳定性优良,产品对环境不产生污染,对人员无危害。通常有几种分类方法,以成膜物质分有纯丙型和苯丙型;以弹塑性分有橡胶型和塑料型;以固化类型分有含水泥型和不含水泥型,其中含水泥型材料又由丙烯酸酯是水乳还是粉状形态而有单组分和双组分的区别;以用途分有屋面用及墙面用类、防水类及隔热防水类。

这类防水涂料的最大优点是具有优良的耐候性、耐热性和耐紫外线性能,在−30～80℃范围内性能基本无变化。延伸性能好,延伸率可达250%,能适应基层一定幅度的开裂变形。一般为白色,但可通过着色使之具有各种颜色,故使防水层兼有装饰和隔热效果。

丙烯酸系防水涂料适用于:建筑屋面防水层或屋面其他防水材料的照面层;彩色钢板屋面、墙面接缝防水密封,旧建筑屋面防水的修补或翻新;内外墙面、卫浴间墙面、地面防水;密封门窗与建筑物之间的缝隙。

丙烯酸酯防水涂料物理力学性能见表 2-17。

表 2-17　丙烯酸酯防水涂料物理力学性能指标

项 目	性能指标	
	Ⅰ型	Ⅱ型
断裂伸长率/%,>	400	300
抗拉强度/MPa,>	0.5	1.6
黏结强度/MPa,>	1.0	1.2

（续表）

项　目	性能指标	
	Ⅰ型	Ⅱ型
低温柔性/℃	−20	−20
固含量/%，>	65	
耐热性	80℃，5 h，合格	
表干时间/h	4	
实干时间/h	20	

2.3.3.3　聚氯乙烯弹性防水涂料

聚氯乙烯弹性防水涂料亦称 PVC 防水冷胶料，是以多种化工原料混炼而成的一种防水涂料。它具有优良的弹塑性，能适应基层的一般开裂或变形，黏结延伸率较大，能牢固地与基层黏结成一体，其抗老化性优于沥青油毡。通常采用多层涂抹，冷施工，不但操作简便，而且可消除热施工导致的环境污染及火灾隐患，也改善了施工人员的劳动条件。此外，该涂料也可在潮湿的基层上施工，干固后涂膜富有弹性。

聚氯乙烯弹性防水涂料适用于工业与民用建筑楼地面、地下工程的防水、防渗、防潮，水利工程的渡槽、储水池、蓄水屋面、水沟、天沟等的防水、防腐，建筑物的伸缩缝、钢筋混凝土屋面板缝、水落管接口处等的嵌缝、防水、止水，粘贴耐酸瓷砖及化工车间屋面、地面的防腐蚀工程。

聚氯乙烯弹性防水涂料的物理力学性能指标见表 2-18。

表 2-18　聚氯乙烯弹性防水涂料的物理力学性能指标

序号	项　目		性能指标	
			801	802
1	密度/(g·cm⁻²)		规定值ᵃ±0.1	
2	耐热性		80℃，5 h，无流淌、起泡和滑动	
3	低温柔性（绕 φ20 mm 棒）/℃		−10	−20
			无裂纹	
4	断裂延伸率/%	无处理	350	
		加热处理	280	
		紫外线处理	280	
		碱处理	280	
5	恢复率/%		70	
6	不透水性(0.1 MPa)		不渗水	
7	黏结强度/MPa		0.20	

注：ᵃ规定值是指企业标准或产品说明所规定的密度值。

2.3.3.4 硅橡胶防水涂料

硅橡胶防水涂料是以硅橡胶乳液及其他乳液的复合物为主要基料,掺入无机填料及交联剂、催化剂、增韧剂、消泡剂等多种化学助剂配制而成的乳液型防水涂料。该涂料兼有涂膜防水和浸透性防水材料二者的优良性能,具有良好的防水性、渗透性、成膜性、弹性、黏结性和耐高低温性。

硅橡胶防水涂料适应基层的变形能力强,能渗入基层,与基层黏结牢固,冷施工,可刮、可刷、可喷,操作方便,成膜速度快,可在潮湿的基层上施工,无毒、无味、不燃,安全可靠,可配制成各种颜色的涂料,以便于修补。

硅橡胶防水涂料包含Ⅰ型涂料和Ⅱ型涂料两个品种,Ⅱ型涂料加入了一定量的改性剂,以降低成本,性能指标除低温柔性略有升高外,其余指标与Ⅰ型涂料都相同。两个品种的涂料均由1号涂料和2号涂料组成,涂布时进行复合使用,1号涂料和2号涂料均为单组分,1号涂料涂布于底层和面层,2号涂料涂布于中间的加强层。

硅橡胶防水涂料是以水为分散介质的水乳型涂料,失水固化后形成网状结构的高聚物。将涂料涂刷在各种基层表面后,随着水分的渗透和蒸发,乳液的颗粒密度增大从而失去流动性,当干燥过程继续进行,过剩水分继续失去,乳液颗粒渐渐彼此接触集聚,在交联剂、催化剂作用下,不断进行交联反应,最终形成均匀、致密的橡胶状弹性连续膜。

硅橡胶防水涂料适用于各种屋面防水工程、地下工程、输水和贮水构筑物以及卫生间等的防水、防潮。其物理力学性能指标见表 2-19。

表 2-19　硅橡胶防水涂料的物理力学性能指标

序号	项　　目	性能指标	
		1 号	2 号
1	pH	8	
2	固体含量/%	41.8	66.0
3	表干时间/min,<	45 min	
4	黏度(涂-4 杯)	1'08"	3'54"
5	抗渗性	迎水面 1.1～1.5 N/mm² 恒压一周无变化,背水面 0.3～0.5 N/mm²	
6	渗透性	可渗入基底 0.3 mm 左右	
7	抗裂性	1.5～6 mm(涂膜厚 0.4～0.5 mm)	
8	延伸率/%	640～1 000	
9	低温柔性	−30℃冰冻 10 d 后绕 φ3 mm 棒不裂	
10	扯断强度/(N·mm⁻²)	2.2	
11	直角撕裂强度/(N·cm⁻²)	81	
12	黏结强度/(N·mm⁻²)	0.57	

（续表）

序号	项　目	性能指标	
		1号	2号
13	耐热	(100±1)℃,6 h不起鼓、不脱落	
14	耐碱	饱和Ca(OH)₂和0.1%NaOH混合液,室温15℃浸润15 d,不起鼓、不脱落	

2.3.3.5　有机硅防水涂料

有机硅防水涂料是采用有机硅乳液、高档颜料及填料,添加紫外线屏蔽剂加工而成的一种单组分高分子防水涂料。这类涂料对水泥砂浆、混凝土基体、木材、陶瓷、玻璃等建筑材料有很好的黏结性、渗透性。有机硅防水涂料适用于多种建筑基材的防水、防渗,具有优良的防水、防潮、防霉、防污染、防盐析、防酸雨腐蚀和防风化等功能,广泛用于各种建筑物,如园林古建筑、石雕、文物保护、仓库及图书馆等。本品最适用于以瓷砖、马赛克、水泥砂浆、外墙涂料装饰的外墙渗漏治理。

本品的技术关键是对绝大多数建筑基材都具有优良的适用性,有利于原材料的选择以及最佳生产工艺条件的确定。本品与国内同类产品相比较,防水抗渗性能优良,耐久性好,使用寿命长,能有效地保护建筑物外墙的原有色,且施工方便,适用范围更广。

有机硅防水涂料的物理力学性能指标见表2-20。

表2-20　有机硅防水涂料的物理力学性能指标

序号	项　目		性能指标	
			Ⅰ类	Ⅱ类
1	拉伸强度/MPa,≥		1.0	1.5
2	断裂延伸率/%,≥		300	300
3	低温柔性(绕φ10 mm棒)/℃		−10	−20
			无裂纹	
4	不透水性		0.3 MPa,0.5 h,不透水	
5	固体含量/%		65	
6	干燥时间/h	表干时间,≤	4	
		实干时间,≤	8	
7	老化处理后的拉伸强度保持率/%	加热处理,≥	80	
		紫外线处理,≥	80	
		碱处理,≥	60	
		酸处理,≥	40	

（续表）

序号	项　目		性能指标	
			Ⅰ类	Ⅱ类
8	老化处理后的断裂延伸率/%	加热处理，≥	200	
		紫外线处理，≥	200	
		碱处理，≥	200	
		酸处理，≥	200	
9	加热伸缩率/%	伸长，≤	1.0	
		缩短，≤	1.0	

2.3.3.6　聚合物乳液建筑防水涂料

聚合物乳液建筑防水涂料是以聚合物乳液为主要成分，加入适量填料、助剂及颜料等配制而成，属单组分防水涂料。

该类防水涂料能在复杂的基层表面施工；以水作为分散介质，无毒、无味、不燃，安全可靠，可在常温下冷施工作业。不污染环境，操作简单，维修方便；可配成多种颜色，兼具防水、装饰效果；可在稍潮湿而无积水的表面施工；具有优良的耐候性、耐热性和抗紫外线性；延伸性能好。该涂料适用于建筑屋面、墙面的防水、防潮，地下混凝土建筑、厨房间、厕浴间的防水、防潮，防水维修工程。其物理力学性能指标见表2-21。

表 2-21　聚合物乳液建筑防水涂料的物理力学性能指标

序号	项　目		性能指标	
			Ⅰ类	Ⅱ类
1	拉伸强度/MPa，≥		1.0	1.5
2	断裂延伸率/%，≥		300	300
3	低温柔性(绕 ϕ10 mm 棒)/℃		−10	−20
			无裂纹	
4	不透水性		0.3 MPa，0.5 h，不透水	
5	固体含量/%		65	
6	干燥时间/h	表干时间，≤	4	
		实干时间，≤	8	
7	老化处理后的拉伸强度保持率/%	加热处理，≥	80	
		紫外线处理，≥	80	
		碱处理，≥	60	
		酸处理，≥	40	

序号	项 目		性能指标	
			Ⅰ类	Ⅱ类
8	老化处理后的断裂延伸率/%	加热处理,≥	200	
		紫外线处理,≥	200	
		碱处理,≥	200	
		酸处理,≥	200	
9	加热伸缩率/%	伸长,≤	1.0	
		缩短,≤	1.0	

2.3.4　无机防水涂料

无机防水涂料一般属刚性材料,是指那些成膜物质为无机物的防水涂料,如水泥基渗透结晶型防水材料、无机防水堵漏材料以及混凝土膨胀剂等刚性材料。

刚性防水材料是指以水泥、砂石为原料,或其内掺入少量外加剂、高分子聚合物等材料,通过调整配合比、抑制或减少孔隙率、改变孔隙特征以及增加各原材料接口间的密实性等方法,配制成具有一定抗渗透能力的水泥砂浆混凝土类防水材料[44]。

2.3.4.1　水泥基渗透结晶型防水材料

水泥基渗透结晶型防水材料(Cementitious Capillary Crystalline Waterproofing Materials,CCCW)是一种以硅酸盐水泥(波特兰水泥)、石英砂等为主要成分,掺入活性化学物质(又称母料)制成的用于水泥混凝土结构防水的刚性防水材料。水泥基渗透结晶型防水材料按照使用方法可以分成两类。一类是水泥基渗透结晶型防水涂料:将其与水拌和并调配成浆料,然后在水泥混凝土表面进行涂刷或者喷涂;也可以以粉状材料的形式通过压入未完全凝固的水泥混凝土表面或在其表面干撒的方式来使用。另一类是水泥基渗透结晶型防水剂:主要以粉状材料的形式掺加进水泥混凝土拌和物里面使用。二者虽然使用的方式不一样,但是它们的防水机理是一样的[45]。

水泥基渗透结晶型防水材料以水为载体,通过活性化学物质在混凝土结构中发生物化作用形成不溶于水的结晶物[46],从而堵塞裂缝,起到长效的防水并且保护钢筋,进一步提高混凝土密实性的作用。综合来说,水泥基渗透结晶型防水材料主要有以下性能特点[47]:

(1)渗透性强。由于水泥基渗透结晶型防水材料的活性化学物质可溶于水,在表面张力以及因浓度差引起的化学势差的作用下,活性化学物质具有良好的渗透能力。

(2)较强的耐水压能力。使用了水泥基渗透结晶型防水材料的混凝土结构可以长期承受较强的水压而不发生渗漏,加之水泥基渗透结晶型防水材料具有强渗透性,故其可以应用在混凝土结构背水面防水,这是一般防水材料不具备的优点。

（3）自修复能力。在混凝土结构产生裂缝有水渗入时，水泥基渗透结晶型防水材料中的活性化学物质可以溶于水并与混凝土中的硅酸根离子或者未水化水泥颗粒发生物化作用，生成不溶于水的结晶物堵塞裂缝。

（4）更长久的防水效果。水泥基渗透结晶型防水材料中的活性化学物质性能稳定，不分解也不会老化，随着水渗入，在混凝土的内部发生作用，从而堵塞裂缝。此外，当修复完成，混凝土内部没有水的存在时，活性物质会休眠，日后假如裂缝再一次形成，活性物质还能保持其自修复的效果，从而拥有更长久甚至是永久的防水效果。

（5）增加混凝土的密实度，防止发生化学侵蚀并保护钢筋。由于水泥基渗透结晶型防水材料堵塞裂缝的作用能够提高混凝土结构的密实度，使外界对于混凝土结构的影响也降到最低，有害的化学物质如氯离子及水分难以进入，从而防止了混凝土的化学侵蚀，起到了保护钢筋的作用。

（6）环境友好。水泥基渗透结晶型防水材料无毒、无污染，甚至可以应用于饮用水工程的防水。

（7）施工简便。水泥基渗透结晶型防水材料与水泥基体紧密结合，对于水泥基体的基面要求比较简单，在泛潮的水泥基体基面也能施工，施工工艺简单，可以喷涂、涂刷、干撒，而且不需要额外的保护措施。

综合来说，水泥基渗透结晶型防水材料以水为扩散介质，沿着混凝土的毛细管或者裂缝渗透进混凝土内部，在渗透的过程中通过与水泥水化产物或者未水化水泥颗粒发生物化作用，生成不溶于水的产物来堵塞裂缝，从而达到自修复防水的效果。通过使用水泥基渗透结晶型防水材料，可以节约用于对混凝土渗漏处的探测时间及维修成本，同时也可以避免使用过于高昂的自修复材料或者是由于不妥的自修复材料导致的环境问题。

水泥基渗透结晶型防水材料适用于地下室挡水墙、建筑连接处及混凝土板块（包括地板防台等），游泳池、排水处理厂、沟渠及桥梁，污水处理厂及水坝等储水输水构筑物，谷仓、发电站、电梯坑及停车平台，屋面广场等。其物理力学性能指标见表2-22。

表 2-22　水泥基渗透结晶型防水材料的物理力学性能指标

序号	试验项目		性能指标	
			Ⅰ 型	Ⅱ 型
1	安全性		合格	
2	凝结时间	初凝时间/min，≥	20	
		终凝时间/h，≤	24	—
3	抗折强度/MPa，≥	7 d	2.80	—
		28 d	3.50	
4	抗压强度/MPa，≥	7 d	12.0	
		28 d	18.0	
5	湿基面黏结强度/MPa，≥		1.0	

序号	试验项目	性能指标	
		Ⅰ型	Ⅱ型
6	抗渗压力（28 d）/MPa，≥	0.8	1.2
7	第二次抗渗压力（56 d）/MPa，≥	0.6	0.8
8	渗透压力比（28 d）/%，≥	200	300

2.3.4.2 水泥基高效无机防水涂料

水泥基高效无机防水涂料，多是一类固体粉末状无机防水涂料。施工使用时，有的需要加入砂和水泥，再加水配置涂料，有的直接加水配成涂料。

水泥基高效无机防水涂料无毒、无味，不污染环境，不燃，耐腐蚀，黏结力强（能与砖、石、混凝土、砂浆等结合成牢固的整体，涂膜不剥落、不脱离），防水、抗渗及堵漏功能强，在潮湿基面上能施工。操作简单，背水面、迎水面都有同样效果，适用于新老屋面、墙面、地面、卫生间和厨房的堵漏防水及各种地下工程。

2.3.4.3 聚合物水泥防水涂料

聚合物水泥防水涂料，又称 JS 复合防水涂料，是建筑防水涂料中近年来发展起来的一大类别，是一种以聚丙烯酸酯乳液、乙烯-醋酸乙烯共聚乳液等聚合物乳液与各种添加剂组成的有机液料和水泥、石英砂及各种添加剂、无机填料组成的无机粉料，通过合理配比、复合制成的一种双组分、水性建筑防水涂料，其性质属有机与无机复合防水材料。

聚合物水泥防水涂料具有耐水性、耐候性、耐久性优异，无毒、无味、无污染，施工简便、工期短等特点。材料适合于潮湿或干燥的砖石、砂浆、混凝土、金属、木材、硬塑料、玻璃、石膏板、泡沫板、沥青、橡胶、SBS 防水卷材、APP 防水卷材以及聚氨酯涂料等基面上施工。

聚合物水泥防水涂料分为Ⅰ型和Ⅱ型两种。Ⅰ型是以聚合物为主的防水涂料，主要用于非长期浸水环境下的建筑防水工程；Ⅱ型是以水泥为主的防水涂料，适用于长期浸水环境下的建筑防水工程。其物理力学性能指标见表 2-23。

表 2-23　聚合物水泥防水涂料物理力学性能指标

序号	试验项目		性能指标	
			Ⅰ型	Ⅱ型
1	固体含量/%，≥		65	
2	干燥时间	表干时间/h	4	
		实干时间/h	8	

（续表）

序号	试验项目		性能指标	
			Ⅰ型	Ⅱ型
3	拉伸强度	无处理/MPa,≥	1.2	1.8
		加热处理后保持率/%,≥	80	80
		碱处理后保持率/%,≥	70	80
		紫外线处理后保持率/%,≥	80	80*
4	断裂伸长率	无处理/MPa,≥	200	80
		加热处理后保持率/%,≥	150	65
		碱处理后保持率/%,≥	140	65
		紫外线处理后保持率/%,≥	80	80*
5	低温柔性(φ10 mm棒)		−10℃无裂纹	—
6	不透水性(0.3 MPa,30 min)		不透水	不透水*
7	潮湿基面黏结强度/MPa,≥		0.5	1.0
8	抗渗性(背水面)/MPa,≥		—	0.6

注：* 若产品用于地下工程,该项目可不测试;若产品用于地下防水工程,该项目可不测试。

2.3.4.4 无机防水堵漏材料

无机防水堵漏材料以优质水泥、砂、石为原料,掺入多种高分子添加剂,通过调整配合比,改善水泥孔结构,增加各种原材料的密实性,或通过补偿收缩提高混凝土的抗裂防渗能力,制成的多功能改性水泥基复合材料具有耐水、耐高温、耐腐蚀、抗渗性高、抗裂性强和黏结性高的特性,从根本上解决了渗漏问题[47]。

无机防水堵漏材料是一种具有较高的抗压、抗渗强度及黏结性,并且使用方便,无毒、无害、不污染环境的单组分材料。在迎、背水面均可使用,简捷方便。与基体结合成整体,不老化、耐水、耐久性好。根据不同的工程结构,可采取不同的方法,施工简单、方便,造价较低,易于维修,因此在土木建筑、刚性防水工程中占有相当大的比例。其物理力学性能指标见表2-24。

表 2-24　无机防水堵漏材料的物理力学性能指标

序号	项目		性能指标	
			缓凝型(Ⅰ型)	速凝型(Ⅱ型)
1	凝结时间	初凝/min	≥10	≥2且<10
		终凝/min,≤	360	15
2	抗压强度/MPa	1 h,≥	—	4.5
		3 d,≥	13.0	15.0

（续表）

序号	项　目		性能指标	
			缓凝型（Ⅰ型）	速凝型（Ⅱ型）
3	抗折强度/MPa	1 h，≥	—	1.5
		3 d，≥	3.0	4.0
4	抗渗压力差值(7 d)/MPa，≥	涂层	0.4	—
	抗渗压力(7 d)/MPa，≥	试件	1.5	1.5
5	黏结强度(7 d)/MPa，≥		1.4	1.2
6	耐热性		100℃，5 h，无开裂、起皮、脱落	
7	冻融循环		−15～20℃，20 次，无开裂、起皮、脱落	

根据凝结时间和用途，无机防水堵漏材料分为缓凝型（Ⅰ型）和速凝型（Ⅱ型）。缓凝型主要用于潮湿和微渗基层上做防水抗渗工程；速凝型主要用于渗漏或涌水基体上做防水堵漏工程。

无机防水堵漏材料按一般运输方式运输，运输途中要防止被雨淋、包装损坏。储存时严格防潮。在正常储存、运输条件下，产品储存期自生产之日起 6 个月。

2.3.4.5　混凝土膨胀剂

混凝土膨胀剂是在膨胀水泥基础上发展而来的一种混凝土外加剂，在现场掺入硅酸盐水泥中可拌制成膨胀混凝土。日本是最先开发膨胀剂的国家，1962 年，日本大成建筑技术研究所购买了美国 A. Klein 的 K 型膨胀水泥专利，在此基础上，成功研制出硫铝酸钙膨胀剂（Calcium Sulfo-Aluminate，CSA），它是用石灰石、矾土和石膏配制成生料，经电融烧制成一种含有无水硫铝酸钙 C_4A_3S、CaO 和 $CaSO_4$ 的熟料，然后粉磨成膨胀剂。1969 年，日本水泥公司出售一种名为"阿沙那波卡"的 CSA 膨胀剂。在水泥中内掺 8％～10％的 CSA（等量取代水泥重量）可拌制成补偿收缩混凝土，内掺 15％～25％的 CSA 可拌制成自应力混凝土[49]。

按照水化反应的生成物，混凝土膨胀剂可以划分为硫铝酸钙类混凝土膨胀剂、硫铝酸钙氧化钙类混凝土膨胀剂和氧化钙类混凝土膨胀剂三类。硫铝酸钙类混凝土膨胀剂是指与水泥、水拌和后经水化反应生成钙矾石的混凝土膨胀剂；硫铝酸钙氧化钙类混凝土膨胀剂是指与水泥、水拌和后经水化反应生成钙矾石和氢氧化钙的混凝土膨胀剂；氧化钙类混凝土膨胀剂是指与水泥、水拌和后经水化反应生成氢氧化钙的混凝土膨胀剂。

混凝土膨胀剂可提高混凝土密实性和抗裂防渗性能，具有补偿混凝土收缩、延长伸缩缝间距等功能。掺入该剂对混凝土强度不降低、对钢筋不锈蚀、对水质无污染，因化学反应的作用生成的钙矾石等晶体具有充填、堵塞混凝土毛细孔隙的作用，可提高混凝土抗渗能力，抗冻性能良好。其物理化学性能指标见表 2-25。

表 2-25　混凝土膨胀剂的物理化学性能指标

项　目			指标值
化学成分	氧化镁/%,≤		5.0
	含水率/%,≤		3.0
	总碱量/%,≤		0.75
	氯离子/%,≤		0.05
物理性能	细度	比表面积/(m²·kg⁻¹),≥	250
		0.08 mm 筛筛余/%,≤	12
		1.25 mm 筛筛余/%,≤	0.5
	凝结时间/min	初凝,≥	45
		终凝,≤	10
	限制膨胀率/%	水中 14 d,≥	0.025
		水中 28 d,≤	0.10
		空气中 21 d,≥	−0.020
	抗压强度/MPa	A法 7 d,≥	25
		A法 28 d,≥	45
		B法 7 d,≥	20
		B法 28 d,≥	40
	抗折强度/MPa	A法 7 d,≥	4.5
		A法 28 d,≥	6.5
		B法 7 d,≥	3.5
		B法 28 d,≥	5.5

注：1. 细度用比表面积和 1.25 mm 筛筛余或 0.08 mm 筛筛余和 1.25 mm 筛筛余表示,仲裁检验用比表面积和 1.25 mm 筛筛余。
　　2. 检验时 A、B 两法均可使用,仲裁检验采用 A 法。

含硫铝酸钙类、硫铝酸钙氧化钙类膨胀剂的混凝土(砂浆)不得用于长期环境温度在 80℃以上的工程;含氧化钙类膨胀剂配制的混凝土(砂浆)不得用于海水或侵蚀性水的工程;掺膨胀剂的混凝土适用于钢筋混凝土工程和填充性混凝土工程;掺膨胀剂的大体积混凝土,其内部最高温度应符合有关标准的规定,混凝土内外温差宜小于 25℃;掺膨胀剂的补偿收缩混凝土刚性屋面宜用于南方地区。

2.4　建筑防水材料的选择与使用

防水材料由于品种和性能各异,因而不同品种有着不同的优缺点,也具有相应的适用范围和要求,尤其是新型防水材料的推广使用,更应掌握这方面的知识。正确选择和合理使用建筑防水材料,是提高防水质量的关键,也是设计和施工的前提。屋面工程的防水设防,应根据建筑物的防水等级、防水耐久年限、气候条件、结构形式和工程实际情况等因素来确定防水设计方案和选择防水材料,并应遵循"防排并举、刚柔结合、嵌涂合一、复合防水、多道设防"的总体方针进行设防。

1. 根据防水等级进行防水设防和选择防水材料

对于重要或特别重要的防水等级为Ⅰ级、Ⅱ级的建筑物,除了应做二道、三道或三道以上复合设防外,每道不同材质的防水层都应采用优质防水材料来铺设。这是因为,不同种类的防水材料,其性能特点、技术指标和防水机理都不尽相同,将几种防水材料进行互补和优化组合,可取长补短,从而达到理想的防水效果。多道设防,既可采用不同种防水卷材(或其他同种防水卷材)进行多叠层设防,又可采用卷材、涂膜和刚性材料进行复合设防,并且是最为理想的防水技术措施。当采用不同种类防水材料进行复合设防时,应将耐老化、耐穿刺的防水材料放在最上面。当面层为柔性防水材料时,一般还应用刚性材料作保护层。如人民大会堂屋面防水翻修工程,其复合设防方案是:第一道(底层)为补偿收缩细石混凝土刚性防水层;第二道(中间层)为 2 mm 厚的聚氨酯涂膜防水层;第三道(面层)为氯化聚乙烯橡胶共混防水卷材(或三元乙丙橡胶防水卷材)防水层;再在面层上铺抹水泥砂浆刚性保护层。

对于防水等级为Ⅱ级、Ⅳ级的一般工业与民用建筑、非永久性建筑,可按表 2-26 中的要求选择防水材料。

表 2-26　屋面防水等级和设防要求

项目	屋面防水等级			
	Ⅰ级	Ⅱ级	Ⅲ级	Ⅳ级
建筑物类别	特别重要或对防水有特殊要求的建筑	重要的建筑和高层建筑	一般的建筑	非永久性的建筑
防水层合理使用年限	25 年	15 年	10 年	5 年
防水层选用材料	宜选用合成高分子防水卷材、高聚物改性沥青防水卷材、金属板材、合成高分子防水涂料、细石防水涂料、细石防水混凝土等材料	宜选用高聚物改性沥青防水卷材、合成高分子防水卷材、金属板材、高聚物改性沥青防水涂料、细石防水混凝土、平瓦、油毡瓦等材料	宜选用高聚物改性沥青防水卷材、合成高分子防水卷材、三毡四油沥青防水卷材、金属板材、高聚物改性沥青防水涂料、合成高分子防水涂料、细石防水混凝土、平瓦、油毡瓦等材料	可选用二毡三油沥青防水卷材、高聚物改性沥青防水涂料等材料
设防要求	三道或三道以上防水设防	二道防水设防	一道防水设防	一道防水设防

2. 根据气候条件进行防水设防和选择防水材料

一般来说,北方寒冷地区可优先考虑选用三元乙丙橡胶防水卷材和氯化聚乙烯-橡胶共混防水卷材等合成高分子防水卷材,或选用 SBS 改性沥青防水卷材和焦油沥青耐低温卷材,或选用具有良好低温柔性的合成高分子防水涂料和高聚物改性沥青防水涂料等防水材料。南方炎热地区可选择APP改性沥青防水卷材和具有良好耐热性的合成高分子防水涂料,或采用掺入微膨胀剂的补偿收缩水泥砂浆和细石混凝土刚性防水材料作防水层。

3. 根据湿度条件进行防水设防和选择防水材料

对于我国南方地区处于梅雨区域的多雨、多湿地区宜选用吸水率低、无接缝、整体性好的合成高分子涂膜防水材料作防水层,或采用以排水为主、防水为辅的瓦屋面结构形式,或采用补偿收缩水泥砂浆和细石混凝土刚性材料作防水层。如采用合成高分子防水卷材作防水层,则卷材的搭接边应切实黏结紧密,搭接缝应用合成高分子密封材料封严;如用高聚物改性沥青防水卷材作防水层,则卷材的搭接边宜采用热熔焊接,尽量避免因接缝不好而产生渗漏。梅雨地区不得采用石油沥青纸胎油毡作防水层,因纸胎吸油率低,浸渍不透,长期遇水会造成纸胎吸水腐烂变质而导致渗漏。

4. 根据结构形式进行防水设防和选择防水材料

对于结构较稳定的钢筋混凝土屋面,可采用补偿收缩防水混凝土作防水层,或采用合成高分子防水卷材、高聚物改性沥青防水卷材和沥青防水卷材作防水层。

对于预制化、异型化、大跨度或频繁振动的屋面,容易增大移动量和产生局部变形裂缝,就可选择高强度、高延伸率的三元乙丙橡胶防水卷材,或氯化聚乙烯-橡胶共混防水卷材等合成高分子防水卷材,或具有良好延伸率的合成高分子防水涂料等防水材料作防水层。

5. 根据防水层暴露程度进行防水设防和选择防水材料

用柔性防水材料作防水层,一般应在其表面用浅色涂料或刚性材料作保护层。用浅色涂料作保护层时,防水层由于"外露"状态而长期暴露于大气中,所以应选择耐紫外线、热老化保持率高和耐霉烂性的各类防水卷材或防水涂料作防水层。

6. 根据不同部位进行防水设防和选择防水材料

对于屋面工程来说,细部构造(如檐沟、变形缝、女儿墙、水落口、伸出屋面管道、阴阳角等)是最易发生渗漏的部位,对于这些部位应加以重点设防。即使防水层由单道防水材料构成,细部构造部位亦应多道设防,贯彻"大面防水层单道构成,局部(细部)构造复合防水多道设防"的原则。对于形状复杂的细部构造基层(如圆形、方形、角形等),当采用卷材作大面积防水层时,可用整体性好的涂膜作附加防水层。

7. 根据环境介质进行防水设防和选择防水材料

某些生产酸、碱化工产品或用酸、碱产品作原料的工业厂房或贮存仓库,空气中散发出一定量的酸碱气体介质,这对柔性防水层有一定的腐蚀作用,所以应选择具有耐酸、耐碱性能的柔性防水材料作防水层。

参考文献

[1] 李军伟. 聚合物改性沥青防水卷材情况简介[J]. 石油沥青,2005(2):54-57.

[2] 褚建军,沈春林,张喜根. 新型刚性防水材料及其应用[J]. 新型建筑材料,2016(7):60-64,71.

[3] 刘晓波,王顺. 聚合物刚性防水剂的性能及应用[J]. 河北工业科技,2000(6):12-14.

［4］费爱艳,李东旭,张毅,等.聚合物改性建筑防水材料[J].材料导报,2013(9):76-79.

［5］裴建中.桥面柔性防水材料技术性能研究[D].西安:长安大学,2001.

［6］黎亚青.天然沥青制备防水卷材的试验研究[D].沈阳:沈阳建筑大学,2015.

［7］侯本申,李鹏,蒋雅君.我国高聚物改性沥青防水卷材专利技术综述[J].新型建筑材料,2013(9):65-68.

［8］林国平,麦俊明.不同种类防水卷材性能特点及其应用分析[J].广东建材,2016(5):23-25.

［9］中国建筑防水材料工业协会与时俱进的防水材料行业[J].新型建筑材料,2002(10):33-37.

［10］Bilfiter T C, Chun J S, Davison R R, et al. Investigation of curing variables of asphalt rubber binder[J]. Petroleum Science and Technology, 2006:34-36.

［11］Lu X, Isacsson U, Ekblad J. Phase separation of SBS polymer modified bitumens[J]. Journal of Materials in Civil Engineering, 1999, 11(1):51-57.

［12］Ruan Y, Davison R R, Glover C J. The effect of long-term oxidation on the Theological properties of polymer modified asphalts[J]. Fuel, 2003, 82(14):1763-1773.

［13］Dong R, Li J, Wang S. Laboratory evaluation of pre-devulcanized crumb rubber-modified asphalt as a binder in hot-mix asphalt[J]. Journal of Materials in Civil Engineering, 2011, 23(8):1138-1144.

［14］李立昆.新型橡胶防水涂料建筑应用解析[J].住宅产业,2010(1):73-76.

［15］余剑英,李斌,曾旋,等.有机化蒙脱土对SBS改性沥青热氧老化性能的影响[J].武汉理工大学学报,2007,29(9):65-67.

［16］李军伟.聚合物改性沥青防水卷材情况简介[J].石油沥青,2005,19(2):54-57.

［17］高利平.改性沥青在防水材料中的应用[J].石油沥青,2002,16(3):19-22.

［18］Syroezhko A M, Begak O Y, Fedorov V V, et al. Modification of paving asphalts with sulfur[J]. Russian Journal of Applied Chemistry, 2003, 76(3):491-496.

［19］Morrison G R, Hesp S A M. A new look at rubber-modified asphalt binders[J]. Journal of Materials Science, 1995, 30(10):2584-2590.

［20］柳永行,范耀华,张昌祥.石油沥青[M].北京:石油工业出版社,1984.

［21］胡子年,潘晚枯,谢铮一.SBS和APP树脂石油沥青防水卷材的研制[J].燃料与化工,2000,31(4):207-209.

［22］Fawcett A H, Mcnally T. Blends of bitumen with various polyoiefins[J]. Polymer, 2000, 41:5315-5326.

［23］孔宪明,刘国祥.我国改性沥青防水材料的应用[J].新型建筑材料,2005(12):70-72.

［24］高佑海,冯敏奇,吴佩尊.中高档防水材料用沥青的研究[J].石油沥青,1996,10(3):6-12.

［25］成玉华,朱炜,余剑英.IPP加入对SBS改性沥青性能影响的研究[J].中国建筑防水,1995(2):17-20.

［26］贾春芳,张胜远,江培科,等.SBS改性沥青防水卷材原材料性能的探讨[J].新型建筑材料,2001(10):14-16.

［27］侯尚民,杨西海,李耀辉.长纤加筋聚酯毡在改性沥青防水卷材中的应用研究[J].中国建筑防水,2017(2):13-16.

［28］徐自然,潘庆祥.SBS改性沥青防水卷材的综述[J].大众商务月刊,2010(7):313-313.

［29］Dong F Q, Zhao W Z, Zhang Y Z, et al. Effect of shear time and the crumb rubber percentage on the properties of composite modified asphalt[C]. Advanced Materials Research, 2014(848):26-30.

［30］王朝锋.基于高聚物的桥面防水材料应用技术研究[D].西安:长安大学,2006.

［31］蒋传磊.一种超支化聚合物对煤沥青的改性及其在防水卷材中的应用[D].济南:济南大学,2016.

[32] 许春明. 三元乙丙橡胶防水卷材火灾特性实验研究[D]. 合肥：中国科学技术大学, 2010.

[33] 沈春林, 杨军. 聚合物改性乳化沥青防水涂料调研报告[C]. 全国第七次防水材料技术交流大会论文集, 2005.

[34] 黄振钧. 聚合物改性乳化沥青防水涂料在水泥公桥面上的应用[J]. 科学之友(下), 2010(5):20-21.

[35] 李华, 苏燕, 保凤仙. 水乳型 SBS 改性沥青防水涂料的研制[J]. 建筑技术开发, 2009(4):20-21.

[36] 赵红, 褚鸿博. 乳化改性沥青防水涂层的研究[J]. 天然气化工：C1 化学与化工, 2010, 35(5):39-41.

[37] Li Y, Ren S. Building Decorative Materials[M]. Elsevier, 2011.

[38] 刘尚乐. 乳化沥青及其在道路、建筑工程中的应用[M]. 北京：中国建材工业出版社, 2008.

[39] 尚华胜, 乔玫. 中国建筑防水涂料调查报告[J]. 上海建材, Z008(1):38-40.

[40] 王立邦. 壳牌防水涂料特点及其应用[J]. 中国建筑防水, 1999, 4.

[41] Zhang H. Building Materials in Civil Engineering[M]. Elsevier, 2011.

[42] 田良钧. 小议住宅厨房卫生间防水技术几点认识[J]. 现代经济信息, 2009, 16.

[43] 邓林道. 合成高分子防水涂料在建筑施工中的应用[J]. 企业科技与发展, 2010(10): 81-83.

[44] 沈春林. 苏立荣. 岳志俊, 等. 建筑防水材料[M]. 北京：化学工业出版社, 2000.

[45] 陈光耀. 水泥基渗透结晶型防水剂及其裂缝自修复性能的研究[D]. 广州：华南理工大学, 2010.

[46] Talaiekhozan A, Keyvanfar A, Shafaghat A, et al. A review of self-healing concrete research development[J]. Journal of Environmental Treatment Techniques, 2014, 2(1): 1-11.

[47] 刘腾飞. 水泥基渗透结晶型防水材料功能及组分作用分析[D]. 北京：清华大学, 2011.

[48] 李子安, 陈静, 李晟, 等. 无机防水堵漏材料[J]. 橡塑资源利用, 2015(3):10-13.

[49] 游宝坤. 我国混凝土膨胀剂发展回顾[N]. 中国建材报, 2016-02-16(003).

第3章

防腐材料

3.1 材料腐蚀的基本知识

腐蚀是指材料受周围环境的作用,发生有害的化学变化、电化学变化或物理变化而失去其固有性能的过程。通常环境介质对材料有各种不同的作用,其中有多种作用可导致材料遭受破坏,只有满足以下两个条件,才能称为腐蚀作用:①材料受介质作用的部分发生状态变化,转变成新相;②在材料遭受破坏过程中,整个腐蚀体系的自由能降低。材料腐蚀往往发生在材料表面。

金属材料以及由它们制成的结构物,在自然环境中或者在工况条件下,由于与其所处环境介质发生化学或者电化学作用而引起的变质和破坏。一般来说,始于表面,然后扩展到材料内部进行破坏,这种现象称为金属的腐蚀,其中也包括上述因素与力学因素或者生物因素的共同作用[1-3]。某些物理作用,例如金属材料在某些液态金属中的物理溶解现象也可以归入金属腐蚀范畴。一般而言,生锈专指钢铁和铁基合金,它们在氧和水的作用下形成了主要由含水氧化铁组成的腐蚀产物铁锈。有色金属及其合金可以发生腐蚀但并不生锈,而是形成与铁锈相似的腐蚀产物,如铜和铜合金表面的铜绿,也被称作铜锈。由于金属和合金遭受腐蚀后又恢复到了矿石的化合物状态,所以金属腐蚀也可以说是冶炼过程的逆过程。上述定义不仅适用于金属材料,也可以广义地适用于塑料、陶瓷、混凝土和木材等非金属材料。例如,涂料和橡胶由于阳光或者化学物质的作用引起变质,炼钢炉衬的熔化以及一种金属被另一种金属熔融液态金属腐蚀,这些过程的结果都属于材料腐蚀,这是一种广义的定义[4]。金属及其合金至今仍然被公认是最重要的结构材料,所以金属腐蚀自然成为最受人关注的问题之一。

腐蚀可分为湿腐蚀和干腐蚀。湿腐蚀指金属在有水存在的环境下的腐蚀,干腐蚀则指在无液态水存在下的干气体中的腐蚀。由于大气中普遍含有水,化工生产中也经常处理各种水溶液,因此湿腐蚀是最常见的,但高温操作时干腐蚀造成的危害也不容忽视[5]。金属在水溶液中的腐蚀是一种电化学反应。在金属表面形成一个阳极和阴极区隔离的腐蚀电池,金属在溶液中失去电子,变成带正电的离子,这是一个氧化过程即阳极过程。与此同时,在接触水溶液的金属表面,电子有大量机会被溶液中的某种物质中和,中和电子的过程是还原过程,即阴极过程。常见的阴极过程有氧被还原、氢气释放、氧化剂被还原和贵金属沉积等。随着腐蚀过程的进行,在多数情况下,阴极或阳极过程会因溶液离子受到腐蚀产物的阻挡,导致扩散被阻而腐蚀速度变慢,这个现象称为极化,金属的腐蚀会随极化而减缓。干腐蚀一般指在高温气体中发生的腐蚀,常见的是高温氧化。在高温气体中,金属表面产生一层氧化膜,膜的性质和生长规律决定金属的耐腐蚀性。膜的生长规律可分为直线规律、抛物线规律和对数规律。直线规律的氧化最危险,因为金属失重随时间以恒速上升。抛物线和对数的规律是氧化速度随膜厚增长而下降,较安全,如金属铝在常温下的氧化遵循对数规律,几天后膜的生长就停止,因此它有良好的耐大气氧化性。

根据腐蚀的形态,可将其分为均匀腐蚀和局部腐蚀。在化工生产中,后者的危害更严重。均匀腐蚀发生在金属表面的全部或大部分,也称全面腐蚀。多数情况下,金属表面会生成保护性的腐蚀产物膜,使腐蚀变慢。有些金属,如钢铁在盐酸中不产生膜而迅速溶解。通常用平均腐蚀率(即材料厚度每年损失的毫米数)作为衡量均匀腐蚀的程度,也作为选材的原则,一般年腐蚀率小于 $1\sim1.5\ mm$,可认为合用(有合理的使用寿命)。局部腐蚀只发生在金属表面的局部,其危害性比均匀腐蚀严重得多,它约占化工机械腐蚀破坏总数的70%,而且可能是突发性和灾难性的,会引起爆炸、火灾等事故。

此外,腐蚀还可分为氢腐蚀、磨损腐蚀、选择性腐蚀、点蚀、缝隙腐蚀、浓差腐蚀电池、电偶腐蚀、应力腐蚀和晶间腐蚀等[1-3]。

随着非金属材料越来越多地用作工程材料,非金属材料失效现象也越来越引起人们的重视。材料的腐蚀问题已成为当今材料科学与工程领域不可忽略的课题。材料的腐蚀问题遍及国民经济的各个领域,如日常生活、交通运输、机械、化工、冶金、尖端科学和国防等,使用材料的地方都存在腐蚀问题。腐蚀给社会带来巨大的经济损失,占国民经济生产总值的2%~4%。

研究解决腐蚀问题促进了科技进步。不锈钢的发明和应用,促进了硝酸和合成氨工业的发展。美国的阿波罗登月飞船贮存 N_2O_4 的高压容器曾发生过应力腐蚀破裂,经分析研究,加入质量分数为 0.6% 的 NO 之后才得以解决[7]。美国著名的腐蚀学家方坦纳(Fontana)认为,如果找不到解决办法,登月计划会推迟若干年。材料的腐蚀研究具有很大的现实意义和经济意义[7]。实践证明,如果充分利用现有的防腐蚀技术,广泛开展防腐蚀教育,实施严格的科学管理,则因腐蚀造成的经济损失中有30%~40%是可以避免的。目前仍有一半以上的腐蚀损失还没有行之有效的防蚀方法来避免,因此需加强腐蚀基础理论与工程应用的研究。

金属相对于其周围的气态都是热不稳定的。根据气体成分和反应条件不同,将反应生成氧化物、硫化物、碳化物和氮化物等,或者生成这些反应产物的混合物[8]。在室温或较低温干燥的空气中,反应速度很慢,这种不稳定性对许多金属影响不大;随着温度的上升,反应速度急剧增加。在高温条件下,金属与环境介质中的气相或凝聚相物质发生化学反应而遭受破坏的过程称高温氧化,亦称高温腐蚀。金属高温腐蚀主要涉及以下几个方面:金属生产加工过程中,热处理中碳氮共渗、盐浴处理,增碳、氮化损伤和熔融盐腐蚀;含有燃烧的各个过程,柴油发动机、燃气轮机、焚烧炉等的高温氧化腐蚀;核反应堆运行过程中,煤的气化和液化产生的高温硫化腐蚀[8];航空航天领域,发动机叶片高温氧化和高温硫化腐蚀,宇宙飞船返回大气层过程中的高温氧化和高温硫化腐蚀。高温腐蚀的危害主要有:使金属腐蚀生锈,造成大量金属的耗损,破坏了金属表面许多优良的使用性能,降低了金属横截面承受负荷的能力,使高温机械疲劳和热疲劳性能下降。

而混凝土的腐蚀主要是腐蚀性物质通过水溶液与混凝土接触,在其表面生成新的易溶化物,引起溶解性腐蚀以及在材料内部产生新的体积增大的化合物,从而引起膨胀性腐蚀。

玻璃和陶瓷建筑材料与其他无机建筑材料一样,腐蚀只是由化学反应引起的,而且一般只有轻微的腐蚀[9]。

有机材料特别是用作建筑防腐的沥青和塑料,通常具有极好的耐大气腐蚀性能。

各类建筑材料的主要腐蚀形式如表 3-1 所列。

表 3-1　各种建筑材料主要的腐蚀形式

建筑材料	腐蚀介质	主要反应方式
金属建筑	电介溶液(至少存在两种金属相),酸、碱或盐溶液,例如天然水和工业水	电化学反应,使惰性小的金属消失,化学反应使材料溶解
非金属无机建筑材料	酸、碱或盐溶液,例如天然水和工业水	化学反应会使材料溶解或膨胀
有机建筑材料	酸、碱或盐溶液,例如天然水和工业水	化学反应使材料溶解、膨胀或者发脆

3.2　金属的腐蚀与耐腐蚀金属

3.2.1　金属的腐蚀机理

金属的腐蚀现象是十分普遍的。从热力学的观点出发,除了极少数贵金属(Au、Pt 等)外,一般材料发生腐蚀都是一个自发过程。金属很少是由于单纯机械因素(如拉、压、冲击、疲劳、断裂和磨损等)或其他物理因素(如热能、光能等)引起破坏的,绝大多数金属的破坏都与其周围环境的腐蚀因素有关。

金属的热腐蚀是金属材料在高温环境因素作用下,与沉积在其表面的盐发生反应而产生的高温腐蚀形态。发生热腐蚀时,反应十分剧烈,与没有沉积盐存在的其他高温腐蚀环境相比,热腐蚀破坏总是更为严重。它会引起金属材料的加速腐蚀,有时甚至造成灾难性的重大事故。金属热腐蚀不仅常见于航空发动机、航海燃气涡轮机,而且涉及各种燃气动力、核电、燃料电池、太阳能系统以及冶金、化工、发电等许多工业领域。因此,对金属热腐蚀的研究受到国内外高度重视。

3.2.2　金属的高温氧化腐蚀

从广义上看,金属的高温氧化应包括硫化、卤化、氮化、碳化,液态金属腐蚀,混合气体氧化,水蒸气加速氧化,以及热腐蚀等高温氧化现象。从狭义上看,金属的高温氧化仅仅指金属(合金)与环境中的氧在高温条件下形成氧化物的过程。

研究金属高温氧化时,首先应讨论:在给定条件下,金属与氧相互作用能否自发地进行;或者能发生氧化反应的条件是什么。这些问题可通过热力学基本定律作出判断[10]。

金属氧化时的化学反应可以表示成:

$$\text{Me(s)} + O_2(g) \longrightarrow MeO_2(g)$$

对该式来说：

$$\Delta G_T^{\theta} = -RT \ln \frac{1}{p_{O_2}} \tag{3-1}$$

式中　ΔG_T^{θ}——金属氧化性的标准生成自由能；

R——摩尔气体常数，$R = 8.315 \text{ J}/(\text{mol} \cdot \text{K})$；

T——热力学温度，K；

p_{O_2}——金属氧化物的分解压，kPa。

由式(3-1)可知，只要知道温度 T 时的标准自由能变化值(ΔG_T^{θ})，即可得到该温度下金属氧化物的分解压，然后将其与给定条件下的环境氧分压比较就可判断金属氧化反应式的反应方向。

在一个干净的金属表面上，金属氧化反应的最初步骤是气体在金属表面上吸附。随着反应的进行，氧溶解在金属中，进而在金属表面形成氧化物薄膜或独立的氧化物核。在这一阶段，氧化物的形成与金属表面取向、晶体缺陷、杂质以及试样制备条件等因素有很大的关系。当连续的氧化膜覆盖在金属表面上时，氧化膜就将金属与气体分离开来，要使反应继续下去，必须通过中性原子或电子、离子在氧化膜中的固态扩散(迁移)来实现。在这些情况下，迁移过程与金属-氧化膜及气体-氧化膜的相界反应有关。若通过金属阳离子迁移将导致气体-氧化膜界面上膜增厚，而通过氧阴离子迁移则导致金属-氧化膜界面上膜增厚。

金属一旦形成氧化膜，氧化过程的继续进行将取决于两个因素[11]：

(1) 界面反应速度，包括金属-氧化膜界面及气体-氧化膜界面上的反应速度。

(2) 参加反应的物质通过氧化膜的扩散速度。当氧化膜很薄时，反应物质扩散的驱动力是膜内部存在的电位差；当氧化膜较厚时，将由膜内的浓度梯度引起迁移扩散。

由此可见，这两个因素实际上控制了进一步的氧化速度。在氧化初期，氧化控制因素是界面反应速度，随着氧化膜的增厚，扩散过程起着越来越重要的作用，成为继续氧化的速度控制因素。

3.2.3　金属的电化学腐蚀

腐蚀电池工作的基本过程如下[12]：

(1) 阳极过程：金属溶解，以离子形式迁移到溶液中，同时把当量电子留在金属上。

(2) 电流通路：电流在阳极和阴极间的流动是通过电子导体和离子导体来实现的，电子通过电子导体(金属)从阳极迁移到阴极，溶液中的阳离子从阳极区移向阴极区，阴离子从阴极区向阳极区移动。

(3) 阴极过程：从阳极迁移过来的电子被电解质溶液中能吸收电子的物质接受。

由此可见，腐蚀原电池工作过程是阳极和阴极在相当程度上独立而又相互依存的过程。

一个完整的腐蚀电池由两个电极组成。一般把电池的一个电极称作半电池。从这个意义上来说，电极不仅包含电极自身，而且也包括电解质溶液。在金属与溶液的界面上进行的电化学反应称为电极反应。电极反应导致在金属和溶液的界面上形成双电层，双电层两侧的电位差,即电极电位,也称为绝对电极电位。当金属电极上只有唯一的一种电极反应,并且该反应处于动态平衡时,金属的溶解速度等于金属离子的沉积速度,从而建立起一个电化学平衡[13]。

常见的电化学腐蚀有析氢腐蚀和吸氧腐蚀:以氢离子作为去极剂,在阴极上发生 $2H^+ + 2e^- \longrightarrow H_2$ 的电极反应又称作氢去极化反应,由氢去极化引起的金属腐蚀称为析氢腐蚀。如果金属(阳极)与氢电极(阴极)构成原电池,当金属的电位比氢的平衡电位更负时,两电极间存在一定的电位差,才有可能发生氢去极化反应。当电解质溶液中有氧存在时,在阴极上发生氧去极化反应。在中性或碱性溶液中:$O_2 + 2H_2O + 4e^- \longrightarrow 4OH^-$;在酸性溶液中:$O_2 + 4H^+ + 4e^- \longrightarrow 2H_2O$。由此引起阳极金属不断溶解的现象就是氧去极化腐蚀。

3.2.4 金属的全面腐蚀

全面腐蚀是常见的一种腐蚀。金属的全面腐蚀是指整个金属表面均发生腐蚀,它可以是均匀的,也可以是不均匀的。钢铁构件在大气、海水及稀的还原性介质中的腐蚀一般属于全面腐蚀。

全面腐蚀一般属于微观电池腐蚀。通常所说的铁生锈、钢失泽、镍的"发雾"现象以及金属的高温氧化均属于全面腐蚀[14]。

对于金属腐蚀,人们最关心的是腐蚀速度。全面腐蚀速度也称均匀腐蚀速度,常用的表示方法有重量法和深度法。

重量法是用试样在腐蚀前后重量的变化(单位面积、单位时间内的失重或增重)表示腐蚀速度的方法。用重量法表示腐蚀速度很难直观地知道腐蚀深度,而深度法就可以。如制造农药的反应釜的腐蚀速度用腐蚀深度表示就非常方便。这种方法适合密度不同的金属,可用式(3-2)计算:

$$X = \frac{(W_1 - W_2) \times 87\,600}{A \cdot T \cdot D} \tag{3-2}$$

式中　X——试片腐蚀速率,mm/a;

　　　　W_1——试验前试片称重,g;

　　　　W_2——试验后试片称重,g;

　　　　A——试片面积,mm/a;

　　　　T——试验时间,h;

　　　　D——试片材料密度,g/cm³;

　　　　87 600——计算常数。

在氧化条件下,通过强阳极极化使得金属材料表面形成一层非常薄的保护层,达到阻碍腐蚀的一种状态,这就是钝化。而一些金属或合金在活化电位处或者在弱阳极极化情况下出现一层简单阻碍层从而降低了腐蚀速率,这种情况则不属于钝化。大多数金属在氧化状态和高电位下都会显示出一种或几种氧化物的稳定性。比如,Fe 在很大的电位和 pH 范围内,其氧化物 Fe_2O_3 和 Fe_3O_4 具有稳定性[11]。一层钝化保护膜可以直接通过一个简单的电

化学反应形成,即

$$Fe + 2H_2O \longrightarrow Fe(OH)_2 + 2H^+ + 2e^-$$

Cr 在 pH＝5～12 范围内进行高电位阳极极化,产生 Cr_2O_3 钝化膜:

$$2Cr + 3H_2O \longrightarrow Cr_2O_3 + 6H^+ + 6e^-$$

再比如,Al 在弱酸性和中性水溶液中通过电化学反应形成 Al_2O_3 钝化膜:

$$2Al + 3H_2O \longrightarrow Al_2O_3 + 6H^+ + 6e^-$$

Faraday 在 19 世纪 40 年代发现 Fe 在浓硝酸中不反应,而当硝酸被稀释后,Fe 非常剧烈地进行化学反应[15]。因此,他认为 Fe 在浓硝酸中会生成一层肉眼看不到的氧化膜,保护了 Fe 不被腐蚀,但在稀硝酸中该氧化膜不稳定,机械作用下该氧化膜极易脱落。图 3-1 表示的是 Fe 的腐蚀速率与硝酸浓度之间的关系。在稀硝酸中,Fe 发生剧烈溶解,并随硝酸浓度的增加其腐蚀速率迅速增大。当硝酸浓度达到 30%～40% 时,Fe 的溶解速率达到最大值[15]。如果进一步提高硝酸浓度(40%)。Fe 的溶解速率突然出现急剧下降的现象,原来剧烈的溶解反应接近停止。这时,Fe 的表面处于一种特殊的状态,即使把它再转移到稀硝酸中去,也不会再受到酸的侵蚀,因为 Fe 在浓硝酸中其表面已经发生了钝化。钝化了的 Fe 在水、水蒸气及其他介质中都能保持一段时间的稳定,在干燥的空气中可保持相当长时间的稳定。Fe 经过浓硝酸处理失去了原来的化学活性,这一异常现象是金属钝化的一个典型例子。

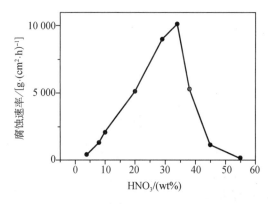

图 3-1　Fe 的腐蚀速率与硝酸浓度之间的关系

钝化膜结构非常薄,厚度在 1～10 nm,在钝化薄膜中检测到氢,表明钝化膜可能是氢氧化物或水合物。Fe 在通常的腐蚀条件下难以形成钝化膜,只有在高氧化性环境中且阳极极化至高电位处才产生钝化[15]。相比而言,Cr 即使在氧化性不强的环境中也能形成一层非常稳定、致密、保护性强的钝化薄膜。含 Cr 的铁基合金中,当 Cr 含量超过 12% 时,称作不锈钢,在绝大多数含稀薄空气的水溶液中都能保持钝化状态。Ni 相对于 Fe,不仅具有更好的机械性能(包括高温强度),而且在非氧化性和氧化性环境中均具有很好的抗腐蚀能力:当 Fe 中的 Ni 含量超过 8% 时,会稳定具有面心立方结构的奥氏体,进一步加强钝化能力,提高抗腐蚀保护作用。因此,Cr 和 Ni 在钢铁中是非常重要的合金元素。

3.2.5　金属的局部腐蚀

局部腐蚀的类型很多,主要有点蚀(孔蚀)、缝隙腐蚀、晶间腐蚀、选择腐蚀、应力腐蚀、腐蚀疲劳及湍流腐蚀等[16]。

点腐蚀(孔蚀)是一种腐蚀集中在金属(合金)表面数十微米范围内且向纵深发展的腐蚀形式,简称点蚀。点蚀是一种典型的局部腐蚀形式,具有较大的隐患性及破坏性。在石油、化工、海洋业中可以造成管壁穿孔,使大量的油、气等介质泄漏,有时甚至会造成火灾、爆炸等严重事故。点蚀表面直径等于或小于它的深度,一般只有几十微米,其形貌各异,有蝶形浅孔、舌形浅孔等。

(1) 点蚀源形成的孕育期。

蚀孔出现的特定点称为点蚀源。形成点蚀源所需要的时间为诱导时间,称孕育期。孕育期的长短取决于介质中的 Cl^- 浓度、pH 及金属的纯度,一般时间较长。

(2) 点蚀坑的生长。

关于点蚀的生长机制众说纷纭,较公认的是蚀孔内的自催化酸化机制,即闭塞电池作用。现在以不锈钢在充气的含 Cl^- 的中性介质中的腐蚀过程为例,讨论点蚀孔生长过程。

蚀孔形成后,孔内金属处于活化状态(电位较负),蚀孔外的金属表面仍处于钝态(电位较正),于是蚀孔内外构成了膜-孔电池。孔内金属发生阳极溶解形成 Fe^{2+}(Cr^{3+}、Ni^{2+} 等)。

孔内阳极反应:

$$Fe \longrightarrow Fe^{2+} + 2e^-$$

孔外阴极反应:

$$O_2 + 2H_2O + 4e^- \longrightarrow 4OH^-$$

孔口 pH 增高,产生二次反应:

$$Fe^{2+} + 2OH^- \longrightarrow Fe(OH)_2$$
$$Fe(OH)_2 + 2H_2O + O_2 \longrightarrow Fe(OH)_3 \downarrow$$

因此,$Fe(OH)_3$ 沉积在孔口形成多孔的蘑菇状壳层,使孔内、外物质交换困难,孔内介质相对孔外介质呈滞流状态[15]。孔内 O_2 浓度继续下降,孔外富氧,形成氧浓差电池。其作用加速了孔内的离子化,孔内 Fe^{2+} 浓度不断增加,为保持电中性,孔外 Cl^- 向孔内迁移,并与孔内 Fe^{2+} 形成可溶性盐($FeCl_2$)。孔内氯化物浓缩、水解等使孔内 pH 下降,pH 可达 2~3,点蚀以自催化过程不断发展下去。

由于孔内的酸化,H^+ 去极化的发生及孔外氧去极化的综合作用,加速了孔底金属的溶解速度,从而使孔不断向纵深迅速发展,严重时可蚀穿金属断面。

3.2.6　金属的缝隙腐蚀

金属结构件一般都采用铆、焊、螺钉等方式连接,因此在连接部位容易形成缝隙。缝隙

宽度一般在 $0.025 \sim 0.1$ mm,足以使介质滞留在其中,引起缝隙内金属的腐蚀,这种腐蚀形式称为缝隙腐蚀[15]。

与点蚀不同,缝隙腐蚀可发生在所有金属和合金上,且钝化金属及合金更容易发生。任何介质(酸、碱、盐)均可发生缝隙腐蚀,但含 Cl^- 的溶液更容易发生。关于缝隙腐蚀机理用氧浓差电池与闭塞电池联合作用机制可得到圆满解释。缝隙腐蚀发展的自催化过程与点蚀发展机理相似。

1. 缝隙腐蚀发生条件

同发生点腐蚀的条件类似,缝隙腐蚀发生与金属材料表面钝化膜的破裂密切相关。金属材料在氧化性强的环境介质中达到钝化态,环境介质中 Cl^- 的存在是击穿钝化膜产生缝隙腐蚀的关键因素。溶液温度的升高、酸性的增强与 Cl^- 浓度的增加都是提高金属材料缝隙腐蚀敏感性的关键影响因素。

2. 缝隙腐蚀初始阶段

由于缝隙封闭隔离了一部分金属的表面,因而可以强化缝隙内外形成氧浓差与 Cl^- 浓差电池,该电池的建立触发了缝隙腐蚀的发生。在缝隙的内部,溶解的氧被消耗而生成钝化膜[15]。同时,由于钝化膜腐蚀溶解所形成的金属正电离子浓度在缝隙内部的浓缩与提高,吸引了溶液中大量的带负电 Cl^- 进入缝隙内部,为缝隙内部局部腐蚀的触发提供了条件。与点腐蚀发生的情形非常相近但又略微不同的是,由于缝隙内外造成的氧浓差与 Cl^- 浓差电池的原因,金属材料发生缝隙腐蚀的临界电极电位 E_1 比自身发生点蚀的临界电极电位 E_2 更低,因此具有缝隙的金属材料会相对于没有缝隙的金属材料具有更加活泼的电极电位触发产生缝隙腐蚀。但是,临界缝隙腐蚀电位 E_1 与缝隙的几何形状及其宽度密切相关,因而 E_1 随缝隙几何尺度的不同而改变。

3. 缝隙腐蚀发展阶段

一旦缝隙腐蚀被触发,大量溶解的带正电的金属离子积聚在缝内溶液中,而本体溶液中氯离子迁入以维持电中性,同时形成金属盐类,接着发生氯化物水解,使酸度增加,pH 降低,进一步促进了缝隙内金属阳极溶解。这一过程反复循环,称之为缝隙腐蚀的自催化过程。随着 Cl^- 由缝隙外面不断涌入缝隙内部,推动水解反应使得缝隙内酸性增强,加快缝隙内部腐蚀发展。类似于点腐蚀,一些金属材料在有缝隙的情况下进行极化测量,发现存在一个临界缝隙腐蚀电位,而保护电位与其之差就可以表示它的耐腐蚀能力大小。

3.2.7 金属的选择性腐蚀

选择性腐蚀是指多元合金中较活泼组分或负电性金属的优先溶解。这种腐蚀只发生在二元或多元固溶体中,如黄铜脱锌、钢镍合金脱镍、钢铝合金脱铝等。比较典型的选择性腐蚀是黄铜脱锌[10]。

以黄铜在海水中为例,讨论脱锌机理。近代脱锌理论认为,脱锌是锌、铜(阳极)溶解后,Zn^{2+} 留在溶液中,而 Cu^{2+} 迅速形成 Cu_2Cl_2,Cu_2Cl_2 又分解成 Cu 和 $CuCl_2$ 的电化学过程。

阳极反应：$Cu_2Cl_2 \longrightarrow Cu + CuCl_2$；$Zn \longrightarrow Zn^{2+} + 2e^-$；$Cu \longrightarrow Cu^{2+} + e^-$

阴极反应：$O_2 + 2H_2O + 4e^- \longrightarrow 4OH^-$

Cu_2Cl_2 的形成及分解反应：$Cu^{2+} + 2Cl^- \longrightarrow Cu_2Cl_2$；$Cu_2Cl_2 \longrightarrow Cu + CuCl_2$

分解生成的活性铜回到基体上。

3.2.8 金属的防腐蚀方法

采用不易与周围介质发生反应的金属及合金材料来加工产品，是有效的防腐办法。例如，有些金属及合金在空气中不易被氧化，或能生成致密的钝化薄膜，可以抵抗酸、碱、盐腐蚀，如不锈钢，就是在钢中加入定量的铬、镍、钛等元素，当铬元素含量超过 12% 时，就可以起到防锈的作用[10]。有些在高温高压时性能稳定，如耐热不锈钢；有些在空气中不易腐蚀，如铝、锌等。获得这种金属材料的途径主要是采用冶炼方法改变金属的化学成分，例如在碳钢中加入镍、铬、硅、锰、钒等元素炼成耐蚀合金钢。不锈钢就是含有较多铬、镍、钛等元素的高合金钢。耐蚀低合金钢就是在钢中加入微量的钒、钛、稀土等元素炼成的低合金钢。此外，对于某些金属材料，还可以通过热处理方法改变金属的金相组织，提高其耐蚀性能。

3.2.8.1 涂、镀非金属和金属保护层

在金属表面上制成保护层，借以隔开金属与腐蚀介质的接触，从而减少金属腐蚀。根据构成的物质，保护层可以分为以下几类[10-12]。

(1) 非金属保护层。

非金属保护层即把有机和无机化合物(如油漆、塑料、玻璃钢、橡胶、沥青、搪瓷、混凝土、珐琅、防锈油等)涂覆在金属表面，作为保护层。其中，用得最广泛的是油漆和塑料涂层。涂油漆是千百年来的传统方法，但油漆在造漆和涂装过程中有环境污染现象，因此，它正在变革工艺，向水溶性方向发展。塑料涂层是近几十年来发展最快的防腐方法，尤其是把有机树脂做成粉末涂料，采用各种方法将其涂在金属表面形成优良的涂层，该方法获得了空前的发展。

(2) 金属保护层。

金属保护层是在金属表面镀上一种金属或合金，作为保护层，以减慢腐蚀速度。用作保护层的金属通常有锌、锡、铝、镍、铬、铜、镉、钛、铅、金、银、钯、铑及各种合金等。

获得金属镀层的方法也有许多，举例如下：

① 电镀，即用电沉积的方法在金属表面上镀层金属或合金。镀层金属有 Ni、Cr、Cu、Sn、Zn、Cd 等单金属镀层，也有 Zn-Ni、Cd-Ti、Cu-Zn、Cu-Sn 等合金镀层。电镀金属保护层除了具有防腐功能外，还有装饰、耐热、耐磨等功能[13]。

② 热镀，也叫热浸镀，是将被保护的金属材料或制品浸渍在熔融的金属中，使其表面形成一层保护性金属覆盖层。能形成液态的金属一般是相对低熔点、耐蚀、耐热的金属，如 Al、Zn、Sn、Pb 等。热镀锌的温度在 450℃ 左右，热镀锡的温度在 310～330℃。与电镀相比，

金属热镀层较厚,在相同环境下,其寿命较长。例如,高速公路两侧的波形板一般用热镀锌,而不用电镀锌。

③ 喷镀,即将粉末金属放入喷枪中,通入高压空气或保护气体,粉末金属被火焰或电弧熔化后成雾状喷涂到金属表面,形成均匀的覆盖层。喷镀常用作金属部件的修复,常用的金属喷料有 Al、Zn、Sn、Pb、不锈钢、Ni-Al 等。

④ 渗镀,即利用金属原子在高温下的扩散作用,在被保护金属表面形成合金扩散层。渗镀层均匀、无孔隙,热稳定性好,常用于改善材料的物理化学性能。常见的渗镀材料有 Sn、Cr、Al、Ti、W、Mn 等。

⑤ 化学镀,即利用氧化-还原反应,使盐溶液中的金属离子在被保护金属上析出,形成保护涂层。化学镀层均匀、致密、针孔小,适用于形状复杂的丝、带、网、竹件内表面,常见的有钢丝化学镀铜等。

⑥ 机械镀,是把冲击料(如玻璃球)、表面处理剂、镀覆促进剂、金属粉和被镀金属件一起放入滚筒内,通过滚筒滚动的动能,把金属粉冷压到工件的表面上形成镀层。机械镀层均匀,无氢脆、耗能少、成本低,但仅限于体积较小的工件,如标准件螺丝等。

⑦ 包镀,是将耐蚀金属碾压到被保护的金属或合金上,形成包覆层或双金属层。如在高强度铝合金表面覆盖纯铝层等。

⑧ 真空镀,真空镀有真空蒸镀、溅射镀和离子镀,都是在真空中镀覆要求的金属。真空镀层均匀,无氢脆,但镀层薄、设备贵、镀件尺寸受限,多数用于装饰性镀层。

(3)化学保护层。

化学保护层也称化学转化膜。它是采用化学或电化学方法使金属表面形成的稳定的化合物膜层。根据成膜时所采用的介质,可将化学转化膜分为氧化物膜、磷酸盐膜、铬酸盐膜等。

① 氧化物膜。是指在一定温度下把钢铁件放入含有氧化剂的溶液中,处理形成致密的氧化膜。例如钢铁的"发蓝"或"发黑"处理。

② 磷酸盐膜。是把金属放入含有锌、锰、铁等的磷酸盐溶液中进行化学处理,在金属表面生成一层难溶于水的磷酸盐保护膜。磷酸盐膜呈微孔结构,与基体结合牢固,具有良好的吸附性、润滑性和耐蚀性。

③ 铬酸盐膜。把金属或金属镀层放入含有某些添加剂的铬酸或铬酸盐溶液中,可以生成铬酸盐钝化膜。铬酸盐膜与基体结合牢固,结构比较紧密,具有良好的化学稳定性、耐蚀性,对基体金属有较好的保护作用。

(4)复合保护层。

为了进一步提高金属的耐腐蚀性能,近些年来,人们把金属保护层、非金属保护层以及化学保护层结合起来,综合利用,达到更好的防腐效果。例如"达克罗"技术,就是先将钢铁件表面进行除锈,并经铬酸盐处理,而后浸入一种混合片状锌或铝的有机树脂中,涂覆后再经烘烤,形成很薄的一层复合涂层,其耐蚀性远比单纯镀锌或镀铝性能强。达克罗实际是锌铬和有机树脂涂层,用于标准件可以达到防腐和自润滑的效果。

3.2.8.2　处理腐蚀介质

处理腐蚀介质就是改变腐蚀介质的性质,降低或消除介质中的有害成分以防止腐蚀。这种方法只能在腐蚀介质数量有限的条件下进行,对于充满空间的大气当然无法处理。处理腐蚀介质一般有以下两种方法。

(1) 去掉介质中的有害成分,改善介质性质。例如在热处理炉中通入保护气体以防止氧化,在酸性土壤中掺入石灰进行中和,防止土壤腐蚀等[15]。

(2) 在腐蚀介质中加入少量的缓蚀剂,可以使金属腐蚀的速度大大降低,此种物质称缓蚀剂或腐蚀抑制剂。例如:在自来水系统中加入一定量的苛性钠或石灰,以去除水中过多的 CO_2,防止水管腐蚀;在钢铁酸洗溶液中加缓蚀剂,以抑制过酸洗和氢脆性等。

3.2.8.3　电化学保护

用直流电改变被保护的金属电位,从而使腐蚀减缓或停止的保护法叫作电化学保护。这类保护方法主要有外电源阴极保护法、保护器保护法和阳极保护法三种。

(1) 外电源阴极保护法就是把被保护的金属设备接到直流电源的负极上,进行阴极极化,从而达到保护金属的目的。例如,地下石油管道和船舶的外壳,均可采用此种保护法。

(2) 保护器保护法(又叫牺牲阳极阴极保护法)就是把低于被保护金属电极电位的金属材料作为阳极(牺牲阳极),从而对被保护金属进行阴极极化。例如,采用电极电位较负的锌合金或铝镁合金连接于钢铁制品上,前者作为阳极而不断遭受腐蚀,后者得以保护。

(3) 利用直流电对保护金属进行阳极极化,使金属处于阳极钝化状态,从而达到保护目的的方法,叫作阳极保护法[15]。

3.2.8.4　避免点腐蚀措施与防护

金属材料的点腐蚀行为或抗点蚀能力是由材料与环境决定的,因此防止点腐蚀要从提高材料抗点腐蚀能力与降低环境介质的点腐蚀危害性两个方面进行。提高金属材料的抗点腐蚀能力可以通过提高合金中的 Cr、Ni、Mo、Ti 和 N 含量,即增大 PREN 值和降低合金中杂质元素(如 C 和 S 的含量)以减少合金中有害夹杂物[如 (FeMn)S]与沉淀物(Cr_2C)的偏聚析出。溶液介质加重点腐蚀破坏的主要因素有 Cl^- 的浓度、pH 和温度。降低溶液 Cl^- 的浓度、酸性和温度可以显著减轻其产生点蚀的危害程度。同时,通过溶液流动、去除固态物质与清洗材料表面以防止溶液产生沉淀与结垢都是防止点腐蚀破坏的必要手段。此外,还可以通过电化学保护和添加缓蚀剂来加以防护。

3.2.8.5　避免缝隙腐蚀措施与防护

在特定环境介质中防止缝隙腐蚀的关键首先是合理选材。在有缝隙条件下应选用耐缝隙腐蚀的金属材料。一般而言,含有高 Cr、Mo 的合金具有优异的耐缝隙腐蚀性能。在材料结构的设计与安装时避免产生缝隙是防止缝隙腐蚀的另一个重要手段,如采用焊接代替机械连接,以对接焊替代搭接焊,连接部件采用非吸收性材料避免溶液介质的吸收与容留等。

在可行的情况下,对环境介质的调节控制是降低缝隙腐蚀的必要手段,如通过流动、过滤固态物质,调节 pH,控制氧的含量以及定期清理结构材料表面,可以防止或避免在结构材料上形成沉淀结垢、繁殖菌类,并控制缝隙的腐蚀速度。此外,采用电化学保护也是防止缝隙腐蚀的技术手段。

3.2.8.6 选择性腐蚀的防护

选择性腐蚀的产生和发展都是由于合金内部的组成和元素结构在特定环境下形成电偶对而造成的。因此,提高合金抗选择性腐蚀的能力首先要调整和改善合金中的组成元素和组织,使合金内部的元素之间或组织之间减小相互耦合为电偶对的电位差,并提高所有组成元素和组织在特定环境介质中的热力学稳定性。例如,在含有单一相 α 相的黄铜中加入锡、砷、锑、磷都有抑制黄铜脱锌的作用,但是添加以上元素对抑制含有复相 β 和 α 相黄铜的脱锌没有效果。通过冶金与热处理手段对黄铜中的 β 相进行细化与分布均匀化处理就可以改善双相黄铜的脱锌行为。合金的选择性腐蚀离不开特定的环境介质条件,因此,通过控制环境介质中促进选择性腐蚀的关键因素是避免发生选择性腐蚀的重要手段。调节介质的 pH、降低溶液中关键腐蚀离子的浓度以及使用缓蚀剂等都是从环境介质改善方面控制或避免选择性腐蚀的重要手段。

3.3 无机非金属材料的腐蚀及耐腐蚀无机非金属材料

无机非金属材料(Inorganic Nonmetallic Materials)是以某些元素的氧化物、碳化物、氮化物、卤素化合物、硼化物以及硅酸盐、铝酸盐、磷酸盐、硼酸盐等物质组成的材料,是除有机高分子材料和金属材料以外的所有材料的统称。无机非金属材料的提法是 20 世纪 40 年代以后,随着现代科学技术的发展从传统的硅酸盐材料演变而来的。无机非金属材料是与有机高分子材料和金属材料并列的三大材料之一[15]。

普通无机非金属材料的特点是耐压强度高、硬度大、耐高温、抗腐蚀。此外,水泥在胶凝性能上,玻璃在光学性能上,陶瓷在耐蚀、介电性能上,耐火材料在防热隔热性能上都有其优异的特性,为金属材料和高分子材料所不及。但与金属材料相比,它抗断强度低、缺少延展性,属于脆性材料。与高分子材料相比,它密度较大,制造工艺较复杂。

非金属材料是指除金属材料和高分子材料以外的固体材料,传统意义上的无机非金属材料主要有陶瓷、玻璃、水泥和耐火材料 4 种,化学组成均为硅酸盐类,因此无机非金属材料又称硅酸盐材料;又因陶瓷材料历史最悠久,应用最广泛,故国际上常称之为陶瓷材料。自 20 世纪 40 年代以来,随着新技术的发展,陆续涌现出一系列的应用于高性能领域的先进无机非金属材料,包括结构陶瓷、复合材料、功能材料、半导体、新型玻璃、非晶态材料和人工晶体。无机非金属材料通常具有良好的耐腐蚀性能。但因其化学成分、结晶状态、结构以及腐蚀介质的性质等原因,在任何情况下都耐蚀的无机非金属材料是不存在的。无机非金属材料除石墨以外,在与电解质溶液接触时不像金属那样形成原电池,故其腐蚀不是由电化学过程引起的,而往往是由于化学作用或物理作用而引起的。无机非金属材料作为结构和功能材料应用极其广泛,但对其腐蚀机理的研究还不够,大力开展这方面研究极为必要。

3.3.1　无机非金属材料腐蚀的基本原理

无机非金属材料一般具有良好的耐腐蚀特性,但因为其化学成分、结晶状态、结构以及腐蚀介质性质等原因,在某些情况下,会发生严重的腐蚀。其腐蚀一般不是由于电化学过程引起的,而往往是由化学作用或物理作用引起的(因其与电解质溶液接触时一般不形成原电池)。

硅酸盐材料成分以酸性 SiO_2 为主,它们耐酸而不耐碱,当 SiO_2(尤其是无定型 SiO_2)与碱性溶液接触时会发生如下反应[15,17]:

$$SiO_2 + NaOH \longrightarrow SiF_4 + 2H_2O$$
$$SiF_4 + 2HF \longrightarrow H_2[SiF_6]\uparrow$$
$$H_3PO_4 \longrightarrow HPO_3 + H_2O$$
$$2HPO_3 \longrightarrow P_2O_5 + H_2O$$
$$SiO + P_2O_5 \longrightarrow SiP_2O_7$$

一般来说,材料中 SiO_2 的含量越高其耐酸性越强,SiO_2 质量分数低于 55% 的天然及人造硅酸盐材料是不耐酸的。但也有例外,例如铸石中只含 55% 左右质量分数的 SiO_2,而它的耐蚀性却很好;红砖中 SiO_2 的含量很高,质量分数达 60%～80%,却没有耐酸性。这是因为硅酸盐材料的耐酸性不仅与化学组成有关,而且与矿物组成有关。铸石中的 SiO_2 可与 Al_2O_3、Fe_2O_3 等形成耐腐蚀性很强的矿物——普通辉石,所以虽然 SiO_2 的质量分数低于 55% 却有很强的耐腐蚀性[15]。红砖中 SiO_2 的含量尽管很高,但是以无定型状态存在,因此没有耐酸性。如将红砖在较高的温度下煅烧,使之烧结,就具有较高的耐酸性。这是因为在高温下 SiO_2 与 Al_2O_3 形成具有高度耐酸性的新矿物——硅线石与莫来石,而且其密度也增大。含有大量碱性氧化物(CaO,MgO)的材料属于耐碱材料。它们与耐酸材料相反,完全不能抵抗酸类的作用。例如,由钙硅酸盐组成的硅酸盐水泥,可被所有无机酸腐蚀,而在一般的碱液(浓的烧碱液除外)中却是耐蚀的。

3.3.2　无机非金属材料腐蚀的影响因素

无机非金属材料诸如硅酸盐材料,其组分和矿物成分、孔隙和结构、腐蚀介质均会影响其耐腐蚀性。

1. 材料的组分和矿物成分

材料中 SiO_2 的含量越高,其耐酸碱性越强,当 SiO_2 质量分数低于 55% 时材料不耐酸。比如,铸石中 SiO_2 的质量分数为 55% 左右,其耐腐蚀性很好;而红石中 SiO_2 的质量分数为 60%～80%,其没有耐酸性。由于铸石中的 SiO_2 与 Al_2O_3、Fe_2O_3 等在高温下形成耐腐蚀性很强的矿石(普通辉石),而红石中的 SiO_2 是以无定型状态存在的,所以无耐酸性。

对于红石,其耐酸性改进可以采用高温煅烧的方法,高温可以使得 SiO_2 和 Al_2O_3 形成具有高度耐酸性的新矿物——硅线石($Al_2O_3 \cdot SiO_2$)和莫来石($3Al_2O_3 \cdot SiO_2$),而且密度也会增大。

2. 材料孔隙和结构

除熔融制品(如玻璃、铸石)外,硅酸盐材料或多或少总具有一定的孔隙率。孔隙会降低材料的耐腐蚀性,因为孔隙的存在会使得材料受腐蚀作用面积增大,腐蚀作用也会显得强烈,这使得腐蚀不仅发生在表面而且发生在材料内部。化学反应生成物出现结晶还会造成物理性能的破坏,例如制碱车间的水泥地面,当间歇地受到苛性钠溶液的浸润时,由于渗透到孔隙中的苛性钠吸收二氧化碳会生成含有水的碳酸盐结晶,使得体积变大,在泥水的内部开始膨胀,导致材料产生内应力破坏。

如果在材料的表面及孔隙中腐蚀生产的化合物不互溶,则它们在某些场合能够保护材料不受破坏,水玻璃耐酸胶泥的酸化处理就是一例。

当孔隙为闭孔时,受腐蚀性介质的影响比开口的孔隙小。因为当孔隙为开口时,腐蚀性液体容易渗入材料内部。

硅酸盐材料的耐蚀性还与其结构有关,晶体结构的化学稳定性较无定型结构高。例如结晶的二氧化硅(石英),虽属耐酸材料但也有一定的耐碱性,而无定型的二氧化硅就易溶于碱溶液中。具有晶体结构的熔铸辉绿岩也是如此,它比同一组成的无定型化合物具有更好的化学稳定性。

3. 腐蚀介质的影响

硅酸盐材料的腐蚀速度似乎与酸的性质无关(除氢氟酸和高温磷酸外),而与酸的浓度有关。酸的电离度越大,对材料的破坏作用也越大。酸的温度越高,离解度越大,其破坏作用也越强。此外,酸的黏度也会影响通过孔隙向材料内部扩散的速度。例如,盐酸比一般浓度的硫酸黏度小,在同一时间内渗入材料内部空间的酸就越多,其腐蚀作用比硫酸快。同样,同一种酸的浓度不同,其黏度也不同,因而它对材料的腐蚀速度也不同[10,15,17]。

3.3.3 玻璃的腐蚀

玻璃是非晶的无机非金属材料。在人们的印象中,玻璃较金属耐蚀,因而总认为它是惰性的。实际上,许多玻璃在大气、弱酸等介质中,都可用肉眼观察到表面污染、粗糙、斑点等腐蚀迹象。下面依次讨论玻璃的结构和腐蚀[18,19]。

1. 结构

玻璃以 SiO_2 为主要组成,并含有 R_2O、RO(R 代表碱金属或碱土金属)、Al_2O_3、B_2O_3 等多种氧化物。实践表明,玻璃具有很好的耐酸性,而耐碱性相对较差些,这与材料的组成和结构密切相关。

玻璃的结构如图 3-2 所示,玻璃是缺乏对称性及周期性的三维网络,其中结构单元不像同成分的晶体结构(图 3-3)那样作长期性的重复排列。其结构是以硅氧四面体[Si_2O_3]为基本单元的空间连续的无规则网络所构成的牢固骨架,此为材料中化学稳定的组成部分[图 3-2(a)]。被网络外的阳离子如 K^+、Na^+、Ca^{2+}、Mg^{2+} 等所打断而又重新集聚的脆弱网络,是材料中化学不稳定的组成部分,如图 3-2(b)所示。

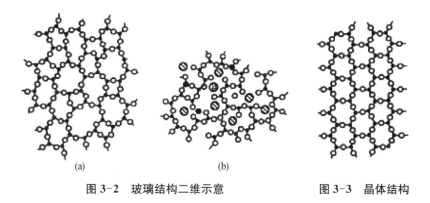

图 3-2　玻璃结构二维示意　　　　图 3-3　晶体结构

2. 腐蚀

玻璃与水及水溶液接触时,可以发生溶解和化学反应。硅酸盐玻璃受到大气、水、酸或碱等介质的作用,在玻璃的表面会发生化学或物理反应,首先导致玻璃表面变质,随后侵蚀作用逐渐深入,直至玻璃本体完全变质的过程称为玻璃的腐蚀。这些化学反应包括水解及在酸、碱、盐水溶液中的腐蚀、玻璃的风化。除这种普遍性的腐蚀外,还有由于相分离所导致的选择性腐蚀[20]。

1) 溶解

SiO_2 是玻璃最主要的组元,pH 对可溶性 SiO_2 有很大的影响。当 pH<8 时,SiO_2 在水溶液中的溶解量很小;而当 pH>9 后,溶解量则迅速增大[21]。在酸性溶液中,要破坏形成的酸性硅烷较困难,因而溶解少而慢;在碱性溶液中,Si-OH 的形成容易,故溶解度大。

2) 水解与腐蚀

含有碱金属或碱土金属离子 $R(Na^+、Ca^{2+}$ 等)的硅酸盐玻璃与水或酸性溶液接触时,不是"溶解",而是发生了"水",这时,所要破坏的是 Si-O-R,而不是 Si-O-Si。

这种反应源于 H^+ 与玻璃中网络外阳离子(主要是碱金属离子)的离子交换:

$$\equiv Si-O-Na + H_2O \xrightarrow{\text{离子交换}} \equiv Si-OH + NaOH$$

此反应实质是弱酸盐的水解。由于 H^+ 减少,pH 提高,从而开始了 OH^- 对玻璃的侵蚀。上述离子交换产物可进一步发生如下水化反应:

$$\equiv Si-OH + 3/2H_2O \xrightarrow{\text{水化}} HO-\underset{\underset{OH}{|}}{\overset{\overset{OH}{|}}{Si}}-OH$$

随着这一水化反应的进行,玻璃中脆弱的硅氧网络被破坏,从而受到侵蚀。但是反应产物 $Si(OH)_4$ 是一种极性分子,它能使水分子极化,而定向地附着在自己的周围,成为 $Si(OH)_4 \cdot nH_2O$,这是一个高度分散的 SiO_2-H_2O 系统,称为硅酸凝胶。硅酸凝胶除一部分溶于溶液外,大部分附着在材料表面,形成硅胶薄膜。随着硅胶薄膜的增厚,H^+ 及 Na^+ 的交换速度越来越慢,从而阻止腐蚀继续进行,此过程受 H^+ 向内扩散的控制。

因此,在酸性溶液中,R^+ 为 H^+ 所置换,但 Si-O-Si 骨架未动,所形成的胶状产物又能阻止反应继续进行,故腐蚀较少。但是在碱性溶液中则不然,OH^- 通过如下反应[20]:

$$\equiv Si—O—Si \equiv + OH^- \longrightarrow \equiv SiOH^+ \equiv SiO^-$$

使 Si-O-Si 链断裂,非桥氧 $\equiv SiO^-$ 群增大,结构被破坏,SiO_2 溶出,玻璃表面不能生成保护膜。因此腐蚀较水或酸性溶液为重,并不受扩散控制。表 3-2 中的腐蚀数据证实了上述的分析,其中耐碱玻璃由于含有 ZrO_2,故在碱中的腐蚀速度也很慢[18]。

表 3-2 各种玻璃在酸及碱中的腐蚀数据

编号	玻璃类型	腐蚀失重	
		$W(HCl)=5\%,100℃,24\ h$	$W(NaOH)=5\%,100℃,5\ h$
7900	96%高硅氧玻璃	0.0004	0.9
7740	硼硅酸盐玻璃	0.005	1.4
0080	钠钙灯泡玻璃	0.01	1.1
0010	电真空铅玻璃	0.02	1.6
7050	鹏硅酸盐钨封接玻璃	选择性腐蚀	3.9

3.3.4 混凝土的腐蚀

1. 混凝土的概述

混凝土是一种十分重要的建筑材料,广泛应用于工业与民用建筑、水利、交通、港口等工程之中。随着现代化建筑技术的发展,具有不同性能的功能性建筑水泥也逐渐应用于实际施工中。混凝土是由凝胶材料、水和粗、细集料按适量比例配合,拌制而成拌和物,经过一段时间的硬化而成的人造石材。目前,工程上使用最多的是以水泥为凝胶材料、以砂石为集料的普通水泥混凝土[22]。

混凝土使用范围十分广泛,不仅在各种土木工程中使用,同样也是造船业、机械工业、海洋开发、地热工程等常用的重要材料。水泥混凝土和其他材料一样,在自然环境下也会产生腐蚀。尤其在海洋环境、西部盐渍地区以及抛洒防冻盐的路面,混凝土基础设施的腐蚀尤其严重。由于混凝土结构在干燥的环境中腐蚀缓慢,其危害性并不被人们重视,以至于在建筑设计、施工过程中忽视防腐蚀问题,不加防腐蚀措施,造成巨大的经济损失,为此研究混凝土的腐蚀问题同样具有重要意义。

2. 混凝土的结构特点

在混凝土中,砂、石起骨架作用,并抑制水泥的收缩,称为骨料;水泥与水形成水泥浆,水泥浆包裹在骨料表面并填充其空隙[22]。水泥浆在硬化前,起润滑作用,赋予拌和物一定的和易性,便于施工;水泥浆硬化后,则将骨料胶结为一个坚实的整体。混凝土按施工工艺分为离心混凝土、真空混凝土、灌浆混凝土、喷射混凝土、碾压混凝土、挤压混凝土和泵送混凝土等。混凝土结构包括普通混凝土结构、钢筋混凝土结构、预应力混凝土结构及配置各种纤维筋的混凝土结构。混凝土是脆性材料,没有屈服点,抗拉强度仅为其抗压强度的 $1/13 \sim 1/8$,钢筋混凝土有效地结合了混凝土和钢筋各自的特长,克服了混凝土抗拉能力较差的缺点,成为目前最常用的混凝土结构形式之一。

3. 混凝土的腐蚀类型

混凝土的结构在大气环境中通常认为是耐腐蚀的,但是在实际使用过程中,由于环境因素的影响,会形成多种腐蚀形式,根据腐蚀的机理可以分为物理作用、化学作用、微生物腐蚀[24]。

1) 物理作用

物理作用是指在没有化学反应的过程中,混凝土内的某些成分在各种环境因素影响下,容易出现溶解或者膨胀,引起混凝土强度降低,导致结构破坏。物理作用按照对混凝土的大小可以依次为冻融循环、干湿循环和磨损。

冻融循环:由于混凝土是多孔隙结构,在循环的冻融作用下容易损坏。过冷的水在混凝土中迁移引起水压以及水结冰产生体积膨胀,对混凝土孔壁产生压应力造成内部开裂。

干湿循环:根据已有的金属腐蚀电化学理论,对于极为干燥的状态,混凝土内缺乏钢筋腐蚀电化学反应所必需的水分,因此腐蚀无法进行;对于极为湿润的状态,混凝土内部的孔隙充满了水,此时钢筋的腐蚀速度由氧气在水溶液中的极限扩散电流密度所控制;对于干湿交替状态,由于干燥和湿润的交替进行,使得混凝土内部相对既不非常干燥也不非常湿润,这样氧气的供应相对较为充裕,同时又能降低混凝土的电阻率,故将导致较高的钢筋腐蚀速度。

磨损破坏:路面、水工结构等受到车辆、行人及水流夹带泥沙的磨损,使混凝土表面粗骨料突出,影响使用效果。当混凝土表面受到冲击、摩擦、切削等磨蚀破坏作用时,与混凝土耐磨相关的最大剪应力发生在表面以下的次表面层,磨蚀破坏的作用力首先破坏混凝土表面的水泥石,集料逐渐凸出程度的增加,受磨蚀的作用力不断加大,磨蚀速度随之增加。由此可见,如果混凝土水泥石含量较大,混凝土中集料与水泥石的磨蚀破坏难以趋于平衡,水泥路面的磨耗也会持续下去。

2) 化学腐蚀

化学腐蚀是指混凝土中的某些成分与外部环境中的腐蚀性介质(如酸、碱、盐等)发生化学反应生成新的化学物质而引起的混凝土结构的破坏。从破坏机理上来分,化学腐蚀可归纳为两大类:溶解性侵蚀和膨胀性侵蚀。常见的化学腐蚀有硫酸盐腐蚀、碱骨料反应、碳化现象和氯离子侵蚀。

硫酸盐腐蚀:硫酸盐腐蚀是化学腐蚀中最广泛和最普遍的形式。含有硫酸盐的水与水泥石的氢氧化钙及水化铝酸钙($3CaO \cdot Al_2O_3 \cdot 12H_2O$)发生反应,生成石膏和硫铝酸钙,产生体积膨胀,造成混凝土的开裂[26]。

碱骨料反应:碱骨料反应是指来自混凝土中的水泥、外加剂、掺合剂或搅拌水中的可溶性碱(钾、钠)溶于混凝土孔隙中,与骨料中的有害矿物质发生膨胀性反应,导致混凝土膨胀开裂破坏。

碳化现象:空气中二氧化碳与水泥石中的碱性物质相互作用,降低混凝土的碱度,破坏钢筋表面的钝化膜,使混凝土失去对钢筋的保护作用。同时,混凝土碳化还会加剧混凝土的收缩,这些都可能导致混凝土的裂缝和结构的破坏。

氯离子侵蚀:氯离子到达混凝土钢筋表面,吸附于局部钝化膜上,降低了 pH,破坏了钢筋表面的钝化膜,使钢筋表面产生电位差。氯离子将促进腐蚀电池,却不会被消耗,降低阴阳极之间的欧姆电阻,加速电化学腐蚀过程。

3) 微生物腐蚀

微生物腐蚀具有相当普遍性,凡与水、土壤或潮湿空气接触的设施,都可能遭受微生物的腐蚀。生物对混凝土的腐蚀作用大致有两种形式:①生物力学作用。生长在基础设备周围的植物的根茎会钻入混凝土的孔隙中,破坏其密度。②类似于混凝土的化学腐蚀。典型的是硫化细菌在它的生长过程中,能将环境中的硫元素化为硫酸。

4. 混凝土的防护

腐蚀介质与混凝土表面接触引起破坏,这是混凝土腐蚀的主要原因。严格地说,组成混凝土的水和水泥、碎石也能引起有害的反应。对混合用的水而言,应当指出,自然界中大多数天然水都适用配制混凝土,因为水中可能存在的各种化合物的化学反应,在混凝土凝固之前也已完成。从这一方面来看,混凝土硬化后不再会发生任何反应。另外,混凝土凝固过程中,可能有某些相互影响,但当水中盐的含量小于 3.5% 时则是无害的,甚至海水也能用于配制混凝土。但是污染严重的水、沼泽水以及工业废水,其中可能含有碳水化合物或其他有机物质,则应避免用于混凝土的配制。为了防止钢筋的防锈措施受到破坏,要求水中氯化物的含量不能过多,这一点十分重要,预应力钢筋混凝土中氯离子的含量必须小于 300 mg/L,所以使用净水(饮用水)配制混凝土总是有益的[26]。

尽管水泥中白垩、氧化镁和硫酸盐会引起危害,但是由于水泥厂有着非常严格的生产流程,并且在控制这些成分的含量方面很有经验,所以水泥本身造成的危害几乎是不存在的。

采用的碎石如能符合相应的技术标准,则完全满足配制混凝土的要求。

3.3.5 陶瓷的腐蚀

工业耐火材料的腐蚀基本可以用结构陶瓷的腐蚀机理来解释,然而结构陶瓷由于孔隙度比耐火材料小得多,因此对于陶瓷材料而言,溶解比渗透显得更加重要。熔盐对结构陶瓷的腐蚀在工业设备上非常普遍,如水泵和热交换器的腐蚀,而对于工业窑炉和燃气轮机中的陶瓷则受到高温气体的腐蚀[27]。

1. 熔盐腐蚀

氧化物系和非氧化物系结构陶瓷在熔融盐、碱、低温氧化物等介质中的耐腐蚀性见表 3-3。由于晶体材料的耐腐蚀性与晶体的纯度有关,纯度低、耐腐蚀性差,因此下表所指的陶瓷纯度在 99.5% 以上[28]。表中将陶瓷材料的腐蚀性分为 A、B、C 三种类型,由于这些数值都是在常温常压下的测试结果,因此它们是定性的,只在选用材料时参考。

表 3-3　结构陶瓷对熔融盐、碱和低熔点氧化物的抗腐蚀性　　　　　单位：℃

陶瓷纯度	熔融盐、碱和低熔点氧化物							
	氯化钠	氯化钠＋氯化钾	硝酸钾	碳酸钠	硫酸钠	氢氧化钾	氧化钠	五氧化二钒
氧化铝	A 1 000	A 800	A 400	A 900	A 1 000	A 500	B 500	C 800
氧化锆（稳定化处理）		C 800		C 900	A 1 000	B 500	B 500	C 800
碳化硅（反应成形）	B 900	C 800	A 400	C 900	C 1 000（空气）	C 500（空气）	C 600	C 800
氮化硅（反应成形）			A 400	C 750	C 1 000（空气）	C 500	C 5000	C 800
氮化硅（热压）				C 900	B 1 000（空气）	C 500	B 500	C 800
氧化硼（HP）			A 400	C 900	C 1 000（空气）	C 500	C 500	C 800

注：A——能耐该温度的腐蚀；B——在该温度下发生反应；C——在该温度下发生明显腐蚀。

2. 热气体中的腐蚀

高温气体中含有氧化剂，如 $CO(g)$、H_2S 和 H_2O，这些氧化剂在陶瓷的表面发生氧化反应生成熔点更低的物质，这些熔点低的物质在高温下快速流失和挥发，导致耐火材料的质量严重亏损[29]。表 3-4 为结构陶瓷对高温气体的抗腐蚀性。

表 3-4　结构陶瓷对高温气体的抗腐蚀性　　　　　单位：℃

陶瓷纯度	空气	氢气	一氧化氮	氢气	硫化氢	氟（气态）
氧化铝	A 1 700	A 1 700	A 1 700	A 1 700		
氧化锆（稳定化处理）	A 2 400	C 1 800				
碳化硅（反应成形）	A 1 200	B 300	A＞1 000	A＞1 000	A 1 000	A＞800
氮化硅（反应成形）	A 1 200	A 220	A＞800		A 1 000	
氮化硅（热压）	B 1 250	A 250	A＞900	A＞800	A 1 000	A＞1 000
氧化硼（热压）	C 1 200	C 250	A 2 000	A＞800		

注：A——能耐该温度的腐蚀；B——在该温度下发生反应；C——在该温度下发生明显腐蚀。

3. 陶瓷的防腐措施

为了减少耐火材料和陶瓷在高温下的腐蚀，工程实际中应考虑三方面因素[30]：

（1）材料的选择应同时考虑材料的内在性能和材料所接触的外部介质的特性，以及部件的设计及制作方法。

（2）安装和维护中需要综合考虑结构中每一部件在高温气氛下的腐蚀问题。

（3）使用过程中尽量减少工艺参数的波动，严格控制极端工况的出现。

在这三方面因素中,材料的选择显然是最重要的,但其他两个方面的因素也不能忽略。在材料的选择方面,首先需要确定耐火材料和陶瓷的酸碱度特性,然后控制渗透溶解机制和氧化性来改善其耐蚀性。孔隙率是影响材料抗腐蚀性能的一个重要因素。

3.4 有机高分子材料的腐蚀及耐腐蚀有机材料

3.4.1 高分子的概述

高分子材料是以高聚物为主,加入多种添加剂形成的材料。按其用途和性质可分为塑料、合成橡胶、合成纤维和胶黏剂等;按照热行为可以分为热塑性和热固性两种。高分子材料的主体高聚物主要依靠加聚反应和缩聚反应来制备[31]。

1. 加聚反应

由聚合单体通过双键加成,聚合成分子量达到十几万到几十万的高聚物,它们一般是热塑性聚合物。

2. 缩聚反应

由二元酸与二元醇或二元胺反应,或者二元醇与二元酰氯或二元羧酸之间通过功能基团缩合反应,形成分子量从几万到十几万的高聚物,它们一般可能是热固性,也可能是热塑性的聚合物。

高分子材料的状态和性质主要取决于分子量和分子链的交联状态[32]。

同种分子单体,因聚合数量不同或者聚合方式不同,可能形成的材料具有的不同性质。其原因可从其形变-温度曲线分析。以线形、非晶态高聚物为例,S形曲线如图 3-4 所示。曲线分三个区,依次为玻璃态、高弹态和黏流态,分别对应于硬质塑料、弹性橡胶和黏性胶黏剂的力学状态。前两者转折点为玻璃化温度 T_g,后者转折点为流淌温度 T_f。

玻璃化温度 T_g 分子量关系不大,主要取决于分子链柔性,链交联程度越大(网状结构),T_g 越高,但流淌温度 T_f 则随分子量增加而提高。材料使用温度 T 和 T_g、T_f 之间的关系决定于高分子所表现的状态[34]。

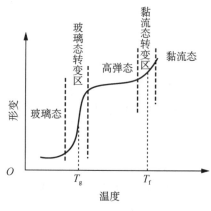

图 3-4 非晶态高聚物的形变-温度曲线

3.4.2 高分子材料的腐蚀类型和机理

高分子材料按腐蚀机理可分为物理腐蚀、化学腐蚀、大气老化、应力腐蚀以及微生物腐蚀。

1. 介质的渗透和扩散

在高分子材料的腐蚀过程中,介质的渗透与扩散对腐蚀过程起到重要的支配作用,通过介质的渗透和扩散加速高分子材料的腐蚀进程。

高分子材料中的孔隙主要来自两个方面。一是高分子材料是由大分子经次价键力相互吸引缠绕结合而成的,其聚集态受大分子结构的影响较大,当大分子链节上含有体积较大的侧基、支链时,大分子间的聚集态结构将变得松散,堆砌密度降低,空隙率增大,为介质分子的扩散提供了条件。二是高分子材料一般添加有各类功能性填料,若填料添加不当,使树脂不足以包覆所有填料的表面,就会使得材料孔隙率增加[33,35]。

环境温度是影响介质在高分子材料内部扩散的重要因素。一方面,温度的增加使得大分子及链段的热运动能量增大,体积膨胀,使空隙及自由体积增大;另一方面,温度的增加将加剧介质分子的热运动能,提高介质的扩散能力。温度的变化还可能造成材料内部产生热应力,热应力的产生可使得材料内部的孔隙缺陷变大,加速渗透和扩散的进程,另外,高分子材料中的极性基团,可增大其与介质的亲和力,进一步增加渗透和扩散的概率。

2. 水解和降解作用

杂链高分子因含有氧、氮、硅等杂原质子,在碳原子与杂质原子之间构成极性键,如醚键、酯键、酰胺键、硅氧键等,水与这类键发生作用而导致材料发生降解的过程称为高分子材料的水解。由于水解过程将生成小分子的物质,破坏了高分子材料的结构,因此使得高分子材料的性能大大降低。高分子材料水解难易程度与引起水解的活性基团的浓度和材料聚集态有关,活性基团浓度越高,越易发生水解,耐腐蚀的能力也将降低[32]。

降解是指高分子材料在热、光、机械力、化学试剂、微生物等外界因素作用下,发生了分子链的无规则断裂,致使聚合度和相对分子质量下降。含有相近极性基团的腐蚀介质易使该类型的高分子材料发生降解,如有机酸、有机胺、醇和酯等都能使对应的高分子材料发生降解。

3. 溶胀和溶解

对于非晶态高聚物,其分子结构松散,分子间间隙大,分子间的相互作用能力较弱,溶剂分子容易渗入材料的内部。当溶剂与高分子的亲和力较大时,溶剂在高分子材料表面发生溶剂化作用,向大分子间隙渗透。渗入的溶剂进一步使内层的高分子溶剂化,使得链段间作用力减弱,间距增加。被溶剂化的材料进入溶剂中,聚合物的表面发生材料的损失,这种现象称为溶解,但对于大多数高分子材料而言,由于其分子量大,又相互缠结,虽然被溶剂化,仍难以扩散到溶剂中,只能在宏观上引起聚合物体积和质量的增加,这种现象称为溶胀[35]。

判断高分子材料耐溶剂性的能力通常采用极性相似原则和溶解度相似原则。所谓极性相似原则是指极性大的溶质易溶于极性大的溶剂,而极性小的溶质易溶于极性小的溶剂中。如天然橡胶、聚乙烯、聚丙烯等非极性高分子材料,能很好地溶解在汽油、苯、甲苯等非极性溶剂中,对酸、碱、盐、水、醇类等极性溶剂具有较好的耐蚀性能。而溶解度相似原则是以溶剂的溶解度参数(δ_1)和高分子材料的溶解度参数(δ_1)之间的差值($\Delta\delta$)来表示二者的相溶性。通常将耐溶剂腐蚀的级别分为三个等级:当 $\Delta\delta < 1.7$ 时为不耐蚀;当 $\Delta\delta > 2.5$ 时为耐蚀;当 $\Delta\delta = 1.7 \sim 2.5$ 时为耐蚀或有条件耐蚀[32,33]。

4. 氧化反应

聚烯烃类高分子材料,如天然橡胶、聚丁二烯等,在辐射或紫外线等外界因素作用下,能与氧发生作用,使高分子材料发生氧化降解,出现泛黄、变脆、龟裂、表面失去光泽、机械强度下降等现象,最终失去使用价值[33]。产生氧化降解的原因是由于这类高分子在其大分子链上存在被氧化的薄弱环节,如叔碳原子、双键、支链等。

5. 应力腐蚀开裂

与金属材料相似,高分子材料在一定的条件下也会发生应力腐蚀破裂。高分子材料的应力腐蚀开裂并不会使得材料内能结合键的直接破坏,而是促进开裂物质在缺陷中吸附或溶解,改变表面能,从而产生开裂。一般认为,拉应力可降低化学反应活化能促进应力腐蚀开裂的发生,同时拉应力可使大分子距离拉开,增加渗透或局部溶解。应力腐蚀作用的结果是在材料的表面产生银纹和裂纹,其形态既可能是网状结构,也可能呈规则排列。

高分子材料出现应力腐蚀的形态与介质的性质有关,按照介质的特性,可以将应力腐蚀案例分为以下几种类型。

(1) 介质是表面活性物质。表面活性物质具有很强的渗透性能,高分子材料与这类介质接触后,介质将通过渗透和溶解的方式进入高分子材料内部,从而使得材料发生溶胀,形成表面裂纹。如高分子材料与醇类和非离子表面活性剂接触时,在材料的表面出现较多的银纹,这些银纹经扩展后汇合形成大裂纹,最终造成材料的应力腐蚀破裂[35]。

(2) 介质是溶剂型物质。高分子材料与这类介质有相近的溶解度参数,所以高分子材料受到较强的溶胀作用。介质进入大分子之间对材料起到增塑作用,使大分子链间易于相对滑动,降低材料强度,在较低的应力作用下,高分子材料就发生应力腐蚀破裂。

(3) 介质是强氧化剂。高分子材料中大分子链发生裂解,在材料内部的应力集中部位产生银纹,银纹的出现加速了介质的渗入,继续发生氧化裂解,银纹不断扩大,形成大裂纹。

3.4.3　高分子材料的腐蚀防护

高分子材料种类繁多,不同分子结构的材料具有不同的抗腐蚀能力,研究高分子材料的耐腐蚀性同样应考虑环境因素。影响高分子材料的腐蚀环境大致可分为四类:化学环境、热、光照(主要是紫外线)和高能辐射[32]。高分子材料的腐蚀防护方法主要考虑以下因素。

(1) 选择合适的高分子材料。

高分子材料抗腐蚀能力主要决定于其分子结构,而不同的介质特性也将产生不同的腐蚀形式,表3-5表示不同类别材料耐化学腐蚀的性能。在选择高分子材料时,除考虑材料本身的耐介质腐蚀性外,还需考虑材料内部填料的性能。

表 3-5　不同类别材料耐化学腐蚀的类型

反应类型	高分子材料	介质	腐蚀类型
消除	含氟塑料	熔融碱金属	脱去氟原子,生产双键
加成	天然橡胶	盐酸	表面生产盐酸橡胶, 可防止盐酸进一步渗透
氧化	含双键的橡胶和树脂, 含叔碳原子的塑料	氧化性介质	氧化
水解	不饱和聚酯,酸固化的环氧树脂	碱类	酯键皂化
	聚酰胺	酸性介质	酰胺键水解
	聚酰亚胺	强酸类	亚酰胺键水解
成盐	酚醛树脂	碱类	酚羟基成盐
	氨基树脂	酸性介质	氨基成盐

（2）加入抗老化剂。

化学腐蚀是高分子材料主要的腐蚀形式,为了提高其耐腐蚀性可在高分子材料的生产过程中加入热稳定剂、抗氧化剂、光稳定剂、抗臭氧剂以及防霉剂。

热稳定剂的最基本性能是热稳定性(包括静态、动态、初期、长期热稳定性)、耐候性和加工性(要求易塑化、不黏辊、易脱模、润滑性和流动性好),其他重要性能有相溶性、压析性、透明性、电绝缘性、耐硫化、污染性和卫生性等。

抗氧化剂是指用于阻断和延缓氧化过程的添加剂。在橡胶工业中,抗氧化剂等稳定化助剂习惯上称为防老剂。

光稳定剂就是用于提高高分子材料的光稳定性的助剂。由于大多数使用的光稳定剂,特别是早期产品都能吸收紫外线,所以习惯上也将光稳定剂称为紫外线吸收剂。

抗臭氧剂一般分为物理抗臭氧剂和化学抗臭氧剂两类;物理抗臭氧剂主要是通过物理效应将聚合物与臭氧的接触面隔离开来,从而阻止了臭氧对聚合物的侵袭。化学抗臭氧剂实质上也是一种抗氧化剂,它主要是对臭氧比较敏感,起捕获臭氧的作用,能够迅速与臭氧起化学反应,转移和延缓臭氧对聚合物的破坏作用,而且其反应产物能在聚合物表面形成一层保护膜,阻碍臭氧继续向内层渗透。防霉剂是一种能杀死或抑制霉菌生长和繁殖的添加剂。

高分子材料及其制品大量应用于湿热带地区或各种各样的特殊环境下,为了防止微生物的侵害,必须采用一定的防护方法。防霉剂的作用机理是破坏微生物的细胞构造或酶的活性,从而起到杀死或抑制霉菌的生长和繁殖。

（3）合理的操作工艺。

材料的耐蚀性高低取决于工作环境,环境因素发生变化将影响到材料的耐腐蚀能力。因此,在实际使用过程中应保持将环境的变化控制在设计范围内。如对于不耐有机溶剂的材料,使用过程中应避免其与有机溶剂接触;对不耐高温的材料要避免环境温度的升高。

3.5 常用的防腐蚀材料

常见的耐腐蚀材料有防腐涂料、树脂胶泥耐腐蚀材料、玻璃钢耐腐蚀材料和耐腐蚀塑料板材等[34]。

3.5.1 防腐涂料

腐蚀一般是指材料的变质损坏。对于建筑物的腐蚀作用一般来自两个方面。一方面是由自然条件造成的,如空气、水汽、日光、海水的侵蚀等;另一方面是由现代工业生产中产生的腐蚀性介质,如酸、碱、盐及各种有机物质造成的。前者用通常的建筑装饰涂料都能够承受,如外墙装饰涂料具有较好的耐水、耐大气、耐日光等性能;而后者用一般的装饰涂料就不能解决,必须采用特殊涂料。这一类能够保护建筑物免受酸碱、盐及各种有机物质侵蚀的涂料常被称为建筑防腐涂料[33]。

1. 防腐涂料的特点

建筑物的防腐涂料,主要作用是把腐蚀介质与建筑材料隔离开来,使腐蚀介质不能渗透到建筑物中去,从而起到防止建筑材料腐蚀的作用。建筑防腐涂料具有以下特点:

(1) 其耐腐蚀性能大于一般的建筑装饰涂料。

(2) 不受材料形状、大小和材质的限制,适应性较强,耐久性良好。

(3) 施工简单方便,重涂容易。

(4) 应用较多的是交联固化型涂料,该产品能常温固化。

(5) 在较为复杂的腐蚀条件下,可与其他防腐措施配合使用。

2. 防腐涂料的种类及性能

1) 防腐涂料的种类

(1) 环氧树脂防腐涂料[33]。环氧树脂防腐涂料是以环氧树脂为成膜物质,加上一定量的颜料、填料、助剂、溶剂等配制而成的。这类涂料与水泥混凝土或砂浆具有很好的黏结性,耐酸、耐碱、耐醇类及烃类溶剂性好。如采用聚酰胺作为固化剂,则柔韧性、抗冲击性更佳。环氧树脂防腐蚀涂料的品种很多,如胺固化涂料、聚酰胺固化涂料、环氧沥青涂料和无溶剂环氧涂料等。还可与其他树脂共混制成改性环氧树脂涂料,如环氧酚醛防腐蚀涂料、环氧丙烯酸酯防腐蚀涂料。其中,应用最广泛的是胺类或其衍生物固化的涂料和沥青环氧防腐涂料。无溶剂环氧树脂防腐蚀涂料近年来已有应用。水乳型环氧树脂防腐蚀涂料由于其污染小、成本低和施工方便而深受用户的欢迎,发展前景广阔。

(2) 酚醛树脂防腐涂料[32]。酚醛树脂防腐涂料是由酚类化合物与甲醛的缩合产物酚醛树脂加上溶剂、颜料、填料和助剂等加工而成的溶剂型涂料。由于它具有优良的机械性能和化学稳定性,具有较其他产品更好的耐无机酸、有机酸、碱及有机溶剂等介质的腐蚀性,因此是防腐蚀涂料中用量较大的品种。

(3) 聚氨酯防腐涂料。该防腐涂料通常采用双组分,一组分中含有异氰酸基(-NCO),

另一组分中含有羟(OH^-),施工时按规定比例配合后使用。这类涂料原料易得、价格低廉、制造工艺简单、防腐蚀效果较好,而且与基层黏结性良好[33]。

(4)乙烯树脂类防腐涂料。乙烯树脂类防腐蚀涂料是由含有乙烯基的单体聚合而成的树脂,主要指以氯乙烯、醋酸乙烯、乙烯、丙烯等单体合成的树脂。这类涂料具有良好的阻隔作用,因而对建筑物的混凝土、金属表面有良好的保护作用。常用的是过氯乙烯树脂防腐蚀涂料,此外氯化聚乙烯、氯化聚丙烯等树脂配制的涂料都能作为建筑防腐蚀涂料,并有很好的发展前景。这类涂料通常为溶剂型单组分涂料,由于其原材料来源丰富、价格适中、施工方便,常作为一般要求的防腐蚀涂料应用[34]。

(5)橡胶树脂防腐涂料。橡胶树脂防腐涂料是以天然或合成橡胶经化学处理如氯化、氯磺化后制成的具有一定弹性的树脂为基,加入其他合成树脂、颜料及溶剂等,按一定比例配置而成的一类防腐涂料。其中,氯化聚乙烯防腐蚀涂料适用于钢结构的涂覆防腐,而且耐老化和耐候性较强,广泛应用于化工、冶金和海洋工程;氯磺化聚乙烯防腐蚀涂料由于具有较好的耐碱、耐酸、耐氧化剂及臭氧、耐户外大气等特征,广泛应用于化工设备、厂房墙。

(6)呋喃树脂类防腐涂料。呋喃树脂类防腐涂料由于其主要成膜物质呋喃树脂的分子结构中含有较多的呋喃环,从而使这类涂料具有较好的耐碱、耐酸、耐热、耐腐蚀性,硬度高、屏蔽性好、透气性小等特点,因此主要用于各种金属、混凝土和木材等的防腐蚀。采用单纯的呋喃树脂作为成膜物质组成的涂料虽有较好的防腐蚀性能,但其机械强度差,与基层的黏结性能也较差,因而常采用其他树脂进行改性。改性后的呋喃树脂不但能保持其良好的耐腐蚀性能,其机械强度和黏结性能都有很大提高,用来改性的树脂主要品种有环氧树脂、聚乙烯醇缩醛、聚氨酯和有机硅树脂等。

(7)其他防腐涂料。粉末防腐涂料在工程上常用的是环氧粉末涂料,其耐冲击性及吸湿性方面有待改善和提高。国内生产的环氧粉末涂料在储存稳定性及涂覆施工件方面,与国外优质产品相比尚有一定差距。环氧粉末涂料是新建管道工程的首选防腐蚀涂料品种。固体分防腐蚀涂料就是涂料中固体分比普通涂料高,一般将涂料固体含量在70%以上的涂料称为高固体分涂料,其具有节省资源、节省有机溶剂、减少污染、减少施工道数、节约工时等优点,是防腐蚀涂料的发展方向之一。水性防腐蚀涂料以水作为分散介质代替传统的溶剂,具有节约资源、节约溶剂、减少污染、改善操作条件等优点,符合涂料产品的发展趋势。玻璃鳞片防腐蚀涂料是由不同类型的树脂为成膜物质,加上玻璃鳞片、耐腐蚀颜料、固化剂、助剂、溶剂等加工而成。目前,采用较多的是以环氧树脂和氯磺化聚乙烯树脂为成膜物质,前者适用强碱介质,后者则具有优良的耐酸、耐碱、耐盐类腐蚀性能。氟树脂防腐蚀涂料是以氟树脂(分子链中含有氟元素的树脂)为成膜物质配制而成,其具有优良的耐候性、化学稳定性、耐水性、附着力、施工性、屏蔽性和缓蚀性,可常温干燥,可以重涂,在$-40\sim200℃$范围内可长期使用。

2)防腐涂料的性能

建筑防腐蚀涂料应具有以下主要性能:

(1)具有一般建筑涂料的装饰性。

(2)对腐蚀介质应具有良好的稳定性,涂膜与腐蚀性介质长期接触也不发生分解或不良的化学反应。

（3）涂层应具有良好的抗渗性，能阻挡有害介质或有害气体的侵入。

（4）与建筑物基层应具有良好的黏结性。

（5）涂层应具有较好的机械强度，不会开裂及脱落。

（6）如为外用防腐蚀涂料还应有良好的耐候性能。

（7）原材料资源丰富，且价格便宜。

3.5.2　树脂胶泥耐腐蚀材料

树脂胶泥又称防腐胶泥，是一种高聚物分子改性基高分子防水防腐系统。它由进口环氧树脂改性胶乳加入国产氯丁橡胶乳液及聚丙烯酸酯，合成橡胶和各种乳化剂、改性胶乳等所组成的高聚物胶乳，加入基料和适量化学助剂和填充料，经塑炼、混炼、压延等工序制成。树脂胶泥胶乳具有耐久性、抗渗性、密实性以及极高的黏结力和极强的防水防腐效果，可耐纯碱生产介质、尿素、硝铵、海水、盐酸及酸碱性盐腐蚀，可用于建筑墙壁及地面的处理以及地下工程防水层。

树脂胶泥常用的树脂有环氧树脂、酚醛树脂、呋喃树脂或不饱和聚酯树脂等；溶剂为煤焦油或邻苯二甲酸二丁酯等；稀释剂为丙酮、乙醇、二甲苯或甲苯等；固化剂为乙二胺、乙二胺丙酮溶液、间苯二胺、苯磺酰氯或硫酸乙酯等；填料为石英粉、瓷粉、辉绿岩粉、硫酸钡粉等粉剂。此类材料能耐多种酸类、氨水、氨盐及碱等。不同树脂种类的胶泥具有不同的耐腐蚀性能[35]。

3.5.3　玻璃钢耐腐蚀材料

玻璃钢（Fiber Reinforced Plastics，FRP）一般指以玻璃纤维增强不饱和聚酯、环氧树脂与酚醛树脂为基体，以玻璃纤维或其制品作增强材料的增强复合塑料。

由于所使用的树脂品种不同，因此有聚酯玻璃钢、环氧玻璃钢、酚醛玻璃钢之别。玻璃钢具有质轻而硬、不导电、性能稳定、机械强度高、回收利用少、耐腐蚀等特点，可以代替钢材制造机器零件和汽车、船舶外壳等[36]。

根据采用的纤维不同，玻璃钢又分为玻璃纤维增强复合塑料（GFRP）、碳纤维增强复合塑料（CFRP）和硼纤维增强复合塑料等。纤维（或晶须）的直径很小，一般在 $10~\mu m$ 以下，缺陷较少又较小，断裂应变在30‰以内，是脆性材料，易损伤、断裂和受到腐蚀。基体相对于纤维来说，强度、模量都要低很多，但可以经受住大的应变，往往具有黏弹性和弹塑性，是韧性材料。

复合材料是指一种材料不能满足要求，而需要用两种或两种以上的材料复合在一起，组成另一种能满足人们要求的材料。例如，单一玻璃纤维，虽然强度很高，但纤维间是松散的，只能承受拉力，不能承受弯曲、剪切和压应力，还不易做成固定的几何形状，是松软体。如果用合成树脂把它们粘在一起，可以做成各种具有固定形状的坚硬制品，既能承受拉应力，又可承受弯曲、压缩和剪切应力，这就组成了玻璃纤维增强的塑料基复合材料。由于其强度相当于钢材，又含有玻璃组分，也具有玻璃那样的色泽、形体以及耐腐蚀、电绝缘、隔热等性能，因此形成了这个通俗易懂的名称——"玻璃钢",这个名词是由原国家建筑材料工业部赖际发部长于 1958 年提出的,由建材系统扩至全国。随着我国玻璃钢事业的发展,作为塑料基的增强材料,已由玻璃纤维扩大到碳纤维、硼纤维、芳纶纤维、氧化铝纤维和碳化硅纤维等。这些新型纤维制成的增强塑料,是一些高性能的纤维增强复合材料,再用"玻璃钢"这个俗称就无法概括了。考虑到历史的由来和发展,现通常采用玻璃钢复合材料,这样的一个名称就比较全面了。

3.5.4 耐腐蚀塑料板材

塑料板材在建筑防腐蚀工程中是应用非常广泛的一类材料。众所周知,多数塑料对酸、碱、盐等腐蚀性介质均具有良好的耐受能力。用塑料制成的设备和部件替代部分常规的金属贮槽、管道和塔器等工业设备和部件,不仅具有良好的抗蚀效果,而且可节约大量造价昂贵的合金和钢材。并且塑料质量轻,其密度仅为钢的 1/8～1/4,同样的设备用塑料制作,其质量仅为金属的一半。因此,无论从防腐蚀效果还是从经济效益的角度来看,塑料及其制品在防腐蚀工程中都具有重要的地位和作用[37]。在建筑防腐蚀工程领域,使用较多的是聚氯乙烯塑料板材。按其柔韧性(通过在制作过程中增塑剂的加入量控制)区别,产品有硬质和软质之分。在温度为 23℃、相对湿度为 50% 条件下,塑料的挠曲及拉力弹性模量在 70 MPa以上者为硬质聚氯乙烯板,70 MPa 以下者为软质聚氯乙烯板材。

聚氯乙烯板材的优点是质量轻、耐腐蚀、防火、物理机械性能好、施工方便、表面光滑、清洁、耐磨,有良好的电绝缘性和较高的弹塑性能,软质板材质地柔软、坚韧,且维修方便。但其耐温性能较低,使用温度一般不高于 50℃,不低于 -10℃,耐冲击性能较差。主要用于建筑地面、楼面或设备衬里的防腐蚀工程。除聚氯乙烯板材外,用作建筑防腐蚀工程的还有聚乙烯塑料板材和聚丙烯塑料板材。前者系以高压聚乙烯为原料制成的软质热塑性塑料板材,具有质轻、柔韧、防潮、无毒、耐腐蚀、耐寒及电绝缘性优良等特点,在建筑上作耐腐蚀材料、密封材料、高频绝缘材料及地板使用,但阻燃性能较差。后者以聚丙烯树脂为主要原料制成,该类材料耐热性好,可在 100℃ 以上温度条件下使用,具有质轻、物理机械性能良好、化学性能稳定等优点。除用于化工容器及设备作衬里及抗蚀材料外,也可用于建筑防腐蚀工程。

参考文献

[1] 蔡洪彬. 建筑设计的生态效益观研究[D]. 哈尔滨:哈尔滨工业大学,2011.

[2] 黄小光. 腐蚀疲劳点蚀演化与裂纹扩展机理研究[D]. 上海:上海交通大学,2013.

[3] 余芳. 钢绞线腐蚀后的部分预应力混凝土梁受力性能研究[D]. 大连:大连理工大学,2013.

[4] 杨礼明. 高性能混凝土的化学腐蚀、盐结晶和应力腐蚀及其微结构演变规律[D]. 南京:南京航空航天大学,2013.

[5] 李宁宁. Fe-Al 金属间化合物渗层制备及耐海水腐蚀性能研究[D]. 南京:南京理工大学,2017.

[6] 王芳. 行动者、公共空间与城市环境问题[D]. 上海:上海大学,2006.

[7] 王诺. 欧美生态文学[M]. 北京:北京大学出版社,2003.

［8］严绍华.材料成形工艺基础：金属工艺学热加工部分［M］.北京：清华大学出版社,2001.

［9］柳俊哲.土木工程材料［M］.北京：科学出版社,2005.

［10］曹楚南.悄悄进行的破坏：金属腐蚀［M］.北京：清华大学出版社,2000.

［11］王晶,范昊雯,张贺,等.钛的阳极氧化过程与 TiO_2 纳米管的形成机理［J］.化学进展,2016,28(2/3)：284-295.

［12］曹光明,汤军舰,林飞,等.典型氧化铁皮结构电化学腐蚀行为［J］.中南大学学报(自然科学版),2018,49(6)：1366-1372.

［13］杨帆,吴金平,郭荻子,等.Ti-Ta 合金在硝酸中电化学腐蚀研究［J］.钛工业进展,2018(2)：22-25.

［14］张炳乾,何长林.电镀液故障处理［M］.北京：国防工业出版社,1987.

［15］徐春霞,钟开龙.无机及分析化学［M］.北京：科学出版社,2010.

［16］印成顺,邱康勇,张杰.局部腐蚀对钢管使用性能的影响［J］.广东化工,2018,45(8)：207-208.

［17］Yuan J, He P, Jia D, et al. Effect of curing temperature and SiO_2/K_2O molar ratio on the performance of metakaolin-based geopolymers［J］. Ceramics International, 2016, 42(14)：16184-16190.

［18］Tian H F, Qiao J W, Yang H J, et al. The corrosion behavior of in-situ Zr-based metallic glass matrix composites in different corrosive media［J］. Applied Surface Science, 2016, 363：37-43.

［19］Gin S, Jollivet P, Fournier M, et al. The fate of silicon during glass corrosion under alkaline conditions：a mechanistic and kinetic study with the international simple glass［J］. Geochimica et Cosmochimica Acta, 2015, 151：68-85.

［20］於秋霞,李斌,陆宗文,等.玻璃纤维耐酸腐蚀性的评价方法［J］.玻璃纤维,2015(6)：7-13.

［21］倪成林,谭红琳,杨应湘,等.玻璃粉对混凝土酸侵蚀性能的影响［J］.河海大学学报(自然科学版),2015,43(4)：341-345.

［22］聂春鹏.混凝土腐蚀破坏原因分析及预防措施［J］.工程技术(全文版),2016(11)：00297-00297.

［23］金伟良,赵羽习.混凝土结构耐久性研究的回顾与展望［J］.浙江大学学报(工学版),2002,36(4)：371-380.

［24］周贺贺,赵晋斌,蔡佳兴,等.耐蚀钢筋研究现状及腐蚀评价方法分析［J］.腐蚀与防护,2017,38(9)：665.

［25］Biczok I, Blasovszky N. Concrete corrosion and concrete protection［M］. New York：Chemical Publishing Company, 1967.

［26］Sun X, Jiang G, Bond P L, et al. Periodic deprivation of gaseous hydrogen sulfide affects the activity of the concrete corrosion layer in sewers［J］. Water Research, 2019, 157：463-471.

［27］李慧,黄本生,薛屹,等.陶瓷复膜抗腐蚀技术在井下工具防腐中的应用［J］.天然气工业,2008,28(4)：114-116.

［28］张惠轩,张雅萍,李建军.钢塑陶瓷复合防腐耐磨潜污泵的研制与应用［J］.全面腐蚀控制,2011,25(7)：20-24.

［29］Khramov A N, Voevodin N N, Balbyshev V N, et al. Hybrid organo-ceramic corrosion protection coatings with encapsulated organic corrosion inhibitors［J］. Thin Solid Films, 2004, 447：549-557.

［30］Clark D E, Zoitos B K. Corrosion of glass, ceramics and ceramic superconductors：principles, testing, characterization and applications［M］. New York：William Andrew Publishing, 1992.

［31］唐福培.在化学介质作用下高分子材料的老化［J］.合成材料老化与应用,1997,1：18-24.

［32］周勇.高分子材料的老化研究［J］.国外塑料,2012(1)：35-41.

[33] 汪晓军,万小芳,黄顺炜. 天然高分子改性缓蚀剂的研究[J]. 材料保护,2003,36(12):45-46.

[34] Huang M, Zhang H, Yang J. Synthesis of organic silane microcapsules for self-healing corrosion resistant polymer coatings[J]. Corrosion Science, 2012, 65: 561-566.

[35] Dickie R A, Floyd F L. Polymeric materials for corrosion control: an overview[C]//ACS Symposium ♯ 322, Polymeric Materials for Corrosion Control. 1986, 8216: 1-16.

[36] 赵亚臣,阎宏,陶旭,等. 不饱和聚酯玻璃钢管罐防渗内衬的研究[J]. 纤维复合材料,2008,25(2):34-36.

[37] 雷文,凌志达. 玻璃钢的耐腐蚀性能及其在冶金腐蚀防护工程中的应用[J]. 腐蚀与防护,2001,22(6):255-257.

第4章

声 学 材 料

4.1　概述

　　声音是由物体振动产生的,是一种物理现象。人们通过听觉器官感受声音,不同的人对声音有不同的感受,相同声音的感受也会因人而异。美妙的音乐令人陶醉,清晰激昂的演讲令人鼓舞,但是有时候,室外传来的汽车声会使人烦躁,周围有人高声说话也令人不快。前者是我们喜欢听且可利用的,我们就感到这些声音悦耳;后者是我们不想听到的,影响我们生活和工作的声音,我们把它们统称为"噪声"。对于噪声,我们要控制和消除。随着科学技术的发展,一方面,建筑物中工程设备的增多和交通工具的发展,使得室内外噪声声源增多,噪声强度加大,严重影响人们的身心健康,因此生活在喧嚣都市的人们都希望能有一个安静的工作、居住环境,不受外界干扰。另一方面,他们又不仅仅满足于此,还要追求较高质量的生活,希望获得高品质的听闻条件,这便要求我们在房屋的建筑和装饰中用到一种特殊的功能材料——建筑声学材料。

　　建筑声学包含两方面内容[1]。一是厅堂音质,如音乐厅、剧场、影院等场所的音质效果;二是建筑中的噪声控制问题,如住宅、宾馆、医院、学校、工业厂房、交通干线两侧的隔声、吸声、减振、消声等降噪问题。

　　厅堂音质在设计方面的主要发展体现在缩尺比例模型和计算机模拟的深入研究。借助这些辅助设计手段,可以使得对音质指标的控制更加准确和全面,如中国国家大剧院、广州歌剧院、韩国首尔汉江音乐岛音乐厅,丹麦哥本哈根大剧院,德国汉堡易北爱乐音乐厅以及美国迪士尼剧院等世界知名厅堂建筑的音质设计,均得益于这些技术手段的成功应用。2007年,中国颁布了《厅堂音质模型试验规范》(国家标准),同时,德国、法国、丹麦、比利时等国家开发和发展的模拟软件精准度越来越高,模拟应用越来越广泛和普遍。

　　噪声控制技术发展最突出的表现是新型材料的大量研发。例如,德国可耐福公司研发的添加硫酸钡填料的纸面石膏板,其构造墙体隔声量可高达70 dB,相当于2 m厚的混凝土墙隔声量,而质量不到其1/50。还有德国巴斯夫化学公司根据最佳流阻理论研发的密胺海绵吸声材料,从降低质量、减少粉尘、提高吸声效率等方面都比传统的玻璃棉(岩棉)等吸声材料有很大的提高。另外,在喷涂型吸声保温材料、微穿孔吸声材料、弹性减振材料、阻尼减振材料、宽频多腔共振消声器等方面的发展也是很值得称道的。除此以外,国外研发很多的新型声学材料在美观、节能、综合功能上也出现新的可喜趋势,如德国可耐福公司研制的穿孔石膏板,孔型多样、外表美观,甚至与装饰效果比,其吸声效果更受设计人员的偏爱。还有可耐福公司研制的添加了相变材料的石膏板,既具有传统的隔声效果还可以起到保温节能的作用,使用这种材料作为隔墙和吊顶的房间,通过相变材料的吸放热作用,夏季室内温度可降低 2℃。甚至,将石膏板与铅板复合在一起,为房间起到防止有害射线和电磁微波辐射的功能作用,等等。这些与传统材料相结合而产生的新型功能,也是建筑声学材料发展的一大特色。

噪声控制中的另一大技术也非常具有特色——有源降噪技术,即使用扬声器发出反向声波抵消噪声。这一技术在头戴式耳机和汽车降噪中已经投入使用,国外市场中相应产品已很普遍。在建筑声学领域,由于声源条件的复杂性和现场环境的不可控性,其应用难度很大,但是在澳大利亚阿德莱德大学、法国 CSTB 研究所、德国 ISO 公布的现场测试吸声材料吸声系数的国际标准中,此种方式比混响室和驻波管测量吸声系数的方法更具有工程应用性。德、美等国研制的声强测试探头,可准确测量声音传播方向,对声源定位、声反射路径判定、现场吸隔声检测将具有革新意义。建筑声学问题涉及的领域非常广泛,不但有声波传播、声学测量等物理问题,还有建筑、结构、材料、暖通等多方面的工程问题,甚至还有心理学、行为学、经济学、法学等社会综合问题。世界范围内越来越多的专家学者达成一致共识、制定法规标准是解决建筑声学复杂性问题的关键。因此,欧洲已有近 20 个国家组成合作体,共同研究各国声学标准法规的优劣异同,目标是通过国际力量将欧洲的建筑声学标准进行整合统一,从根本上保护、保持、促进居民的建筑声环境质量。建筑声学法规标准的发展,是世界范围内建筑声学未来发展的动力推进器。

建筑声学材料可以给听音场所提供产生、传播、收听所需声音的最佳条件;可以排除或减少噪声或震动干扰;通过结构的合理设计及对声学材料的适当应用,从而控制声音的传播,达到改善声音接受者的听闻感受。

建筑声学材料分为吸声材料(吸声作用较强的材料)、隔声材料(隔声作用较强的材料)和透声材料(声波入射到材料层上能够无反射、无损耗地通过材料)[2]。区分方式一方面是按照它们分别具有较大的吸收或较小的透射或较大的反射,另一方面是按照使用它们时主要考虑的功能是吸收、隔声还是反射。但这三种类型的材料和结构的区分并没有严格的界限和精确的定义,因此一般还是从整体上分成吸声材料和隔声材料。

4.2　建筑声学材料的基本特性

改善建筑物的声音环境,必须加强基础研究、技术措施和组织管理措施,虽然重点应放在声源上,但是改变声源往往较为困难甚至不可能,因此要更多地注意传播途径和接收条件。各种控制技术都涉及经济问题,必须同有关的各种专业人员合作并进行综合研究,以获得最佳的技术效果和经济效益。

建筑声学材料和结构的基本特性是指它们对声波的作用特性。这种作用特性是物体在声波激发下进行振动而产生的。由于声波入射到物体上会产生反射、衍射、吸收和透射,所以阐述物体声学特性也主要从这几个方面着手。任何材料和结构都要对入射声波产生反射、吸收和透射,但三者比例不同,因为材料和结构的声学特性与入射声波的频率和入射角度有关。有些材料和结构对高频声波的吸收效果好,而对低频声波的吸收则很弱,或者正好相反。所以,当谈论材料和结构的声学特性时,要和一定的入射声波的频率和入射的情况对应。

4.2.1 吸声材料的基本特性

吸声材料,是具有较强的吸收声能、降低噪声性能的材料。吸声材料要与周围的传声介质的声特性阻抗匹配,使声音能无反射地进入材料,并使入射声能绝大部分被吸收。

当声音传入构件材料表面时,声能一部分被反射,一部分穿透材料,还有一部由于构件材料的振动或声音在其中传播时与周围介质摩擦,由声能转化成热能,声能被损耗,即通常所说的声音被材料吸收。

材料的吸声性能常用吸声系数(α)表示。被材料吸收的声能与入射声能的比值,称为吸声系数。对于全反射面,$\alpha = 0$;对于全吸收面,$\alpha = 1$;一般材料的吸声系数在$0 \sim 1$,也就是说不可能发生全部反射,也不可能全部吸收。

材料吸声系数的大小与声波的入射角有关,随入射声波的频率而异。以频率为横坐标,吸声系数为纵坐标绘出的曲线,称为材料吸声频谱,它反映了材料对不同频率声波的吸收特性。测定吸声系数通常采用混响室法和驻波管法:混响室法测得的为声波无规则入射时的吸声系数,它的测量条件比较接近实际声场,因此常用此法测得的数据作为实际设计的依据;驻波管法测得的是声波垂直入射时的吸声系数,通常用于产品质量控制、检验和吸声材料的研制分析。混响室法测得的吸声系数一般高于驻波管法。

吸声量又称等效吸声面积,即与某表面或物体的声吸收能力相同而吸声系数为1的面积。一个表面的等效吸声面积等于它的吸声系数乘以其实际面积。即

$$A = \alpha S \tag{4-1}$$

式中　A——吸声量,m^2;

　　　α——某频率声波的吸声系数;

　　　S——吸声面积,m^2。

根据式(4-1),若$50\ m^2$的某种材料,在某频率下的吸声系数为0.2,则该频率下的吸声量应为$10\ m^2$。或者说,它的吸声本领与吸声系数为1而面积为$10\ m^2$的吸声材料相同,此$10\ m^2$即等效吸声面积。物体在室内某处的吸声量等于该物体放入室内后,室内总的等效吸声面积的增加量(单位为m^2)。

如果组成厂房各壁面的材料不同,则壁面在某频率下的总吸声量A为

$$A = \sum_{i=1}^{n} A_i = \sum_{i=1}^{n} \alpha_i S_i \tag{4-2}$$

式中　A_i——第i种材料组成的壁面的吸声量,m^2;

　　　S_i——第i种材料组成的壁面的面积,m^2;

　　　α_i——第i种材料组成的某频率下的吸声系数[3]。

声源发出声波后,在室内将产生混响,混响时间为

$$T = \frac{0.163V}{\alpha S} = \frac{0.163V}{A} \tag{4-3}$$

4.2.2 隔声材料的基本特性

隔声材料,是指把空气中传播的噪声隔绝、隔断、分离的一种材料、构件或结构。对于隔声材料,要减弱透射声能,阻挡声音的传播,就不能如同吸声材料那样多孔、疏松、透气,相反它的材质应该是重而密实的,如钢板、铅板、砖墙等一类材料。隔声材料对材质的要求是密实无孔隙或缝隙,有较大的质量。由于这类隔声材料密实,难以吸收和透过声能而反射能强,所以它的吸声性能差[4]。

由 4.1 节所讲的声波的性质可知,当声波辐射到建筑空间的围蔽结构上时,一部分声能被反射和吸收,一部分声能会透过构件传到建筑空间来。如果入射声能为 E_0,透过构件的声能为 E_τ,则构件的透射系数为

$$\tau = \frac{E_\tau}{E_0} \tag{4-4}$$

材料隔声能力可以通过材料对声波的透射系数来衡量,透射系数越小,说明材料或者构件的隔声性能越好。

材料一侧的入射声能与另一侧的透射声能相关的分贝数就是该材料的隔声量,通常以符号 R 表示。隔声材料或构件,因使用场合不同、测试方法不同而得出的隔声效果也不同。隔声材料可使透射声能衰减到入射声能的 $10^{-3} \sim 10^{-4}$ 或更小,为方便表达,其隔声量用分贝的计量方法表示。隔声量与透射系数的关系是:

$$R = 10\lg\frac{1}{\tau} \tag{4-5}$$

隔声量的单位为分贝(dB),隔声量又称为传声损失,记作 T_L。对于给定的隔声构件,隔声量与声波频率密切相关。一般来说,低频时的隔声量较低,高频时的隔声量较高。

若一个构件透射声能是入射声能的 1‰,则透射系数 $\tau = 0.001$,隔声量 $R = 30\ dB$。τ 总是小于 1,R 总是大于零;τ 越大,则 R 越小,构件的隔声性能越差。

4.2.3 吸声材料与隔声材料的区别

由于对噪声控制的手段缺乏了解,"吸声"和"隔声"作为完全不同的概念,常常被混淆。例如,玻璃棉、岩矿棉一类具有良好吸声性能但隔声性能很差的材料被误称为"隔声材料",早年一些以植物纤维为原料制成的吸声板被命名为"隔声板"并用以解决建筑物的隔声问题。为了合理使用材料、提高建筑物噪声控制效果,对"吸声"和"隔声"这两个概念有进一步了解和明确的必要。

(1) 着眼点不同。

材料吸声着眼于声源一侧反射声能的大小,目标是反射声能要小。吸声材料对入射声

能的衰减吸收，一般只有十分之几，因此，其吸声能力即吸声系数可以用小数表示。材料隔声则着眼于入射声源另一侧的透射声能的大小，目标是使透射声能变小。

（2）所用材料的材质不同。

吸声材料对入射声能的反射很小，这意味着声能容易进入和透过这种材料。这种材料的材质应该是多孔、疏松和透气的，在工艺上通常是用纤维状、颗粒状或发泡材料以形成多孔性结构。其结构特征是：材料中具有大量的、互相贯通的、从表到里的微孔，也即具有一定的透气性。当声波入射到多孔材料表面时，引起微孔中的空气振动，由于摩擦阻力、空气的黏滞阻力以及热传导作用，将相当一部分声能转化为热能，从而起到吸声作用。

隔声材料对减弱透射声能，阻挡声音的传播，就不能如同吸声材料那样多孔、疏松、透气，相反它的材质应该是重而密实，如钢板、铅板、砖墙等一类材料。隔声材料材质的要求是密实无孔隙或缝隙，有较大的重量。由于这类隔声材料密实，难于吸收和透过声能而反射能强，所以它的吸声性能差。

（3）在工程上解决的目标和侧重点不同。

吸声处理所要解决的问题是减弱声音在室内的反复反射，即减弱室内的混响声，缩短混响声的延续时间即混响时间。在连续噪声的情况下，这种减弱表现为室内噪声级的降低，此点是对声源与吸声材料同处一个建筑空间而言。而对相邻房间传过来的声音，吸声材料也起吸收作用，从而相当于提高围护结构的隔声量。

隔声处理则着眼于隔绝噪声自声源房间向相邻房间的传播，以使相邻房间免受噪声的干扰。

综上所述，利用隔声材料或隔声构造隔绝噪声的效果比采用吸声材料的降噪效果要高得多。这说明，当一个房间内的噪声源可以被分隔时，应首先采用隔声措施；当声源无法隔开又需要降低室内噪声时才采用吸声措施。

吸声材料的特有作用更多地表现在缩短、调整室内混响时间的能力上，这是任何别的材料代替不了的。由于房间的体积与混响时间成正比关系，体积大的建筑空间混响时间长，从而影响了室内的听音条件，此时往往离不开吸声材料对混响时间的调节。对诸如电影院、会堂、音乐厅等大型厅堂，可按其不同听音要求，选用适当的吸声材料，结合体型调整混响时间，达到听音清晰、丰满等不同主观感觉的要求。从这点上来说，吸声材料显示了它特有的重要性，所以通常说的声学材料往往指的就是吸声材料。

吸声和隔声有着本质上的区别，但在具体的工程应用中，它们却常常结合在一起，并发挥了综合的降噪效果。从理论上讲，加大室内的吸声量，相当于提高了分隔墙的隔声量。常见的工程应用有隔声房间、隔声罩、由板材组成的复合墙板、交通干道的隔声屏障、车间内的隔声屏以及管道包扎等。

吸声材料如单独使用，可以吸收和降低声源所在房间的噪声，但不能有效地隔绝来自外界的噪声。吸声材料和隔声材料组合使用，或者将吸声材料作为隔声构造的一部分，其有利的结果一般都表现为隔声结构隔声量的提高。

4.3 声学材料的选用原则和应用

4.3.1 声学材料的选用原则

1. 根据工程的用途和声学设计要求

一般的民用住宅和演播室所用的声学材料(结构)就不同。一般的民用住宅,只要达到一定的隔声要求,就能满足人们居住生活的需要,而演播室除了要有良好的隔声外,还必须有良好的音质效果,这样才能满足它录制电视、直播文艺节目等功能。因此,一般民用住宅的装修很少有特意布置吸声材料的,仅通过家具、墙壁等来吸声就可以,但对隔声就比较重视,如采用双层铝合金门窗、铺设地毯、安装吊顶等措施来增加隔声。而演播室既要防止外界的干扰,即隔声要好,又要提高音质,即达到一定的混响时间。因此,演播室既要设置围护结构隔声,又要通过很多手段提高吸声效果,如墙壁采用陶粒吸声砖砌筑,顶部采用穿孔板后加超细玻璃棉的做法,同时还悬挂吸声体、追加帘幕等。

声学设计的要求不同,声学材料的选取就不同,这还体现在对不同频率的噪声采用不同的吸声材料。通常选用多孔吸声材料可提高高频的吸声量,选用薄板振动吸声结构可改善低频的吸声特性,选用穿孔板组合共振吸声结构可增加中频的吸声量。所以,对有一定音质要求的房间,一般采用单一材料或结构的吸声处理是不合适的,而要综合考虑,配合使用。对于中高频噪声,一般可采用 $20\sim50$ mm 厚多孔吸声板,当吸声要求高时,可采用 $50\sim80$ mm 厚超细玻璃棉、化纤下脚料等多孔吸声材料;对于中低频噪声,当采用穿孔板共振吸声结构时,孔径通常为 $3\sim6$ mm,穿孔率宜小于 5%。

对于隔声要求很高的地方,可以采用浮筑楼面、铺地毯、设吊顶等综合措施来隔绝固体声,设置声闸、多层窗户来隔绝空气声。

2. 根据使用环境

当吸声处理场所湿度较高或有清净度要求时,许多如矿物棉、超细玻璃棉等容易吸潮、起尘的多孔吸声材料就不适合用,这时宜选用塑料薄膜袋装多孔吸声材料,或采用单层或双层微穿孔板吸声结构,以及薄塑盒式吸声体等。

当环境温度较高,并有高速气流通过时,如发动机高温、高速的排气消声烟道,宜选用热稳定性好并能经受高速气流冲击的吸声砖。

对于靠近路边、承受环境噪声比较大的建筑物,则可以选择双层门窗、厚玻璃等,以达到较好的隔声效果。

3. 根据装饰效果

对于一些室内环境来说,声学材料(结构)不仅要具备吸声、隔声或声反射的功能,还要兼具室内装饰功能。如用木条做成墙裙(典型的狭缝吸声结构),采用带图案的穿孔吸声板做的天花板,既美观,又能获得良好的吸声效果。

家庭装修中,采用吊顶、装吊灯,铺地毯或木地板,使用铝合金门窗等,这些都既起到装饰作用,又起到隔声作用。

当然,声学材料的选择还受其他很多因素的影响,如是否承受荷载,是否满足防火要求等,但都必须以满足工程的用途和声学要求为前提。

4.3.2　施工应用实例

根据具体情况选择好声学材料后,还需合理使用和恰当布置才能达到好的效果。下面以上海电影技术厂音乐录音棚为例介绍如何布置声学材料。

上海电影技术厂音乐录音棚是强声分声道录音棚,棚内面积约 300 m²,有效容积2 058 m³。由于该棚是在旧棚基础上改建的,因此棚的长、宽、高比例和平面布局受到一定的限制。录音棚平面呈矩形,其尺寸为 21.6 m×14.8 m×7.4 m。为了适应各类乐器对房间混响的不同要求,以及传声器之间有较高的隔离度(15~20 dB),录音棚由中间部位的主录音室和配置在两端的 8 个小隔离室组合而成,前者设计的混响时间控制在 0.5 s 左右,后者取 0.2~0.25 s。

由设计要求可知,这是一项吸声和隔声指标都非常高的工程,因此在实现它所要求的效果时,要多种手段并用。选择多孔吸声材料吸收高频噪声,穿孔板复合结构的吸声结构吸收中高频,薄板和狭缝共振吸声结构吸收低频;对于隔声,要根据实际情况采用"浮筑法"、多层门窗隔声等措施。

选择好材料后,还有合理布置的问题。要使吸声材料充分发挥作用,应将它布置在最容易接触声波和反射次数最多的表面上,如顶棚、顶棚与墙、墙与墙交接处 1/4 波长以内的空间等处。在易产生固体声传播的局部,使用"浮筑法";在重点防止空气声传播的地方,采用多层门窗等措施。

结合本工程的具体情况,为了控制棚内主录音室的混响时间,又不减少使用面积,采取在四周墙面由下而上分四段逐层挑出,并纵横双向连续变化空腔的四种吸声结构。第一段是狭缝吸声结构,空腔深 200 mm,它既作为墙裙,起了很好的装饰作用,又可以吸收低频声;第二段为穿孔率 3%~5%相间排列的穿孔板吸声结构,板后配置 50 mm 厚玻璃棉,平均空腔深度为 400 mm,这进一步提高了对中低频噪声的吸收能力;第三段为穿孔板与织物相间排列的吸声结构,空腔深度 400~800 mm,这提高了对中高频的吸收能力;第四段为玻璃棉外蒙织物的结构,空腔最大深度达 1 300 mm,这可以吸收大量的高频噪声。各段间均用硬质纤维板隔离,以确保共振吸声的效果。

对于较大空间的吸声降噪处理,宜尽量采用空间吸声体。当吸声体面积取顶棚面积的40%左右(或室内总表面积的 15%左右),悬吊高度取离顶 500~700 mm 时,其实际效果与满铺基本相近;水平悬挂与垂直悬挂效果相似,采用哪种方式,视具体情况而定。

在隔离小室内,也分别做强吸声处理;各小室之间用铝合金框玻璃门分隔,中间设观察窗。各小室内设"浮筑"地面,以降低振动的传递;顶部设隔板状空间吸声体。

录音棚建成后,进行了声学测定:在 50~10 000 Hz 范围内混响时间为 0.45~0.65 s;背景噪声低于 NC⁻²⁰ 噪声评价曲线。

总之,对于声学材料(结构)的选用和布置,要视具体情况来定,既要满足设计要求,又要经济合理,还要兼顾建筑的装饰性、艺术性等其他方面[5,6]。

4.4 吸声材料

利用吸声材料降低噪声是一种普遍采用的降噪手段。材料或结构对声音的作用可以分为透声、吸声和隔声(反射)作用,材料一般同时具有各种作用,只是作用程度不同。大多数材料都有一定的吸声能力,一般把6个频率下平均吸声系数大于0.2的材料称为吸声材料,平均吸声系数大于0.56的材料称为高效吸声材料。吸声性能好的材料一般为轻质、疏松、多孔结构,其强度较低、吸湿性较大,因此抗冲击性差、耐腐蚀、耐老化等耐久性不高,多要求有专门的防护处理[7]。

4.4.1 吸声材料的分类

1. 按材料性能分类

建筑上一般根据材料性能将吸声材料按表4-1进行分类[8]。

表4-1 建筑上常用吸声材料

分类及名称		厚度 /cm	密度 /(kg·m⁻³)	各频率下的吸声系数					
				125	250	500	1 000	2 000	4 000
无机材料	吸声泥砖	6.5		0.05	0.07	0.10	0.12	0.16	—
	石膏板	—		0.03	0.05	0.06	0.09	0.04	0.06
	水泥蛭石板	4.0		—	0.14	0.46	0.78	0.50	0.60
	石膏砂浆	2.0	350	0.24	0.12	0.09	0.30	0.32	0.83
	水泥膨胀珍珠岩板	5.0		0.16	0.46	0.64	0.48	0.56	0.56
	水泥砂浆	1.7		0.21	0.16	0.25	0.40	0.42	0.48
	砖	—		0.02	0.03	0.04	0.04	0.05	0.05
有机材料	软木板	2.5		0.05	0.11	0.25	0.63	0.70	0.70
	木丝板	3.0		0.10	0.36	0.62	0.53	0.71	0.90
	三夹板	0.3	—	0.21	0.73	0.21	0.19	0.08	0.12
	穿孔五夹板	0.5		0.01	0.25	0.55	0.30	0.16	0.19
	木花板	0.8		0.03	0.2	0.03	0.03	0.04	—
	木质纤维板	1.1		0.06	0.15	0.28	0.30	0.33	0.31
多孔材料	泡沫玻璃	4.4	1 260	0.11	0.32	0.52	0.44	0.52	0.33
	脲醛泡沫塑料	5.0	20	0.22	0.29	0.40	0.68	0.95	0.94
	泡沫水泥	2.0		0.18	0.05	0.22	0.48	0.22	0.32
	吸声蜂窝板	—		0.27	0.12	0.42	0.86	0.48	0.30
	泡沫塑料	1.0	—	0.03	0.06	0.12	0.41	0.85	0.67

（续表）

分类及名称		厚度/cm	密度/(kg·m⁻³)	各频率下的吸声系数					
				125	250	500	1 000	2 000	4 000
纤维材料	矿渣棉	3.13	210	0.10	0.21	0.60	0.95	0.85	0.72
	玻璃棉	5.0	80	0.06	0.08	0.18	0.44	0.72	0.82
	脲醛玻璃纤维板	8.0	100	0.25	0.55	0.80	0.92	0.98	0.95
	工业毛毡	3.0	—	0.10	0.28	0.55	0.60	0.60	0.56

从表 4-1 中可以看出，脲醛泡沫塑料、脲醛玻璃纤维板及矿渣棉系列等吸声效果比较好，它们主要被用于特殊场合或特殊部位，在室外大面积的应用比较少见。

2. 按材料吸声机理分类

（1）多孔性吸声材料。多孔性吸声材料是内部有大量的、互相贯通的、向外敞开的微孔的材料，即材料具有一定的透气性。工程上广泛使用的有纤维材料和灰泥材料两大类。前者包括玻璃棉和矿渣棉或以此类材料为主要原料制成的各种吸声板材或吸声构件等，后者包括微孔砖和颗粒性矿渣吸声砖等[9]。

（2）共振吸声结构。空间的围蔽结构和空间中的物体，在声波激发下会发生振动，振动着的结构和物体由于自身内摩擦和与空气之间的摩擦，要把一部分振动能量转变为热能而损耗。振动结构和物体都要消耗声能，产生吸声效果。结构和物体各自都有固有振动频率，当结构和物体的固有频率与声波频率相同时，就会发生共振现象，这样的结构就叫共振吸声结构。

（3）其他吸声结构。主要包括空间吸声体、吸声尖劈结构（强吸声结构之一）和帘幕吸声体等。

各类吸声材料的吸声性能与声音频率有关，如图 4-1 所示。

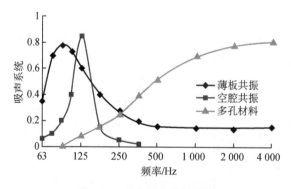

图 4-1 吸声频率特性曲线

由图 4-1 可以看出，多孔性吸声材料的高效吸声频率范围较宽且位于高频段，这比较适合人耳对高频声反应灵敏而对低频声反应相对迟钝的特性，是吸声材料选用较多的一类材料；薄板共振吸声结构和空腔共振吸声结构的高效吸声频率范围较窄，而且在吸声峰值以外的吸声作用明显下降。因此，这类吸声结构主要用来针对一些窄频带内声音的强吸收。

4.4.2 多孔性吸声材料

1. 多孔性吸声材料的分类

多孔性吸声材料是普遍应用的吸声材料,其中包括各种纤维材料如玻璃棉、超细玻璃棉、岩棉、矿棉等无机纤维,棉、毛、麻、棕丝、草质或木质纤维等有机纤维。纤维材料有的直接以松散状使用,有时可用黏着剂制成毡片或板材,如玻璃棉毡、岩棉板、草纸板、木丝板、软质纤维板等。微孔吸声砖等属于多孔性吸声材料。泡沫塑料,如果其中的孔隙相互连通并通向外表面,也可作为多孔性吸声材料。多孔性吸声材料大体上可以分为纤维材料、颗粒材料和泡沫材料三大类,如图4-2所示。

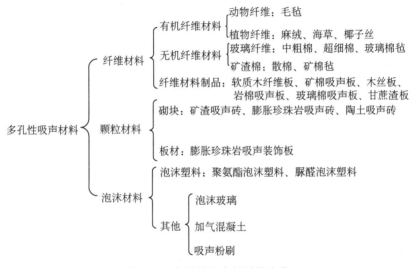

图4-2 多孔性吸声材料的分类

2. 多孔性吸声材料的孔隙特征

多孔性吸声材料与许多绝热材料的材质都属多孔结构,但对孔隙特征的要求不同。绝热材料要求气孔封闭、相互不连通,这种材料气孔越多,其绝热性能越好。而吸声材料则要求气孔开放,互相连通,这种材料气孔越多,其吸声性能越好。不同气孔结构多孔材料的产生,主要取决于原料组分的差别(如使用不同的发泡剂)以及生产工艺中的热工制度和加压大小等。

多孔性吸声材料与隔声材料的结构有很大不同。隔绝空气声较好的材料是不易振动、单位面积质量大、密实、沉重的材料(如黏土砖、混凝土等),对固体声最有效的隔声措施是在构件之间加设弹性衬垫,如软木、矿棉毡等,以隔断声波的传递。而多孔性吸声材料则要求有一定的孔隙通道以便让声波进入体内被吸收,这些孔隙要求比较细密,如果孔隙过大就会使声波很容易穿过,吸声作用降低。所以,一般吸声性能好的材料其隔声性能就差,而隔声性能好的材料其吸声能力就弱[10-12]。

材料的开口孔向外敞开,孔孔相连,且空隙深入材料内部,能有效地吸收声能。闭孔材料的微孔密闭,彼此互不相连,当声波入射到材料表面时,很难进入材料内部,只是使材料作整体振动,不满足吸声机理,它们只能作为隔热保温材料,不能用作吸声材料。

3. 多孔性吸声材料的吸声机理和吸声频谱特性

不同吸声材料(结构)的吸声机理各有特点,研究这些特点对研究吸声材料很有帮助。多孔材料的吸声性能是通过其内部具有的大量内外连通的微小空隙和孔洞实现的。当声波沿着微孔或间隙入射到材料内部以后,激发起微孔或间隙内的空气振动,由于空气与孔壁摩擦产生热传导作用以及空气的黏滞性在微孔或间隙内产生相应的黏滞阻力,使振动空气的能量不断转化为热能而被消耗,从而让声能减弱,达到吸声目的[13,14]。

多孔材料的透气性能越强,材料的吸声性能越强。多孔性吸声材料的吸声频谱特性是,吸声系数随频率的增大而增大,由低频向高频逐步升高,其间有不同程度的起伏,起伏幅度在高频位趋缓,并趋向一个变化很小的值,其频率特性曲线如图 4-3 所示[12]。

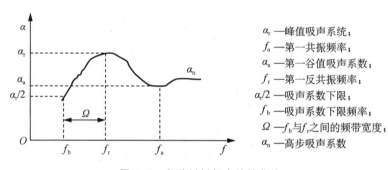

图 4-3　多孔材料频率特性曲线

4. 影响多孔材料吸声特性的因素

多孔材料的吸声性能除与材料本身的特性(如流阻、孔隙率等)有关以外,在实际应用中,还与多孔材料的容重、厚度、材料背后条件、材料表面处理以及温湿度等有关。

1) 容重

在实际工程中,测定材料的流阻、孔隙率通常比较困难,改变材料的容重(表观密度)可以间接控制材料内部微孔含量。所以,对一种多孔性吸声材料来说,容重的影响可近似视同为孔隙率的影响。

一般来讲,同一种多孔材料容重越大,孔隙率越小,比流阻越大;厚度不变,增加容重,可以使中低频吸声系数提高,但提高的程度却小于厚度所引起的变化。同时,会引起高频吸声性能的降低。可见,容重过大或过小都会对多孔材料的吸声性能产生不利的影响,在一定条件下,材料容重存在一个最佳值,合理选择吸声材料的容重对求得最佳的吸声效果是十分重要的。

严格地说,容重并不和吸声系数相对应,在实用范围内,容重的影响比材料厚度所引起的吸声系数变化要小。所以在同样用料情况下,若厚度不受限制,多孔材料以松散为宜。超细玻璃棉合适的容重为 $15\sim25\ kg/m^3$,玻璃棉的容重约为 $100\ kg/m^3$,矿棉的容重约为 $120\ kg/m^3$。

2) 材料的厚度

多孔材料一般对中高频吸声性能较好,对低频吸声效果较差。增大厚度可以提高材料对低频的吸声能力,对高频影响不大。理论上,材料厚度等于入射声波1/4波长时,在相应该波长的频率下具有最大的吸声性能。实际应用不可能如此,因为常温下空气中100~4000 Hz的声音其波长在3.4~8.5 cm,当然不会制作如此厚的吸声材料去适应低频声的波长。吸声材料的厚度δ与第一共振频率f_a(或与反共振频率f_f)成反比关系,即$f_a \cdot \delta$近似为常数,这一关系在研究与设计吸声材料的厚度方面起着很大作用,特别在研究提高低频吸声效果时提醒人们不要只是盲目地提高厚度[15]。

3)空气流阻

空气流阻反映了空气通过多孔材料阻力的大小。其定义为当稳定气流通过多孔材料时,材料两面的静压差和气流线速度之比,单位是瑞利(rayl)。单位厚度材料的流阻称为“比流阻”。

当材料厚度不大时,比流阻越大,则空气穿透量越小,吸声性能越弱;但当比流阻太小时,声能因摩擦力、黏滞力而损耗的效率就低,吸声性能也会下降。流阻对材料吸声系数的影响如图4-4所示。

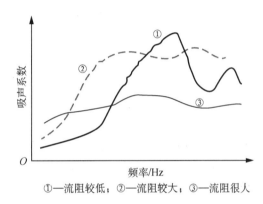

①—流阻较低;②—流阻较大;③—流阻很大

图4-4 多孔材料的流阻对吸声特性的影响

共振吸声系数与反共振吸声系数主要决定了材料的流阻,与材料的厚度关系不大,与孔隙率、结构因子有密切关系。对于任何一种吸声材料,都应该有一个合理的流阻值,过高或过低的流阻值都无法使材料获得良好的吸声性能[12]。

低流阻板材的低频段吸声很小,进入中高频段,吸声系数陡然上升;高流阻板材的低中频吸声系数有一定提高,高频段的吸声能力却明显较低。一定厚度的吸声材料应有一个相应合理的比流阻。在实际工程中,测定空气流阻比较困难,但可以通过厚度和容重粗略估计及控制。有研究者利用空气、水或油等介质并通过其自行设计制作的简单装置能够方便快捷地根据流阻来定量分析吸声系数,实际应用中还可以用吹气或浇水的方法来大致判断材料的吸声性能。流阻也是定型多孔吸声制品出厂的重要技术指标。

4)结构因子

结构因子是由多孔材料结构特性决定的、反映材料内部微观结构一个无量纲物理量,它与材料的内外部形状、孔隙率以及材料自身特性有关。

多孔材料内部的固体部分,在空间中组成骨架,称作筋络,它使材料具有一定的形状。在筋络间存在大量的孔隙,声波进入后,大部分在筋络间的孔隙内传播,小部分沿筋络传播,从而形成了两种不同的声波衰减机理。一种是声波在孔隙内传播时引起孔隙间空气的振动,由空气的黏滞阻力使声能不断转化为热能而衰减;另一种是空气绝热压缩时温度升高(反之绝热膨胀时温度降低),空气与筋络间由于热传导作用而不断发生热交换,使声能转化为热能。

5) 孔隙率

吸声性能较好的材料,其孔隙率一般在70%～90%,不同的多孔材料之间可能会有很大的区别,其最根本的要求是孔隙分布应均匀,孔隙之间相互连通,多孔颗粒内部的孔隙也应该是开放、连通的。孔隙率与流阻、结构因子、容重等因素有直接关系。孔隙率越大,容重就越小;如果孔隙率不均匀,会使结构因子不规则,所形成的流阻因波动而不能总处在最佳值范围内,进而影响吸声效果[16]。

6) 背后条件的影响

当多孔性吸声材料背后有空腔时,该空腔对吸声效果的影响与用同样材料填满近似,能够非常有效地提高中低频的吸声效果,工程中常常利用这个特性来节省材料。一般材料的吸声能力越强,该空腔产生的吸声增强作用也越大,吸声系数随空腔中空气层的厚度增加而增加,但增加到一定值后效果就不明显了。

7) 温湿度影响

温度变化会改变入射声波的波长,从而导致吸声系数所对应的频率特性在不同温度下的变化,即当吸声系数一定时,它所对应的不同温度的频率值的关系为:低温频率<常温频率<高温频率。

湿度对多孔材料的影响主要是材料吸水后容易变形,滋生微生物,从而堵塞孔洞,使材料的吸声性能降低。另外,材料吸水后,其中的孔隙就会减少,首先使高频吸声系数降低,然后随着含湿量增加,受影响的频率范围向中低频进一步扩大,并且对低频的影响程度高于高频。在多孔材料饱水情况下,其吸声性能会大幅下降。

5. 常用多孔性吸声材料

1) 纤维材料

早期使用的吸声材料主要为植物纤维制品,如棉麻纤维、毛毡、甘蔗纤维板、木质纤维板、水泥木丝板以及稻草板等有机天然纤维材料,这类纤维制品一般是植物纤维制品。有机合成纤维材料主要是化学纤维,如腈纶棉、涤纶棉、聚丙烯腈纤维、聚氨酯纤维等。这些材料在中高频范围内具有良好的吸声性能,但由于这类材料的防火性能、防腐性能、防潮性能比较差,在稍微恶劣的环境下有机纤维容易受潮或者腐蚀,导致其吸声性能大大降低,限制了有机纤维材料的使用范围。除此之外,有实验还对纺织类纤维超高频声波的吸声性能进行了研究,证实在超高频声波场中,这种纤维材料基本上没有任何吸声作用[17]。

无机纤维材料主要有玻璃棉、矿渣棉、岩棉以及硅酸铝纤维棉等。这类材料不仅吸声性能良好,而且质量轻、不蛀、不易燃、不易腐蚀、不易老化、价格低廉。因为无机纤维材料具有这些优点,使其能够代替天然纤维吸声材料,在声学工程中得到广泛的应用。但是又由于无机纤维吸声材料质地比较脆,容易折断,并在环境中产生纤维粉末,形成的粉尘会刺激皮肤,还会影响呼吸。因此,近年来无机纤维材料不受到环境和卫生专家的好评,只是因为无机纤维吸声材料成本较低、生产工艺不复杂而没有退出声学材料的舞台。

（1）玻璃棉及其制品。

离心玻璃棉毡是用欧文斯科宁（简称 OC）独有专利离心法技术，将熔融玻璃纤维化并加以热固性树脂为主的环保型配方黏结剂加工而成的制品，是一种由直径只有几微米的玻璃纤维制作而成的有弹性的毡状体，并可根据使用要求选择不同的防潮贴面在线复合。其具有的大量微小的空气孔隙，使其起到保温隔热、吸声降噪及安全防护等作用，是钢结构建筑保温隔热、吸声降噪的最佳材料。

玻璃棉属于玻璃纤维中的一个类别，是一种人造无机纤维，它以石英砂、石灰石、白云石等天然矿石为主要原料，配合一些纯碱、硼砂等化工原料熔成玻璃。在融化状态下，借助外力吹制式甩成絮状细纤维，纤维和纤维之间为立体交叉，互相缠绕在一起，呈现出许多细小的间隙，这种间隙可看作孔隙。因此玻璃棉可视为多孔材料，具有良好的绝热、吸声性能。

离心玻璃棉对声音中高频有较好的吸声性能。影响离心玻璃棉吸声性能的主要因素是厚度、密度和空气流阻等。密度是每立方米材料的质量。空气流阻是单位厚度时材料两侧空气气压和空气流速之比。空气流阻是影响离心玻璃棉吸声性能最重要的因素。流阻太小，说明材料稀疏，空气振动容易穿过，吸声性能下降；流阻太大，说明材料密实，空气振动难于传入，吸声性能亦下降。对于离心玻璃棉来讲，吸声性能存在最佳流阻。

玻璃棉板经过处理后可以制成吸声吊顶板或吸声墙板。一般常见将 $80\sim120$ kg/m³ 的玻璃棉板周边经胶水固化处理后，外包防火透声织物形成既美观又方便安装的吸声墙板，常见尺寸为 1.2 m×1.2 m、1.2 m×0.6 m、0.6 m×0.6 m，厚度为 2.5 cm 或 5 cm。也有在 110 kg/m³ 的玻璃棉的表面上直接喷刷透声装饰材料形成的吸声吊顶板。无论是玻璃棉吸声墙板还是吸声吊顶板，都需要使用高容重的玻璃棉，并经过一定的强化处理，以防止板材变形或过于松软。这一类的建筑材料既有良好的装饰性又保留了离心玻璃棉良好的吸声特性，降噪系数 NRC 一般可以达到 0.85 以上。各种玻璃棉的性能指标如表 4-2 所示。

表 4-2　各种玻璃棉的一般性能指标

名称	纤维直径/μm	容重/(kg·m⁻³)	吸声系数（厚度 50 mm，频率 500～400 Hz）	常温热导率/[W·(m·h·℃)⁻¹]	备注
普通玻璃棉	<15	80～100	0.75～0.97	0.052	（1）使用温度不能超过 300℃； （2）耐腐蚀性较差
普通超细棉	<5	20	≥0.75	0.035	（1）一般使用温度不能超过 300℃； （2）在水的作用下，化学稳定性差，易受破坏
无碱超细棉	<2	4～15	≥0.75	0.033	（1）一般使用温度为 -120～600℃； （2）耐腐蚀性强； （3）纤维耐水性能好

名称	纤维直径/μm	容重/(kg·m^{-3})	吸声系数（厚度 50 mm，频率 500～400 Hz）	常温热导率/[W·(m·h·℃)$^{-1}$]	备注
高硅氧棉	<4	95～100	≥0.75	当温度为 262～413℃时，热导率为 0.068～0.1	（1）耐高温；（2）耐腐蚀性强
中级纤维棉	15～25	80～100	≥0.075	≤0.058	（1）一般使用温度不能超过 300℃；（2）耐腐蚀性较差

（2）矿渣棉及其制品。

矿渣棉是矿物棉的一种，是由钢铁高炉矿渣制成的短纤维。常用的原料有铁、磷、镍、铅、铬、铜、锰、锌和钛等矿渣。主要用作绝热材料和吸声材料，也可用铁包装材料。矿渣棉是利用工业废料矿渣（高炉矿渣、铜矿渣、铝矿渣等）为主要原料，经熔化，采用高速离心法或喷吹法等工艺制成的棉丝状无机纤维。

矿渣棉是无机纤维类保温、隔热、吸声材料。它们具有密度小、导热系数低、难燃、吸声效果好的特点，而且具有一定的弹性和柔软性，适合于各种形状的保温和吸声工程的填充材料。以岩棉和矿渣棉为原料还可以进一步加工成为各种形状的异形保温、保冷、隔热、吸声制品，从而应用施工更为简便。岩棉还具有较大的酸度系数，故对金属的腐蚀性较小，更适合于金属的炉、管道的保温、隔热工程。

用矿渣棉做成的矿棉装饰吸声板，具有显著的吸声性能。其实它还有很多其他的优越性能，如防火、隔热等，由于其密度低，可以在表面加工出各种精美的花纹和图案，因此具有优越的装饰性能。矿渣棉对人体无害，而废旧的矿棉吸声板可以回收作为原材料循环利用，因此矿棉吸声板是一种健康环保、可循环利用的绿色建筑材料。矿棉吸声装饰板的一般规格尺寸为长 500～600 mm、宽 300～600 mm、厚 9～16 mm，其规格及性能指标见表 4-3。

表 4-3　矿棉吸声装饰板的规格及性能指标

规格/mm	技术指标					
	容重/(kg·m^{-3})	抗弯强度/MPa	吸湿率/%	防火	热导率/[W·(m·K)$^{-1}$]	平均吸声系数
（10～14）×300×300，（10～14）×500×500，有各式花色图案	300～500	≥0.8	≤2	自熄	0.57	0.49

矿棉吸声板主要应用于会议厅、图书馆、音乐厅、高级宾馆、体育馆、医院、写字楼及生产车间等有吸声要求的场所。随着人民生活质量的提高，居民家里都有了自己的"家庭影院"，对家里装修的吸声和装饰效果都有了新的要求，矿棉吸声装饰板已经逐渐走入了寻常百姓家庭，成了居民家庭装修的热门材料。

（3）岩棉及其制品。

岩棉是采用玄武岩为主要原料，经高温熔融，再经四辊高速离心机甩制而成的一种无机纤维材料。与矿渣棉相比，岩棉质地更为纯良，其纤径通常为 $4\sim6~\mu m$，表观密度为 $80\sim150~kg/m^3$。吸声性能较矿渣棉好，是一种轻质、高吸声性的新型吸声材料，且价格低，经济性好。

岩棉一般不直接使用，而是加入一定量的黏结剂，经预压后在高温下聚合、固化，定型为岩棉吸声饰面板。其特点是质轻、防火、吸声、隔热，且有一定的强度。

近年来，随着工艺的改进，出现了一些新型的岩矿类无机纤维材料。例如，以优质矿渣和硅石为原料的无机纤维，配上特制的防尘油而加工成的纤维粒状棉，可作为各类吸声板的原材料，吸声性能优良，具有防火和保温的优点。以天然焦宝石为原料的无机纤维，又称硅酸铝棉，是一种经 $2\,000\,℃$ 以上电炉熔化，又经高压蒸汽或空气喷吹而成的定长短纤维，其耐高温性能优异，是高温工况中的优良吸声材料。

（4）木丝板。

木丝板是由白杨木纤维为原料，结合特殊的防腐防潮无机水泥，在高温高压条件下黏合压膜而成。

木丝板是纤维吸声材料中的一种有相当开孔结构的硬质板，具有吸声、隔热、防潮、防火、防长菌、防虫害和防结露等特点。木丝板具有强度和刚度较高，吸声构造简单，安装方便、价格低廉等特点。独特的表面纹理突显出高雅质感。可充分演绎设计师的创意与理念。同时表面可做喷色与喷绘处理，满足不同场合的情景需求。因其特殊的成形工艺，在源头上杜绝了甲醛的产生。易于切割，安装方法简易，备有常用木工工具即可施工。木丝板除了有优异的吸声功能外，更兼具屋顶/地板的保温隔热功能。在高湿度的游泳馆等处均可使用。

用于对公众形象要求较高的场所，如大剧院、音乐厅、体育馆、酒店、写字楼、会议厅及各类高档文娱场所，木丝板更是可以烘托高贵和谐气氛。

2）泡沫类吸声材料

根据泡沫孔形式的不同，可分为开孔型泡沫材料和闭孔型泡沫材料[18]。前者的泡沫孔是相互连通的，属于吸声泡沫材料，如吸声泡沫塑料、吸声泡沫玻璃、吸声陶瓷、吸声泡沫混凝土等。后者的泡沫孔是封闭的，泡沫孔之间是互不相通的，其吸声性能很差，属于保温隔热材料，如聚苯乙烯泡沫、隔热泡沫玻璃、普通泡沫混凝土等。

（1）泡沫塑料。

泡沫塑料又叫多孔塑料，其基本组分为塑料，因为在塑料的内部存在大量的气泡孔隙而得名。泡沫塑料的气体与固体之比在 $(9:1)\sim(1.5:1)$ 这一范围，具有密度小、热导率低、隔热性能好、可以吸收冲击载荷、缓冲性能佳、比强度高等优点。与其他的多孔性吸声材料相比，泡沫塑料产品拥有良好的韧性、延展性及耐热性能，同时其吸声性能也很突出，是一种理想的隔热吸声材料。

① 聚氨酯泡沫塑料。

聚氨酯泡沫塑料是一种新型系列化吸声材料，它无臭、透气、气泡均匀、耐老化、抗有机溶剂侵蚀，对金属、木材、玻璃、砖石、纤维等有很强的黏合性。特别是硬质聚氨酯泡沫塑料还具有很高的结构强度和绝缘性[19]。按照气孔形式不同，聚氨酯泡沫塑料可分为闭孔型和开孔型两类。闭孔聚氨酯泡沫主要用于隔热保温,开孔的则用于吸声。目前我国已开发研制并生产了阻燃聚氨酯泡沫塑料板。该产品正面有一层不影响吸声的阻燃薄膜覆盖,防止灰尘和油水浸入堵塞泡孔。反面涂有不干胶,安装时可直接粘贴。聚氨酯泡沫塑料板是一种性能良好的强吸声体,具有阻燃性好、容重轻、耐潮、易于切割和安装方便等特点,适用于机电产品的隔声罩、吸声屏障、空调消声器、工厂吸声降噪,以及在影剧院、会堂、广播室、电影录音室、电视演播室等音质设计工程中控制混响时间。

② 其他泡沫塑料。

用乙丙橡胶(Ethylene Propylene Copolymer,EPR)改性后的聚丙烯泡沫材料具有良好的吸声性能,当交联剂用量为 0.67 时,所得泡沫材料最大吸声系数达 0.94。在此基础上,借鉴微穿孔吸声理论而研制的泡沫材料微穿孔吸声体在中低频区的最大吸声系数达 0.98 以上。另外,还有人在研究聚偏二氟乙烯泡沫,这种被称作第二代智能泡沫的材料具有很好的吸声性能。

科学家对一种无纤维的聚氰胺酯泡沫的吸声性能进行了研究,提出用 Delany 模型对其声学性能进行分析,其理论计算结果与实验结果随着材料厚度的增加而更加符合,说明该泡沫材料的声学性能更接近于纤维类材料;还提出了一种提高低频段吸声性能的方法,即在材料表面涂敷一层薄膜,使材料的第一共振频率由原来的 2 000 Hz 向低频偏移到 1 000 Hz,吸声性能向低频拓展了一个倍频程。

(2)泡沫玻璃。

泡沫玻璃是以玻璃粉为原料,加入发泡剂和其他外掺剂,通过高温焙烧制成的质量较轻的块状材料,泡沫玻璃的孔隙率可在 85% 以上。按材料内部孔隙的形态,泡沫玻璃可分为开孔和闭孔两种。闭孔泡沫玻璃是一种具有优良性能的隔热保温材料,开孔泡沫玻璃可以作为吸声材料。泡沫玻璃不仅质量较轻、不易腐、不易燃、不易老化、无气味,甚至受潮吸水后材料不变形,而且容易对其进行切割加工,不会像无机纤维材料一样产生纤维粉尘污染环境。因此,对于环境洁净程度要求较高的地方如空调系统中,泡沫玻璃非常适合作为其中的吸声材料。表 4-4 为用驻波管法测量的不同厚度泡沫玻璃板的吸声系数[20]。

表 4-4 泡沫玻璃板的吸声系数

板厚/mm	频 率			
	30 Hz	60 Hz	80 Hz	120 Hz
100	0.07	0.16	0.24	0.40
200	0.16	0.58	0.57	0.54
250	0.22	0.58	0.52	0.46
400	0.50	0.50	0.50	0.48
500	0.58	0.46	0.51	0.50
800	0.59	0.48	0.42	0.52
1 000	0.66	0.50	0.51	0.60
1 600	0.55	0.60	0.56	0.57

可以看出,泡沫玻璃板厚度的增加对吸声系数影响不明显,因此一般选用 20~30 mm 厚的板材,可以获得比较高的性价比。开孔型泡沫玻璃耐水性能好,所吸的水能自动流出,烘干后吸声性能变化不大。

泡沫玻璃具有质轻、不燃、不腐、不易老化、无气味、受潮甚至吸水后不变形、易于切割加工、施工方便和不会产生纤维粉尘污染环境等优点,非常适合于要求洁净环境的通风和空调系统的消声。由于泡沫玻璃板强度较低,背后不宜留空腔,否则容易损坏,所以靠增加空腔来提高材料低频吸声性能的方法,其效果不佳[21]。

(3) 泡沫金属。

泡沫金属的研究最早始于 20 世纪 40 年代末期,起初由于制作工艺的限制,制约了它的发展。我国对泡沫金属的研制始于 80 年代。近年来,人们对泡沫金属的研究越来越深入,已经涉及的金属包括 Al、Ni、Cu、Mg 等,其中研究最多的是泡沫铝及其合金。它作为一种新型的多孔性吸声材料,经过发泡处理之后,在材料内部形成了大量的气泡,这些气泡分布在连续的金属相中构成材料的孔隙结构。因此,泡沫金属不仅具有连续相金属的特性,例如机械强度大、导热性能好、耐高温等;还具有分散相空气的特性,如阻尼性能、隔离性能、绝缘性能、消声减震性能等。由于泡沫金属具有上述诸多优点,其应用十分广泛。

泡沫金属的制备方法有多种,大体上可分为直接法(发泡法)和间接法两种。所谓直接法,就是利用发泡剂直接在熔融金属中发泡,或者利用化学反应产生大量气体,在制品凝固时减压发泡。间接法是以高分子发泡材料为基材,采用沉积法或喷溅法使之金属化,然后加热脱出基材并烧结。除以上方法外,制备泡沫金属的方法还有渗流铸造法、粉末冶金法、电沉积法等。

泡沫金属中气泡的不规则性及其立体均布性产生了优良的吸声特性,与玻璃棉、石棉相比有很多优点。它是由金属骨架和气泡构成的泡沫体,为刚性结构,且加工性能好,能制成各种形式的吸声板;不吸湿且容易清洗,吸声性能不会下降;不会因受振动或风压而发生折损或尘化;能承受高温,不会着火和释放毒气。泡沫金属不仅在高频区,而且在中、低频区也具有较好的吸声性能。

泡沫金属的吸声性能受很多方面因素的影响,如气孔分布的均匀程度、孔径、孔隙率及泡沫材料的厚度等。以泡沫铝为例,对于不同结构尺寸的泡沫铝样品来说,在同一频段的吸声系数的变化是不规则的,有的频段是大孔径吸声系数大,有的频段是小孔径吸声系数大,空隙率变化之后,吸声系数在同一频段的变化也不规则。但从综合效果来看,泡沫铝的吸声性能仍具有较强的结构敏感性,随着孔的分布均匀、孔径的减小、空隙率的增加,试样各频段的综合吸声系数均有增大的趋势,并且随着试样厚度的增加,其吸声较好的频率范围向低频方向扩展。

(4) 复合泡沫吸声材料。

将发泡聚合物同无机吸声材料的吸声特性相结合,通过化学发泡的方法使聚合物无机物复合体系发泡,形成了一种新型的多孔性吸声材料——PVC(聚氯乙烯)/无机物复合泡沫材料[22]。

聚氯乙烯/岩棉复合泡沫吸声性能优良(当厚度为 20 mm 时,平均吸声系数最大可达 0.63),较好地改善了纯聚氯乙烯泡沫塑料在低频处的吸声性能,且易加工成形。另外,它还可以通过改变配方和控制无机物粒径的方法来满足特定频率吸声的要求，可以适合不同建筑施工以及不同吸声降噪场合的要求。

进一步研究发现，在聚氯乙烯/岩棉复合泡沫吸声材料中加入丁腈橡胶（Nitrile Butadiene Rubber，NBR）后，吸声性能将发生一定的变化。随着 NBR 用量的增加，高频吸声系数显著减小，而低频吸声系数有所增大。这是因为 PVC 发泡材料高频吸声系数大，低频吸声系数小，而 NBR 材料高频吸声系数小，低频吸声系数大，当两种材料共混时，吸声性能介于二者之间。PVC/NBR/岩棉复合吸声材料综合了多孔吸声材料和共振吸声材料的优点，具有低频吸声系数大、适用频率范围宽、可加工性能好、工艺简单、成本低等优点，广泛适用于工业与民用建筑等领域。其缺点是制备过程中用到岩棉，会产生纤维粉尘污染[23,24]。

科学家对 EPR 改性 PVC 泡沫材料进行了研究，分析 EPR 用量、发泡剂 AC（偶氮二甲酰胺）用量、泡沫材料厚度和发泡温度等因素对材料吸声性能的影响。体系中的 EPR 是一种黏弹性材料，具有柔性和长链大分子，性能介于固体的弹性和流体的弹性之间。当声波作用在它上时，材料的分子链段产生运动，重新构象有弛豫时间，其形变跟不上应力的变化，产生滞后效应，损耗一部分能量。同时，由于黏性内摩擦的存在，将部分弹性能转变为热能，材料由此引起声能损耗，即吸声作用。EPR 的分子链段越长，使之产生运动的能量也就相应越大，吸收声波的频率也就相应越大。由于所选 EPR 的分子量适中，实现了对较低频率处声音的吸收。由于以上原因，EPR 显著改善了 PVC 泡沫材料的吸声性能，并且随着 EPR 用量的增大，泡沫材料低频吸声性能得到显著提高，而高频吸声性能略有下降。

6. 颗粒类吸声材料

颗粒类吸声材料是以一定大小粒径的颗粒材料，通过黏结剂加工成的吸声制品。由于颗粒之间存在相互连通的孔隙，所以这种吸声制品具有较好的透气性，当声波入射到材料表面时，颗粒材料之间空隙所形成的微孔对空气运动产生摩擦和黏滞作用，使一部分的声能转化为热能。同时，由于空气绝热压缩时温度升高，膨胀式温度降低，材料的热传导也会消耗一部分声能，从而实现材料对声波的吸声作用。颗粒状原材料如珍珠岩、蛭石、矿渣等，可以组成具有良好吸声性能的材料。

（1）微孔吸声砖。

微孔吸声砖是利用工业废料煤矸石、锯末为主要原料，掺入石膏、白云石、硫酸，经干燥、焙烧而成的无机微孔吸声砖，对低频有很好的吸收性。它的容重为 $340\sim450\ kg/m^3$。它具有吸声、保温、耐化学腐蚀、防潮、耐冻、防火、耐高温等优点，适合地下工程大断面消声器作吸声材料。

（2）陶土吸声砖。

陶土吸声砖是以碎砖瓦破碎，经筛选，与胶结剂、气孔激发剂经混合搅拌成形，高温焙烧而成。这种吸声砖根据构造可分为实心吸声砖和空心吸声砖，在中高频均具有很大的吸声系数。它耐潮、防火、耐腐蚀，强度较高，适用于具有高速气流的强噪声排气消声结构中。

（3）膨胀珍珠岩吸声板。

膨胀珍珠岩吸声板是以水玻璃、水泥、聚乙烯醇、聚乙烯醇缩醛或其他聚合物为黏结剂，以膨胀珍珠岩为骨料（通常是膨胀珍珠岩砂，粒径宜选 0.63~1.25 mm），按一定的配比混合,经搅拌成形、加压成形、热处理、整边、表面处理而成的一种轻质装饰吸声板。制品的容重为 $700 \sim 800 \ kg/m^3$。它具有防火、保温、隔热、防腐、施工装配化和干作业等优点,也适合地下工程及大断面消声器作吸声材料。

（4）蛭石砖。

蛭石砖是以膨胀蛭石为原料、加黏结剂制成的具有规整形状的隔热制品。有水泥膨胀蛭石制品、水玻璃膨胀蛭石制品和沥青膨胀蛭石制品等。

蛭石砖的形成:通常将粒状膨胀蛭石加到适量的高强黏结剂中,轻压成形后,经干燥或烘烤而制成。黏结剂的导热系数通常比膨胀蛭石的导热系数大,故黏结剂的加入虽使膨胀蛭石有了新的用途,但也降低了膨胀蛭石的隔热效果。

蛭石砖属于薄壁空心结构制品,强度较低,熔点也低,其耐火度和高温性能均低于其他轻质耐火材料,不宜用于承重部位,也不宜用作中高温隔热材料,其使用温度在 $800 \sim 900℃$。蛭石砖广泛用于屋面处理和隔声处理等方面。

4.4.3　共振吸声结构

建筑空间的围蔽结构和空间中的物体,在声波激发下会发生振动,振动着的结构和物体由于自身内摩擦和与空气的摩擦,要把一部分振动能量转变成热能而损耗。根据能量守恒定律,这些损耗的能量都是来自激发结构和物体振动的声波能量,因此,振动结构和物体都会消耗声能,产生吸声效果。结构和物体有各自的固有振动频率,当声波频率与结构和物体的固有频率相同时,就会发生共振现象。这时,结构和物体的振动最强烈,振幅和振速达到极大值,从而引起能量损耗也最多。因此,吸声系数在共振频率处最大。

一种常有的看法认为:声场中振动着的物体,尤其是薄板和一些腔体,在共振时会"放大"声音。这是一种误解,是把机械力激发物体振动(如乐器)向空气辐射声能时的共鸣现象和空气中声波激发物体振动时的共振现象混淆了。即使前者振动物体也不是真的放大了声音,而是提高了可辐射声能的效率,使机械激发力做功更有效地转化成声能,而振动物体自身还是从激发源那里吸收能量并加以损耗。

利用共振原理设计的共振吸声结构一般有两种:一种是空腔共振吸声结构,另一种是薄板或薄膜吸声结构。需要指出的是,处于声场中的所有物体都会在声波激发下产生振动,只是振动的程度强弱不同而已。有时,一些预先没有估计到的物体会产生相当大的吸声,例如大厅中包金属皮的灯罩,可能在某个低频频率发生共振,因为灯多,灯罩展开面积大,结果产生不小的吸声量。

4.4.3.1　空腔共振吸声结构

空腔共振吸声结构,是结构中间封闭有一定体积的空腔,并通过有一定深度的小孔和声场空间连通,其吸声机理可以用亥姆霍兹共振器来说明。图 4-5(a)为共振器示意图。当孔的深度 t 和孔径 d 比声波波长小得多时,孔径中的空气柱的弹性变形很小,可以作为质量块来处理。封闭空腔 V 的体积比孔径大得多,起着空气弹簧的作用,整个系统类似图 4-5(b)中所示的弹簧振子。当外界入射声波频率 f 和系统固有频率 f_0 相等时,孔径中的空气柱就由于共振而产生剧烈振动,在振动过程中,由于空气柱和孔径侧墙摩擦而消耗声能。

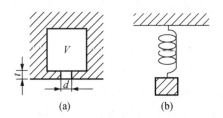

图 4-5　空腔共振吸声结构

亥姆霍兹共振器的共振频率 f 可用式(4-6)计算:

$$f = f_0 = \frac{c}{2\pi}\sqrt{\frac{S}{V(t+\delta)}} \qquad (4-6)$$

式中　c——声速,一般取 34 000 cm/s;

　　　S——颈口面积,cm^2;

　　　V——空腔容积,cm^3;

　　　t——孔的深度,cm;

　　　δ——开口末端修正量,cm。因为颈部空气柱两端附近的空气也参加振动,所以要对 t 加以修正。对于直径为 d 的圆孔,$\delta = 0.8d$。

这种共振器具有很强的频率选择性,它在共振频率附近吸声系数较大,而对离共振频率较远的频率的声波吸收很小。因此,实际工程中这种共振器很少单独使用。如果要吸收的是单一频率,单个共振器是有用的,这多用于剧院以调整和改善低频的吸收。为了充分发挥每个共振器的作用,它们之间在布置上应保持一定距离。

各种穿孔板、狭缝板背后设置空气层形成吸声结构,也属于空腔共振吸声结构。这类结构取材方便,并有较好的装饰效果,所以使用较广泛。通常的有穿孔的石膏板、石棉水泥板、胶合板、硬质纤维板、钢板、铝板等。对于穿孔板吸声结构,相当于许多并列的亥姆霍兹共振器,每一个开孔和背后的空腔对应。

4.4.3.2　薄板或薄膜吸声结构

皮革、人造革、塑料薄膜等材料具有不透气、柔软、受拉时有弹性等特性,将其固定在框架上,背后留一定的空气层,就形成了薄膜共振吸声结构。共振频率与膜单位面积的质量、膜后空气层厚度和膜的张力大小有关。

吸声原理:声波入射到薄膜、薄板结构,当声波的频率与薄膜、薄板的固有频率接近时,膜、板会产生剧烈的振动,由于膜、板内部和龙骨间的摩擦损耗,使声能转变为机械振动,最后转变为热能,从而达到吸声的目的。

其共振吸声的频率特性如图 4-6 所示。吸声峰值与织物性能有关,一般都比较大,但共振吸声峰的宽度不大,在实际使用中往往将帘子增大褶皱悬挂,即连续改变织物与刚性面的距离,并在不同距离处悬挂不止一层织物,以改善吸声频率特性。

由于低频声波比高频声波容易使薄膜、薄板产生振动,所以薄膜、薄板吸声结构是一种

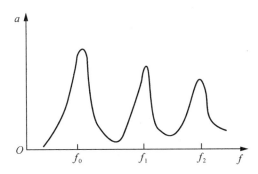

图 4-6　薄膜、薄板结构共振吸声的频率特性

很有效的低频吸声构造。因为室内空间和多孔材料对中频和高频吸收都较大,如果选择适当,薄膜、薄板吸声结构可起平衡作用。因此,使用薄膜吸声构造能在音频范围得到均匀的混响特性。

当薄膜作为多孔材料的面层时,结构的吸声特性取决于膜和多孔材料的种类以及安装法。一般来说,在整个频率范围内的吸声系数比没有多孔材料只用薄膜时普遍提高。

4.4.4　其他吸声结构

多孔性吸声材料和共振吸声结构通常配合应用于控制厅堂内的混响时间和宽频带的噪声,故被称为常规吸声结构。其他吸声结构是指该材料(结构)具有特殊的吸声功能和能适应建筑中某些特殊要求的吸声结构。

4.4.4.1　空间吸声体

空间吸声体是一种分散悬挂于建筑空间上部,用以降低室内噪声或改善室内音质的吸声构件。空间吸声体具有用料少、质量轻、投资省、吸声效率高、布置灵活、施工方便等特点。许多国家从 20 世纪 50 年代起已经开始使用空间吸声体,70 年代应用逐渐普及。我国从70 年代起开始应用,80 年代应用日趋增多。空间吸声体根据建筑物的使用性质、面积、层高、结构形式、装饰要求和声源特性,可有板状、方块状、柱体状、圆锥状和球体状等多种形状。其中板状的结构最简单,应用最普遍。

原理:空间吸声体与室内表面上的吸声材料相比,在同样投影面积下,空间吸声体具有较高的吸声效率。这是由于空间吸声体具有更大的有效吸声面积(包括空间吸声体的上顶面、下底面和侧面);另外,由于声波在吸声体的上顶面和建筑物顶面之间多次反射,从而被多次吸收,使吸声量增加,提高了吸声效率。通常以中高频段吸声效率的提高最为显著。

空间吸声体的吸声性能常用不同频率的单个吸声体的有效吸声量来表示。空间吸声体吸声降噪(或降低混响时间)的效果主要取决于空间吸声体的数量、悬挂间距以及材料和结构,还与建筑空间内的声场条件有关。如原室内表面吸声量很少,反射声较多,混响时间很长,则悬挂空间吸声体后的降噪效果常为 5～8 dB,最高时可达 10～12 dB;如原室内表面吸声量较大,混响过程不明显,则不必悬挂空间吸声体。

空间吸声体的优点是：①吸声性能好,吸声频带宽,能有效控制和调节室内混响;②防火、防潮;③安装简单,外形美观,组装灵活方便;④外形规格多样,吸声布面有多种颜色可供选择。

4.4.4.2　强吸声结构

在声学实验室、消声室等特殊场合,房间界面对于相当低频率以上的声波都要具有极强的吸声性能,这时必须使用强吸声结构。吸声尖劈是最常用的强吸声结构。尖劈多为框架结构,内填多孔吸声材料,劈部指向声场空间,利用吸声层逐渐过渡的结构特点,将从尖劈的尖刃部入射并抵达其整个表面的大部分声波吸收,正入射吸声系数要求高达 0.99。

尖劈的中高频吸声系数一般都很高,低频吸声系数则随着频率降低而减小,技术上将尖劈的垂直入射吸声系数 $\alpha_0 \geqslant 0.99$ 时所对应的最低吸声频率称为尖劈的截止频率,用以评价尖劈吸声功能的高低。

研究表明,尖劈的截止频率与尖劈的长度成反比,长度越大,截止频率越低,材料高效吸声的频率范围越宽。但实际中一般不允许过长以及太尖的尖劈,所以常采用截去部分(10%～20%)尖劈的做法,使吸声尖劈不会占据太大的空间并有利于安全。

4.4.4.3　帘幕

纺织品大都具有多孔材料的吸声性能,但由于它的厚度一般较薄,仅靠纺织品本身作为吸声材料得不到大的吸声效果。如果幕布、窗帘等离开墙面、窗玻璃有一定距离,恰如多孔材料背后设置了空气层,尽管没有完全封闭,但对中高频甚至低频的声波就会有一定的吸声作用。

4.5　隔声材料

凡是能用来阻断噪声的材料,统称为隔声材料。隔声材料五花八门,日常人们比较常见的有实心砖块、钢筋混凝土墙、木板、石膏板、铁板、隔声毡、纤维板等。从严格意义上来说,几乎所有的材料都具有隔声作用,区别就是不同材料其隔声量大小不同而已。同一种材料,由于面密度不同,其隔声量存在比较大的变化。隔声量遵循质量定律原则,就是隔声材料的单位密集面密度越大,隔声量就越大,面密度与隔声量成正比关系。

声音如果只通过空气的振动而传播,那么就称为空气声,如说话、唱歌、吹喇叭等都产生空气声;如果某种声源不仅通过空气辐射其声能,而且同时引起建筑结构某一部分发生振动时,称为撞击声或固体声,例如脚步声、电动机以及风扇等产生的噪声为典型的固体声。隔声分两种情况:一种是空气声隔绝,另一种是固体声(撞击声)隔绝。对于这两种不同的情况要采用不同的隔声材料和结构。对于空气声的隔声,应选用不易振动的、单位面积质量大的材料,因此必须选用密实、沉重的材料(如黏土砖、混凝土等)。对固体声最有效的隔声措施是结构处理,即在构件之间加设衬垫,如软木、矿棉毡等,以隔断声波的传递。

4.5.1　空气声隔绝

4.5.1.1　单层墙的空气声隔绝

单层墙是最基本的隔声结构,掌握它将有助于我们解决其他各种隔声问题。

墙体隔声性能的主要影响因素有墙板的面密度、墙板的劲度、材料的内阻尼和入射声波的频率。单层匀质构件的隔声频率特征曲线如图 4-7 所示。

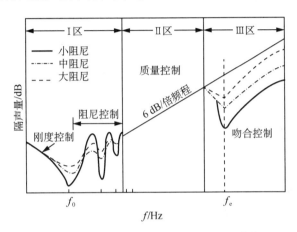

图 4-7　单层匀质构件的隔声频率特征曲线

图 4-7 表明,频率从低端开始,板的隔声受劲度控制,隔声量随频率增加而降低;随着频率的增加,质量效应增大,某些频率、劲度和质量效应相抵消而产生共振现象,此时的频率称为共振基频。这时板振动幅度很大,隔声量出现极小值,大小主要取决于构件的阻尼,称为"阻尼控制"。频率继续增高,则质量起重要作用,这时隔声量随着频率的增加而增加;而在吻合临界频率处,隔声量有一个较大的降低,形成一个隔声量低谷,通常称为"吻合谷"。

"阻尼控制区"的特点是:①声波频率与墙板固有频率相同时,引起共振,隔声量最小;②随着声波频率的增加,共振减弱,直至消失,隔声量总趋势上升;③共振区的大小与墙板的面密度、形状、安装方式和阻尼有关;④隔声构件,共振区越小越好;⑤阻尼越大,对共振的抑制越强,一般采用增加墙板的阻尼来抑制共振现象。

"质量控制区"的特点是:①频率大于 f_n,共振影响消失,墙板的隔声量受墙板惯性质量的影响;②墙板的面密度越大,即质量越大,隔声量越高;③隔声量随着入射声波频率的增加,而以斜率为 6 dB 倍频程直线上升。

"吻合效应区"的特点是:①随入射声波频率继续升高,隔声量反而下降,曲线上出现低谷,这是吻合效应的缘故;②越过低谷后,隔声量以每倍频程 10 dB 趋势上升,接近质量控制的隔声量;③增加板的厚度和阻尼,可使隔声量下降趋势得到减缓。

在一般建筑构件中,共振基频很低,常为 5～20 Hz,对隔声影响不大。因而在主要声频率范围内,隔声受质量控制,这时劲度和阻尼的影响较小,可以忽略,从而把墙看成是无刚度、无阻尼的柔顺质量。

1. 质量定律

如果把墙看成是无刚度、无阻尼的柔顺质量，且忽略墙的边界条件，假定墙为无限大，则在声波垂直入射时，可从理论上得到墙的隔声量 R_0 的近似计算公式：

$$R_0 = 20 \lg m + 20 \lg f - 43 \tag{4-7}$$

式中　R_0——隔声量，dB；

m——墙体的单位面积质量，kg/m^2；

f——入射声的频率，Hz。

如果声波是无规入射，则墙的隔声量大致比正入射时的隔声量低 5 dB。

隔声量的近似计算公式说明单位面积质量越大，隔声效果越好，单位面积质量每增加一倍，隔声量增加 6 dB，这一规律通常称为"质量定律"。

2. 吻合效应

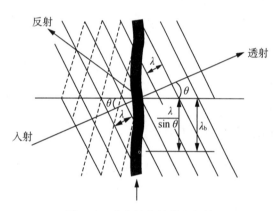

图 4-8　吻合效应的成立条件

一定频率的声波以入射角 θ 投射到墙板上，激起构件弯曲振动。当入射声波的波长 λ 在墙板上的投影正好与墙板的固有弯曲波波长 λ_b 相等时，墙板弯曲振动的振幅便达到最大，声波向墙板另一面的辐射较强，墙板隔声量明显下降，该现象称为"吻合效应"。"吻合效应"的成立条件如图 4-8 所示。

当 $\theta = \pi/2$ 时，声波入射板面，可以得到发生吻合效应的最低频率——吻合临界频率 f_c。当 $f_c < f$ 时，某个入射声频率 f 总与某一个入射角 $\theta (0 < \theta \leqslant \pi/2)$ 对应，产生吻合效应。但在正入射时，$\theta = 0$，板面上各点的振动状态相同（同相位），并不发生弯曲振动，只有与声波传播方向一致的纵振动。

入射声波如果是扩散入射，在 $f = f_c$ 时，板的隔声量下降很多，隔声频率曲线在 f_c 附近形成"吻合谷"。临界频率 f_c 是吻合效应的最低频率，此时隔声量降低很大，所以应设法不要出现在声频的重要频段。f_c 与单层墙（或板）的容重、厚度、弹性模量等因素有关，对于不同的材料，f_c 可以记为

$$f_c = 常数 \times \frac{1}{t} \tag{4-8}$$

式中，t 为板厚，cm。

4.5.1.2　双层墙的空气声隔绝

从质量定律可知，单层墙的单位面积质量增加一倍，即材料不变，厚度增加一倍，从而质量增加一倍，而隔声量只增加 6 dB，实际上还不到 6 dB。显然，靠增加墙的厚度来提高隔声量是不经济的，并且增加了结构的自重，也是不合理的。如果把单层墙一分为二，做成双层

墙,中间留有空气间层,则墙的总质量没有变,而隔声量却比单层墙提高了。

双层墙可以提高隔声能力的主要原因是空腔间层的作用。空气间层可以看作是两层墙板相连的"弹簧",声波入射到第一层墙板时,使墙板发生振动,此振动通过空气间层传递至第二层墙板,并向邻室辐射声能。由于空气间层的弹性变形具有减振作用,传递给第二层墙体的振动大为减弱,从而提高墙体总的隔声量。

双层墙的隔声量可以用单位面积质量等于双层墙两侧墙体单位面积质量之和的单层墙的隔声量加上一个空气间层附加隔声量来表示。空气间层附加隔声量与空气间层的厚度有关。根据大量实验结果可得,二者的关系如图4-9所示。

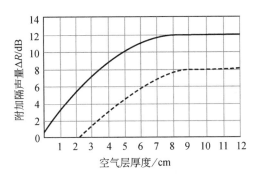

图 4-9 附加隔声量与空气间层的厚度关系

图中实线是双层墙的两侧墙完全分开时的附加隔声量,使附加隔声量降低的连接称为"声桥"。"声桥"过多,将使空气间层完全失去作用。

4.5.1.3 轻型墙的空气声隔绝

现代建筑材料发展的方向就是"轻质高强",传统的黏土砖墙已渐渐被纸面石膏板、加气混凝土板、石膏珍珠岩墙板等新型墙体材料取代,这些板材自重轻,从每平方米十几千克到几十千克。根据质量定律,它们的隔声性能就很差,这又与建筑隔声的要求相矛盾,必须通过一定的构造措施来提高轻型墙的隔声效果。

根据国内外的经验,提高轻型墙隔声性能的主要措施有如下几种:

(1)将多层密实板用多孔材料(如玻璃棉、泡沫塑料等)分隔,做成夹层结构,则隔声量比材料质量相同的单层墙可以提高很多。多层复合板的层次也不要做得太多,一般3~5层即可,每层厚度也不宜太薄。在构造合理的条件下,相邻层间的材料尽量制作成软硬结合形式,如木板、玻璃纤维板、钢板、玻璃纤维板木板等。夹入富有弹性的玻璃纤维板比其他柔软吸声材料效果要好。

(2)轻型板材常常是固定在龙骨上的,如果板材和龙骨间垫有弹性垫层(如弹性金属片、弹性材料垫),比板材直接钉在龙骨上有较大的隔声量。当既可以选择薄壁型钢龙骨,又能选择木龙骨时,还是选钢龙骨为好,它可以提高2~4 dB的隔声量。

(3)采用双层或多层薄板叠合,和采用同等质量的单层厚板相比,一方面可使吻合临界频率上移到主要声频范围之外,另一方面多层板错缝叠置可避免板缝隙处理不好的漏声,还因为叠合层间摩擦也可使隔声比单层板有所提高。

（4）提高薄板的阻尼有助于改善隔声量。因此常在薄钢板上粘贴超过板厚 3 倍左右的沥青玻璃纤维或沥青麻丝之类的材料，以削弱共振频率和吻合效应的显著影响。

（5）采用双层墙的形式。双层墙间再填些多孔吸声材料，隔声效果更好。

总之，轻型墙提高隔声性能的措施，主要为多层复合、双墙分立、薄板叠合、弹性连接、加填吸声材料、增加结构阻尼等。通过适当的构造措施，可以使一些轻型墙的隔声量达到 24 cm 砖墙水平，具有较好的隔声效果，每边双层 12 mm 厚石膏板、轻钢龙骨，内填超细玻璃棉毡的轻型墙，隔声量与 24 cm 砖墙相当，而质量仅是后者的 1/10。

4.5.1.4 门窗隔声

隔声门窗，是以塑钢、铝合金、碳钢、冷轧钢板等建筑五金材料，经挤出成形，然后通过切割、焊接或螺接的方式制成门窗框扇，配装上密封胶条、毛条、五金件、玻璃、PU、吸音棉、木质板、钢板、石棉板、镀锌铁皮等环保吸隔声材料等，同时为增强型材的刚性，超过一定长度的型材空腔内需要填加钢衬（加强筋），这样制成的门窗称为隔声门窗。

隔声门窗的制作可分为采光隔声门窗、填芯式隔声门窗、折板式通风隔声门窗、外包开启式隔声门窗、防火隔声门窗等多种结构，根据用户需要特殊形式，亦可另行设计制作，国内已有具备实力相当的声学隔声门窗制作加工企业及隔声门窗性能检测机构，如清华大学建筑物理实验室、浙江大学土木工程实验室、同济大学声学实验室等知名学府。

可采用以下措施提高门窗的隔声量：

（1）采用比较厚重的材料或采用多层结构制作门窗。门窗厚重，使用起来不方便，所以应用不太多；多层复合结构用多层性质相差很大的材料（钢板、木板、阻尼材料、吸声材料等）相间而成，因为各层材料的阻抗差别很大，使声波在各层边界上被反射，提高了隔声量。

（2）密封缝隙。减少缝隙透声。

（3）设置双道门。如同双层墙那样，因为两道门之间的空气层而得到较高的附加隔声量，双道门不一定做成一样的厚度，构造上可采用有阻尼的双层金属板或多层复合板的形式。如果加大两道门之间的空间，并在门斗内表面作吸声处理，能进一步提高隔声效果。采用双层或多层玻璃不但能大幅度提高保温效果，而且对于提高隔声效果很有利。同样，如果各层玻璃厚度不一样或能在层间设置吸声材料，则隔声效果更佳。

4.5.2 固体声隔绝

固体声（撞击声）是靠固体结构振动传播的，它有两种基本途径：①由于受到撞击，结构物产生振动，然后直接向邻室辐射声能；②声波沿与受撞击结构物相连的构件向远处空间传播。撞击声在固体结构中的传播具有声能大、衰减小的特点。

固体声（撞击声）的传递和防止办法与空气声有相当大的区别。增加楼板的厚度或质量会对空气声隔绝有所帮助，但对固体声隔绝好处不大，因为质量增加后，虽然对低频改善较大，但对主要的中高频范围隔声能力改善效果很小。这主要是由于声波在固体中的传播速度很快，衰减很小；相反，多孔材料如毡、毯、软木、玻璃棉等，隔绝空气声效果虽然不佳，但对防止固体声的穿透比较有效。

根据固体声(撞击声)的传播方式,隔绝固体声(撞击声)的措施主要有三条:一是使振动源撞击楼板引起的振动减弱,这可以通过振动源治理和采取隔振措施来达到,也可以在楼板表面铺设弹性垫层来达到,常用的材料是地毯、橡胶板、地漆布、塑料地面、软木地面等。二是阻隔振动在楼层结构中的传播,这通常可通过在楼板面层和承重结构之间设置弹性垫层来达到,这种做法通常称为"浮筑楼面",常用的弹性垫层材料有矿棉毡(板)、玻璃棉毡、橡胶板等。也可用锯末、甘蔗渣板、软质纤维板,但耐久性和防潮性差。三是阻隔振动结构向接收空间辐射的空气声,这通常通过在楼板下做隔声吊顶来解决,吊顶内若铺上多孔性吸声材料,则会使隔声性能有所提高,如果吊顶和楼板之间采用弹性连接,则隔声能力比刚性连接要强。

尽管能采取这些措施来阻止固体声(撞击声)的传播,固体声(撞击声)隔绝仍是目前大量民用建筑中噪声隔绝的薄弱环节。

4.5.3 常用的隔声构件

4.5.3.1 隔声间

隔声间是为了防止外界噪声入侵,形成局部空间安静的小室或房间。良好的隔声间,能使其中的工作人员免受听力损害,改善精神状态,得到舒适的工作条件,从而提高劳动生产率。隔声间也能有效地阻隔噪声的外传,减少噪声对环境的影响。

隔声间可分为两种类型:一类是由于机器体积较大,设备检修频繁又需手工操作,此时只能采用一个大的房间把机器围护起来,并设置门、窗和通风管道。此类隔声间类似一个大的隔声罩,只是人能进入其间。另一类隔声间则是在高噪声环境中隔出一个安静的环境,以供工人观察控制机器动转或是休息用,按实际需要也要设置门、窗和通风管道。

隔声间的内表面应覆以吸声系数高的材料作为吸声饰面。常用的吸声材料是超细玻璃棉或矿棉(厚 10 cm),外面包以稀疏的薄玻璃布(厚 0.1 mm)或塑料薄膜(厚 0.035 mm),而用穿孔的薄金属板或薄塑料板覆面(穿孔率可以采取 20%～30%),也可用双层塑料窗纱覆面。

隔声间门的面积应尽量小些,密封应尽量好些。可以采用橡皮条、毡条等作为密封材料。如果单层窗的隔声量不足,可用双层窗。例如,用 3 mm 厚玻璃装配的单层窗,其隔声能力可达 25 dB。而用同样厚度的玻璃装配的双层窗,当两片玻璃的间距为 10 cm 时,隔声量约达 36 dB;间距为 20 cm 时,隔声量为 40 dB。再如,镶有 6 mm 厚玻璃的单层窗,隔声量可达 27 dB。如果用同样厚度的两片玻璃装配成双层窗,在两片玻璃间距为 2.5 cm 时,隔声量可达 32 dB;间距为 10 cm 时,隔声量为 38 dB;间距 20 cm 时,隔声量为 44 dB。

隔声间的形式应根据需要而定。常用的有封闭式、三边式和迷宫式。封闭式隔声间的墙体和顶棚可用木板(面密度为 7.3 kg/m²),内部吸声饰面所用的材料是超细玻璃棉(容量 20 kg/m³,厚 10 cm),外包稀疏的薄玻璃布(厚 0.1 mm),用穿孔金属板(穿孔率 20%～30%)覆面。此种隔声间在不设门扇的情况下,能隔声 10 dB,如果加设门扇,隔声能力可达 20～30 dB。三边式和迷宫式隔声间的内表面处理方式和封闭式相同,但三边式应有最小的深度(1.50 m)和最小的宽度(视需要而定)。迷宫式隔声间的特点是入口曲折,能吸收更多透入的噪声。由于它不设门扇,工作人员出入方便。

另外,还有供噪声很大的机器或机组(如水泵、柴油发动机等)用的隔声间,它实质上是一种隔声箱。为了提高隔声能力,这种隔声间可采用双层木板做成围护结构,并在两层木板之间填充耐火的松散材料如矿棉、石棉等。

4.5.3.2　隔声罩

隔声罩是指用一个罩子把声源罩在内部,以控制声源噪声外传的一种隔声装置。某些声功率级较高的机械设备,如空压机、汽轮机、风机、球磨机、水泵、油泵、发电机、汽轮机等,如果体积较小,形状比较规整,或者虽然体积较大,但空间条件允许,均可采用隔声罩降低噪声对环境的影响。

常用的隔声罩有活动密封型、固定密封型、局部开敝型等结构形式,可根据噪声设备的操作、安装、维修、通风、冷却等形式采用适当的隔声罩形式。

隔声罩在设计制作时,有以下 4 项要求:①隔声罩的罩壁应具有足够的隔声量,以隔断空气声的传播,同时又要减少罩内混响声和防止固体声的传递。②尽可能减少在罩壁上开孔;对于必须要开孔的,开口面积应尽量小;在罩壁的构件相接处的缝隙,要采取密封措施,以减少漏声。隔声罩的孔洞和缝隙对其降噪效果特别是高频噪声有明显影响,泄漏面积占 10%、1%、0.1%的隔声罩的最大降噪量分别为 10 dB、20 dB、30 dB。③由于罩内声源机器设备的散热,可能导致罩内温度升高,对此应采取适当的通风散热措施。④要考虑声源机器设备操作、维修方便的要求。例如,设置进出门、观察窗、手孔、活动盖板或可移动、可组装式的罩壳,以便接近机器,观察机器运行情况并进行操作与维修。

只有设计很好的全封闭隔声罩,并采用隔振支撑安装,采用适当密封的隔声门,才能获得理想的降噪值。

4.5.3.3　隔声屏障

隔声屏障是一个隔声设施。它为了遮挡声源和接收者之间的直达声,在声源和接收者之间插入一个设施,使声波传播有一个显著的附加衰减,从而减弱接收者所在的一定区域内的噪声影响。

隔声屏障主要用于室外。随着公路交通噪声污染日益严重,有些国家大量采用各种形式的屏障降低交通噪声。在建筑物内,如果对隔声的要求不高,也可采用屏障分隔车间与办公室。屏障的拆装和移动都比较方便,又有一定的隔声效果,因而应用较广。

声屏障的作用就是阻止直达声的传播,隔离透射声,并使反射声有足够的衰减。声波(噪声)在传播途中,若遇到障碍物(声屏障)时,会发生反射,于是在障碍物背后的一定距离范围内形成了"声影区",其区域的大小取决于声音的大小(即频率),从这一点看出,声屏障隔声衰减与各个中心频率值有密切关系,如图 4-10 所示。

从图 4-10 中可以看出,由于高频声声影区大,波长短,所以最容易被阻挡,其次是中频声,而在声屏障后面形成的声影区中所产生的低频声,由于波长长,尽在屏障周围盘旋,它最容易绕射过去,对周围的环境还是会产生一定的影响,所以声屏障对低频噪声的隔声效果是

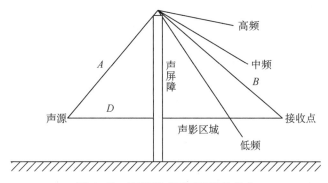

图 4-10 声屏障对不同频率的效应

较差的。经实测证明:声屏障对于频率在 250 Hz 以下的低频声的隔声衰减不明显,但是对中、高频声隔声衰减效果较好。

隔声屏障材料选用总的原则是降噪效果性能良好、结构安全可靠、材料价格经济、安装成本低、经久耐用、使用寿命长、景观协调、美观大方等。具体说明如下。

(1) 隔声量大:平均隔声量应不小于 35 dB。

(2) 吸声系数高:平均吸声系数应不小于 0.84。

(3) 耐候耐久性:产品应具有耐水性、耐热性及抗紫外线能力,不会因雨水、温度变化引起性能降低或品质异常。产品采用铝合金卷板、镀锌卷板、玻璃棉、H 钢立柱表面镀锌处理,防腐年限在 15 年以上。

(4) 美观:可选择多种颜色和造型进行组合,与周围环境协调,形成亮丽风景线。

(5) 经济:装配式施工,提高工作效率,缩短施工时间,可节省施工费及人工费。

(6) 方便:与其他制品并行安装,易维修,更新方便。

(7) 轻便:吸声板系列产品具有自重轻的特点,可减轻高架轻轨、高架路的承重负荷,可降低结构造价。

(8) 防火:采用超细玻璃棉,由于其熔点高,不可燃,完全满足环保和防火规范的要求。

(9) 高强度:结合我国各地区不同的气候条件,在结构设计时应充分考虑风荷载。通过生产线压制凹槽增加强度。

(10) 防水、防尘:材料设计时充分考虑防水、防尘,在扬尘或淋雨环境中其吸声性能不受影响,构造中已设置排尘排水措施,避免构件内部积水。微穿孔共振空腔吸声在淋雨环境中吸声性能不受影响,针对中低频降噪特别明显。

参考文献

[1] 燕翔. 建筑声学与材料应用[J]. 中国建筑装饰装修,2010(6):147.

[2] 徐金荣.《建筑声环境》课程教学研究初探——结合安徽建筑大学声学专业情况[J]. 现代企业教育,2013(6):156-156.

[3] 任连海. 环境物理性污染控制工程[M]. 北京:化学工业出版社,2008.

[4] 胡美勤,邹桂林. 隔音材料在建筑工程领域的进展分析[J]. 中国建筑装饰装修,2022(1):82-83.

[5] 张雄,张永娟. 现代建筑功能材料[M]. 北京:化学工业出版社,2012.

［6］万小梅,全洪珠.建筑功能材料[M].北京:化学工业出版社,2017.

［7］姜继圣,杨慧玲.建筑功能材料及应用技术[M].北京:中国建筑工业出版社,1998.

［8］朱洪波.高效、高耐久性吸声材料的研究[D].武汉:武汉理工大学,2003.

［9］田民波.材料学概论[M].北京:清华大学出版社,2015.

［10］梁.建筑节能与建筑噪声控制技术研究[J].城市建筑空间,2022,29(S2):237-238.

［11］秦佑国,王炳麟.建筑声环境[M].北京:清华大学出版社,1999.

［12］中国建筑科学研究院建筑物理研究所.建筑声学设计手册[M].北京:中国建筑工业出版社,1987.

［13］Ma B G, Zhu H B, Dong R Z. Development of a high sound absorption material CEMCOM[J]. Journal of Wuhan University of Technology-Materials Science, 2002, 17(4): 5-8.

［14］马保国,朱洪波,董荣珍,等.高效吸声材料的研制[J].新型建筑材料,2002(5):42-43.

［15］郑长聚.环境工程手册 环境噪声控制卷[M].北京:高等教育出版社,2002.

［16］刘伯伦,钟祥璋.提高多孔材料低频性能的探讨[J].声学技术,1992(11):57-59.

［17］Vijayanand S M, Marijn M C, Warmoeskerken G. Acoustical characteristics of txteile materials[J]. Textile Research Journal, 2003, 73(9):827-837.

［18］Gergely V, Degischer H P, Clyne T W. Recycling of MMCs and production of metallic foams[J]. Composite Materials, 2000(3):797-820.

［19］方禹声,朱吕民.聚氨酯泡沫塑料[M].2版.北京:化学工业出版社,1996.

［20］钟祥璋,刘明明.吸声泡沫玻璃的吸声特性[J].保温材料与建筑节能,1998(3):27-31.

［21］李海涛,朱锡,石勇,等.多孔性吸声材料的研究进展[J].材料科学与工程学报,2004,22(6):934-938.

［22］曾晓东,李旭祥,席莺,等.聚氯乙烯-岩棉复合发泡吸声材料的研制[J].化工新型材料,1998(5):37-42.

［23］钱军民,李旭祥.聚氯乙烯基泡沫吸声材料的制备[J].化工新型材料,2000(4):32-37.

［24］席莺,李旭祥,方志刚,等.PVC/NBR/无机物混合发泡吸声材料[J].功能高分子学报,1998(4):547-553.

第5章

密 封 材 料

　　建筑密封材料又称嵌缝密封材料,用于建筑物中各种缝隙的嵌缝或密封的材料。从狭义概念上说,嵌缝材料是用于填充建筑结构和施工时不可避免的各种接缝或裂缝;密封材料则用来填充在设计时有意安排的接缝,如变形缝、沉降缝(避免因不同层高建筑物不均匀沉陷产生裂缝而设计的接缝)、伸缩缝(避免因建筑物受温度影响产生裂缝而设计的竖向接缝)、抗震缝和施工缝(装配式墙板与四周相邻墙板之间的接缝或现浇混凝土施工中因间断作业而预留的接缝)等,是具有一定强度、能连接构件的填充材料。嵌缝材料和密封材料的共同功能是满足建筑物防水防尘和气密性的需要,因此嵌缝材料和密封材料可以统称为建筑密封材料。

5.1　建筑密封材料的基本知识

5.1.1　建筑密封材料的功能和基本要求

　　建筑密封材料的主要功能是防止水分、空气、灰尘、热量、声波等透过建筑物。因此要求它具有良好的黏结性、抗下垂性,不渗水,透气,易于施工;还要求它具有良好的弹塑性,能长期经受被粘构件的伸缩和振动,在接缝发生变化时不断裂、不剥落;并要有良好的耐老化性能,不受热和紫外线的影响,长期保持密封所需的黏结性和黏聚力。

5.1.2　建筑密封材料的发展现状

　　我国的密封胶使用历史悠久,最早的密封材料有黏土、熟石灰、动植物胶、沥青等。随着科学技术的发展,对密封材料性能的要求逐渐提高,这些早期的密封材料无论是在黏结性能或是使用功能上逐渐不能满足使用要求。20世纪70年代,我国开始出现聚氯乙烯(PVC)油膏、PVC胶泥、沥青嵌缝油膏等建筑密封材料。改革开放以来,我国快速推进城市化建设,涌现出一大批风格不同的建筑,尤其是城市的现代化建筑,这对建筑密封材料的性能提出了更高的要求,国产的密封材料难以满足建筑行业在品种、数量、质量等方面的要求,对进口产品依赖性比较大。国家"六五""七五""八五"发展规划中,将弹性、塑性密封胶的发展列为重点项目,在大学等研究机构大力支持相关研究课题,指导相关企业进行技术改革,积极学习国外技术,引进国外先进生产设备[1]。国内生产密封胶产品业开始迅速发展,科研人员不断研究开发性能优异、价格合理的民用和建筑用胶。从2000年到2007年,我国的建筑密封胶黏剂年生产量增长率超过10%,基本上能满足建筑行业的需求,但个别胶种仍需进口[2]。

国外对密封材料的研究主要集中在材料的压缩回弹、抗老化、耐高温、耐低温等几个方面。

Chew 等[3]从一些项目中总结了一些密封胶在建筑物中应用时失效的原因。发现外部环境对密封胶性能有很大影响,不同的外部环境需要选用不同类型的密封胶。不同环境的环境作用对密封胶的风化、老化的影响需要仔细考虑。硅密封胶显示在不同条件下表现出优良的回弹能力,因此适用于位移量大以及恶劣的天气条件;聚氨酯密封胶的回弹能力虽然低于硅密封胶但仍具有相对较高的回弹。聚硫密封胶的回弹能力明显低于聚氨酯密封胶和硅密封胶。然而,聚硫密封胶比聚氨酯密封胶更能够承受高温环境。

固化密封胶的弹性是由于构成本身是由一个复杂的网络聚合物链交联,其本质上是一个不均匀的网状结构,有些链段紧密缠绕在一起,其他的松散部分之间的交联附件点距离更大,有的固化时间可能只需要几周而有的可能需要几个月[4]。

Chew 等[5]用红外光谱分析了单组分与双组分的聚氨酯和单组分与双组分分聚硫化物的不同降解加速老化条件下的老化过程。将密封胶填入矩形铝模具并放置在各种加速风化条件下 35 d,用红外光谱分析其老化过程并测试其弹性恢复能力,聚氨酯的红外光谱表明,密封胶老化后表现出来的弹性恢复的减少可能是由于聚氨酯链的降解导致的。另外,他们发现多硫化物老化普遍与环氧环的形成有关。

Zhou 等[6]利用 ATR 的有效性研究各种聚氨酯配方的化学结构设计,对联合密封胶建筑立面进行了探讨。ATR 的研究有效地描述了物理交联的化学结构和构象状态。结果表明,衰老往往发生在样品的表面,进而导致大部分机械性能的恶化。

Chew[7]对 13 组高性能密封胶的固化特征基于测量的弹性恢复进行了探讨。实验的密封材料为建筑常用的密封材料,包括双组分的聚硫化物、双组分的聚氨酯和硅树脂。样本被置于一定条件下,测试了 5 个月的时间。聚氨酯密封胶固化时间比硅胶短,并且表现出了更好的稳定性。一个可能的解释是,超分子化学变化在固化反应后仍在内部发生。然而,双组分的硫化物密封胶表现出了一个更不稳定的弹性恢复发展趋势,这意味着它内部发生着更复杂的固化反应。

密封胶老化使得材料的内聚性能如硬度、弹性模量和抗拉强度减小,而由于水解和高温会加速老化效果以及会产生高膨胀,将对密封胶的变形失效产生极大的影响[8],因此将高温与水解这两种极端环境组合起来测试一种双组分聚氨酯材料的性能,发现将其置于 70 ℃ 的水中 28 d 后,这种聚氨酯双组分密封胶的抗拉强度、硬度和回弹能力几乎没有损失。

高压蒸气养护的轻质混凝土(Autoclaved Lightweight Concrete,ALC)的强度明显低于正常混凝土。因此,当 ALC 板层间的接缝处产生相对位移时,要求密封材料产生必需的变形而又保证不破坏 ALC 底衬。Ishida 等[9]对能够长时间应用于 ALC 板层间的密封材料进行了大量实验研究。板层间位移数据是基于地震荷载下的位移数据,分别测试了 5 种具有不同弹性系数的双组分聚氨酯嵌缝膏进行拉伸和剪切实验,结果显示当应力大于 $0.6 \sim 0.7 \, \text{N/mm}^2$ 时,ALC 底层比密封材料先破坏。

Chattopadhyay 等[10]，通过溶胶-凝胶技术在聚氨酯涂料中增加功能化的纳米材料，以提高材料的耐腐蚀性能。并比较了添加各种填料、纤维以及黏土和硅灰石等对纳米复合材料聚氨酯涂料性能的影响。

添加了不同填料的双组分聚氨酯密封材料的性能可以是脆性、弹塑性和弹性。Lemke 等[11]研究了通过改变填料成分来增加双组分聚氨酯接缝材料的黏结性能。比较了添加传统填料碳酸钙与添加云母、硅石灰时聚氨酯接缝材料的拉伸强度与搭接剪切强度，结果表明云母和硅灰石的使用导致搭接剪切强度与使用传统的碳酸钙材料相比分别增加了 21% 和 3%。破坏机理从材料内聚力变为附着力。此外，搭接剪切曲线表明硅灰石或云母具有更大的韧性和抗弯强度，而且没有碳酸钙容易脆化的特点。

水工混凝土结构体积大，温度变化会引起混凝土体积的变化，在结构设计过程中必须设置一定的分缝并填充缓冲物质以避免温度应力的产生[12]，这就形成了混凝土结构中的薄弱环节。Mirza[13]测试了 10 组现场成形密封胶（FMS、聚氨酯、聚硫、硅树脂等）和 11 组预制密封试件（氯丁橡胶、硅胶、高密度开孔和低密度闭孔泡沫材料等）分别与水泥砂浆、钢板的黏结性能。试验温度从 $-50℃$ 到 $50℃$，目的是测试材料在水下、部分淹没和干燥条件等极其恶劣气候下的性能。

国内学者对密封胶的研究如下：

付亚伟等[14]根据"双阶交联"的研究思想，制备了一种新型的改性聚硫氨酯。利用基膏和固化剂复合改性原理将聚硫化合物的官能团引入聚氨酯材料中，使材料兼具两种材料的优点。改性后的材料的弹性恢复能力、拉伸黏结强度、抗紫外线能力及耐候性均有所提高。改性后的材料定伸 60%、100%、150%、200% 后的弹性恢复率提高了将近 1.5 倍。

张晓军等[15]对热氧氟橡胶密封胶材料的热氧老化性能进行了研究，利用傅里叶变换红外光谱法，从分子结构分析引起材料老化的原因，发现是由于材料内部的分子结构的断裂和交联。根据测定的材料永久压缩变形量取对数后建立 $\ln(1-\varepsilon)$ 与时间的关系曲线来预测材料寿命，发现由于材料在使用过程中与水接触，相互作用，从而影响材料的寿命。材料的湿热老化性能研究同样重要，他们通过研究发现引起湿热老化反应的原因是材料分子结构的交联和水解。

张敏[16]研制出了能在 $-50\sim70℃$ 范围内使用的聚硫密封胶。

李峰等[17]对沥青路面加热型密封胶进行了性能评价，提出用密封胶的流动性评价加热型密封胶的高温性能。研究发现用沥青混凝土模块观测沥青路面裂缝运用更为准确。提出在 $0℃$、$-10℃$、$-20℃$、$-30℃$ 低温下沥青路面加热型密封胶的拉伸量要求，为目前交通行业要求的修订提供实验基础。

具有弹塑性的密封胶其劲度模量随温度变化分为 4 个阶段，按温度由低到高分别为玻璃体（线弹性体）阶段、玻璃化转换阶段、橡胶体阶段、黏性液体阶段。李峰等[18]分别研究了20 多种密封胶在玻璃体（线弹性体）阶段、玻璃化转换阶段、橡胶体阶段的力学特征曲线，研究发现所选择材料的低温使用温度在材料玻璃化转换阶段、橡胶体阶段的对应温度是相对安全。同时，材料玻璃体温度越低，表明材料低温性能越好。

黄远红等[19]利用 EW04070 高低温湿热试验箱对 EPDM/OMMT 插层复合型橡胶密封材料的低温性能进行了研究，充入 N_2 使试验箱内温度分别达到 $-50℃$、$-55℃$、$-60℃$，进行低温冲击试验。结果表明 EPDM/OMMT 插层复合型橡胶密封材料在不低于-60℃时具有良好的密封性能。

李黎明等[20]对聚四氟乙烯(PTFE)密封材料进行改性研究,利用模压烧结工艺将聚苯硫醚(APPS)和二硫化钼(MOS$_2$)作为填料加入聚四氟乙烯(PTFE)密封材料中合成一种新材料,即 PPS/MOS$_2$/PTFE。对复合材料 PPS/MOS$_2$/PTFE 的维氏硬度、压缩回弹性能进行试验研究,分析 PPS 含量对复合材料性能的影响。研究发现,PPS 含量越高,PPS/MOS$_2$/PTFE 密封材料的维氏硬度越大,压缩率越低,回弹率越高。

詹锋等[21]研究了两种低模量聚氨酯建筑密封胶在不同温度下的应力-应变曲线,记录对应 60% 和 100% 伸长率时的弹性模量,并研究其相关关系。利用 Origin 软件对该关系进行拟合分析,得到二者的函数关系方程式,用以预测聚氨酯密封胶在不同温度时的使用状态,指导实际工程应用。

陈中华等[22]将 α,ω-二羟基聚二甲基硅氧烷中加入纳米活性轻质碳酸钙制成新型高位移能力硅酮密封胶,研究了不同黏度基胶配比对材料的性能影响,选取最优配比。

5.1.3 建筑密封材料的老化

5.1.3.1 热老化

1. 聚硫密封胶的热老化

制备聚硫密封胶主要是采用适当相对分子质量和黏度的,以巯基封端、以含有二硫链段的双(亚乙基氧)甲烷为重复单元,并带有一定比例侧基链的非线型相对分子质量小的聚硫液态橡胶。其硫化反应是通过巯基与硫化剂进行氧化或非氧化反应实现交联,在端巯基上使聚合物分子链增长,同时使其分子主链上有一定数量的带有巯基的侧基。因此,在硫化时不仅仅使主链线型增长,也在侧基的巯基上发生横向交联。反应之后,硫醇键变成单硫键,交联程度有所增加,相应提高了分子链的刚性,其拉伸模量和拉伸强度将有明显增长。但同时使密封胶黏结活性受到较大影响,伸长率会大幅降低。

2. 聚氨酯密封胶的热老化

聚氨酯密封胶是采用线型聚醚与二异氰酸酯反应,制成相对分子质量小的端基为-NCO的预聚体,经扩链反应生成相对分子质量大的聚合物弹性体。

聚氨酯密封胶在实际使用过程中,前期应是以缓慢交联反应为主,表现为拉伸模量、拉伸黏结强度上升的趋势。当经过一定的老化时间、足够的能量积聚之后,才会出现分子间、分子或内部键的断裂现象,拉伸黏结强度、伸长率趋于下降,但其变化较为平缓。从图 5-1 所示的硬度的变化曲线上可明显看出,不论其组成体系如何,硬度的变化趋势是一致的,变化非常缓慢,说明聚氨酯密封胶具有良好的耐久性能。

3. 硅酮密封胶的热老化

硅酮密封胶采用端基为羟基的聚二甲基硅氧烷为基胶,在接触空气后,借助于空气中的水分而进行交联反应,并按脱出小分子的种类分为脱醇型、脱醋酸型、脱酮肟型、脱胺型、脱

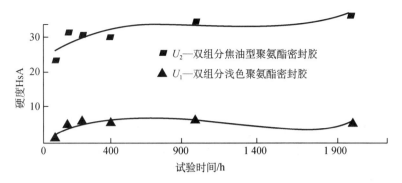

图 5-1　聚氨酯密封胶试块硬度随老化时间的变化规律

丙酮型等。以脱醇型硅酮胶为例，交联的结果使硅酮胶分子链逐渐加长，分子间内聚力增加，因而使其力学性能改变，拉伸定伸模量、拉伸强度和硬度随之增加，伸长率略有影响。然而，当硅橡胶在密闭体系中加热时，会由于硅氧键水解而断链，相对分子质量的下降使密封胶本体变软、变黏，其性能开始下降直至失去使用价值。对于硅酮胶不同试件而言，热老化对片型试件的影响非常明显。

4. 丙烯酸酯密封胶

建筑上所用的丙烯酸酯密封胶是以丙烯酸酯共聚物乳液为基料，配合表面活性剂、增塑剂、改性剂以及填充料、颜料而制成的密封胶，通常称作乳液型丙烯酸酯密封胶。它不属于硫化型密封胶。通过水分挥发，即粒子间水分蒸发，在毛细管力作用下相互接近，并在粒子间毛细管力作用下形成乳粒的相互接触、融合，从而使密封胶凝聚固化。在其热老化过程中，热作用因素加速了其中水分的蒸发，使其体积收缩越来越明显，表现为密封胶变得越来越硬；且长期的热作用也导致其主链上 C—C 键的无规龟裂及酯基随后发生的降解。

5.1.3.2　光老化

试验所选用的光老化形式为氙气老化，试验条件为：黑板温度 (63 ± 3)℃，试件表面温度 $45\sim50$℃，相对湿度 (65 ± 5)％，降雨周期为连续光照下每 120 min 降雨 18 min。光源为 6 kW 水冷式氙灯，未加滤光罩。该试验条件下，可见光、红外线部分较多（与太阳光的谱线在波长较长的范围相差较大），在试件表面转化的热能也较多。而其中的紫外光部分波长较短，对聚合物链的破坏作用最强，从而光老化更易促使高分子材料分子结构的变化及主链断裂的发生，这是其老化加速性比热老化大的主要原因。由此可知，密封材料的氙灯老化大部分仍以热氧老化为主，与热老化具有相似的老化机理。在光老化试验中，另外一个较明显的现象就是出现了与热老化不同的外观缺陷。

1. 聚硫密封胶的光老化

分子链端上的硫醇键活性较强，热因素使硫醇键断裂为单硫键。一旦变为单硫键后，黏结活性逐渐消失，在外力存在下极易造成黏结破坏。两种老化形式相比，光老化对其影响更为明显。对同种材料而言，光老化曲线总处在热老化曲线之下，说明经光老化之后，密封胶性能的劣化较热老化迅速。在热因素使硫醇键断裂为单硫键的同时,还伴随有空间的交联。分子空间的变化使得其中添加的填料失去原来的存在空间,逐渐向外析出,并使试样的颜色变浅。而分子主链的断裂在密封胶表面形成可见的细微裂纹。配方中所加填料越多,起粉及裂纹现象越严重。

2. 聚氨酯密封胶的光老化

聚氨酯密封胶对氙灯中的紫外线较为敏感,尤其是波长为 $300\sim340$ nm 的紫外线,主链上的碳氧双键吸收此波段的紫外光后,发生光化学反应,产生自由基,进而引发其光氧化反应。光氧化过程按自由基形式不断进行,能引起聚氨酯密封胶主链逐渐被切断,同样表现出光老化比热老化劣化明显的趋势。由此进一步验证了老化性能与材料体系中是否与防老化剂形成稳定结构有密切关系。

3. 硅酮密封胶的光老化

硅酮密封胶交联固化后形成聚硅氧烷网状结构,其中的硅氧键具有高的离解能。可能发生的是硅碳键在紫外光的照射下,甲基氧化断键,产生硅烷醇结构。但硅碳键具有较高的离解能,因而硅酮密封胶具有较其他密封材料更为突出的耐光老化性能。由于氙灯老化试验中有喷淋水存在,在湿气作用下其中的硅氧键会发生水解而造成降解。在氙灯老化暴露初期,密封胶的性能有一个上升趋势,这是因为初期潮湿,水分起一定的固化促进作用,使密封材料的交联密度有所增加;但随着时间的增加,水解反应逐渐发生,水分起到了降解作用,交联密度下降,表现为密封胶的力学性能下降,材料逐渐变软变黏,伸长率增大。经过一定时间后,降解反应又会停止,交联密度保持定值,现象为试件本身软而黏,失去弹性。氙灯老化试验结束后,无论何种试件形式,其硬度的试验结果均为零。

4. 丙烯酸酯密封胶的光老化

在氙灯老化试验过程中,密封胶将同时受热、光及水分的作用,且每种因素对其性能都有明显的影响。长期的热、光作用破坏了原有的大分子链结构,从而导致了密封胶的弹性下降、力学性能劣化,直观上可看出在密封胶表面逐渐开始出现裂纹,且越来越深。片型试件受老化的影响程度同样比试块大。水分对密封胶的影响分为两方面:一方面,水分可渗入已固化变硬的密封胶中,水分挥发后在密封胶内部形成气泡;另一方面,水分进入因收缩而形成的黏结裂缝中,使黏结密封作用失效。同时由于水分的长期存在,未降解的部分大分子或一些小分子会出现返溶现象,体积膨胀,使得密封胶出现起泡、分层、与黏结基层剥离的现象,还延缓了密封胶的硬化速度。

总之,无论是在热还是在光的作用下各类密封材料都会出现明显的老化现象。光老化造成的降解程度比热老化严重。因此,在选择和使用密封材料时,必须充分注意密封材料的老化对其使用寿命的影响。

5.1.4　建筑密封材料的分类

建筑密封材料按形态的不同一般可分为不定型密封材料和定型材料两大类,见表 5-1。

表 5-1　建筑密封材料的分类

类　　型			特　　点		
不定型密封材料	非弹性密封材料	单组分	油性树脂	油灰	硬化型
					非硬化型
				油性嵌缝材料	皮膜型
					非皮膜型
			聚硫橡胶密封材料		
		双组分无溶剂硬化型	液体环氧树脂		
			液体不饱和聚酯树脂		
			丙烯酸树脂		
			液态酚醛树脂		
		单组分自硫化型	无溶剂型	聚硫橡胶	
				硅橡胶	
				聚氨酯	
			溶剂型	丙烯酸酯	
				丁基橡胶	
				氯酸化聚乙烯	
				氯丁橡胶	
				氯化聚乙烯	
				丁苯橡胶	
			乳液型	丙烯酸酯	
				丁基橡胶	
		双组分硫化型	无溶剂型	聚硫橡胶	
				聚氨酯	
				硅橡胶	
			乳液型	环氧树脂	
定型密封材料	非弹性密封材料	条状	聚丁烯		
			丁苯橡胶		
			橡胶沥青		
	弹性密封材料	条状	丁苯橡胶		
			沥青 PVC 聚氨酯		
		压缝条	金属		
			PVC		
		密封垫	PVC	丁基橡胶	氯化聚乙烯
			丁苯橡胶	硅橡胶	氯磺化聚乙烯

1. 不定型密封材料

不定型密封材料常温下呈膏体状态，又称建筑密封膏或密封胶，主要用于屋面、墙体、门窗、幕墙、地下防水工程等的各种建筑接缝中，包括溶剂型、乳液型、化学反应型等密封材料。不定型密封材料按性能又可分为非弹性密封材料和弹性密封材料两大类，弹性密封材料因变形大，按我国现行标准统称为密封胶。

（1）非弹性密封材料主要包括以石油沥青和煤焦油沥青为基料的沥青系嵌缝密封材料，以 PVC 树脂或塑料为基料的热塑性嵌缝密封材料，以及油性嵌缝密封材料。油性嵌缝密封材料通常是指一些用动植物油类（如蓖麻油、桐油、鱼油等）和矿物质填料（如石棉、碳酸钙等）制成的一类不含沥青和油灰的嵌缝材料，在我国使用最早。如马牌油膏，是采用不干性油——蓖麻油经高温热聚后，再加入滑石粉、石棉纤维搅拌均匀制成的一种常温用嵌缝材料。该类材料的耐热、黏结及抗老化性能等均较好，但受原材料供应的限制，目前已不能大量生产。非弹性密封材料在我国开发较早，应用时间较长，但总体上看档次较低，品种少，产品的抗裂性和耐久性较差，温度的敏感性变化较大。

（2）弹性密封材料是以人工合成高分子聚合物为主要原料所生产的新型建筑密封材料。该类材料的弹性及其他性能优良，同时具有较好的抗裂性能和耐久性，温度敏感性变化小，能够适应新型建筑结构及建筑施工的现代化、高层化对密封材料的高性能要求，因此是富有发展前景的一类建筑密封材料。

2. 定型密封材料

定型密封材料是具有一定形状和尺寸的密封材料，是将密封材料按密封工程特殊部位的不同要求制成带、条、方、圆、垫片等特定形状的密封衬垫材料，按密封机理的不同可分为遇水非膨胀型定型密封材料和遇水膨胀型定型密封材料两类，主要用于地下工程、隧道、涵洞、堤坝、水池、管道接头等工程的各种接缝、沉降缝、伸缩缝等。主要产品有止水带、建筑密封胶垫、遇水自膨胀橡胶等。

在低、中、高三个档次的建筑密封材料中，低档产品主要是以沥青为主的石油沥青、煤焦油沥青和油性嵌缝油膏；中档产品是以氯丁橡胶、丁基橡胶、丙烯酸树脂、氯磺化聚乙烯为主要原料的密封材料；高档产品是以高弹性的聚氨酯、硅酮类产品、聚硫、环氧树脂等为主要原料的密封材料。

在施工应用方面，屋面板接缝防水，由于量大面广，故大部分采用改性沥青和改性煤焦油沥青类嵌缝膏；大型预制混凝土墙板接缝防水，一般使用中高档产品，如丙烯酸密封胶、聚氨酯密封胶；金属板接缝防水、地下构筑物防水密封一般采用聚硫、聚氨酯密封胶；大型玻璃幕墙、中空玻璃、铝合金门窗，一般采用硅酮、聚硫密封胶。

5.2 沥青基建筑密封材料

沥青基嵌缝密封材料是以石油沥青和煤焦油为主要原料，经一定工艺制得的密封材料。该密封材料主要有如下特点：

（1）冷施工，操作简便、安全。

（2）一定的气候适应性,夏季 70℃不流淌,冬季-10℃不脆裂。

（3）优良的黏结性和防水性。

（4）塑性为主,延伸性好,回弹性差。

（5）耐久性较好。

（6）价格较低廉。

（7）适用于接缝伸缩值在 5%以内、使用年限 10 年以下的工程,属于低档密封材料。

5.2.1　橡胶改性沥青嵌缝油膏

橡胶改性沥青嵌缝油膏是以石油沥青为基料,用废橡胶粉(或浆)改性,加入稀释剂及填料等制成的一种弹塑性冷施工嵌缝材料。

5.2.1.1　橡胶改性沥青嵌缝油膏的原料及配制过程

生产橡胶改性沥青嵌缝油膏的原料主要有沥青、废胶粉、硫黄粉、松节油、机油、松焦油、石棉绒和滑石粉等。

配制油膏的沥青要求含蜡量要低,树脂含量要高。在材质上,要求低温延度相对大,脆点低,软化点不能太低,一般选用 10 号或 60 号石油沥青;废橡胶粉颗粒越细,在沥青中的溶胀性能就越好,也就能更有效地改进油膏的性能;硫黄粉的作用是充当硫化剂。沥青中的胶粉在高温下发生团粒的裂解,变成小立构体,加入硫黄粉可使裂解的胶体结构再硫化成大立构体,从而提高材料的柔韧性和弹性。

机油(多使用废机油)可改善油膏的施工度并作为胶粉的软化剂。松节油是成膜助剂,可以使油膜表面很快成膜,以防止油膏中油分挥发、老化,调节油膏的施工度及提高低温性能;松焦油系深黑色黏稠液状或半固态物质,常用作橡胶的软化剂。在油膏中加入松焦油,起到增塑的作用;石棉绒在油膏中起增强作用,提高耐热度,并可防止油膏的龟裂与老化。常用的其他填料还有滑石粉,其作用与石棉绒相似,并可降低油膏的成本。

各组成材料的配合比例为(用量为质量分):60 号沥青 30,废橡胶粉 4.5,硫黄(占胶粉质量的)5,松焦油 6.5,松节油 10,30 号机油 7,滑石粉 23,石棉绒 14。

油膏的配制是先将沥青加热至 200℃左右脱水,至表面清亮无水沫。然后将温度降至 160℃左右,边搅拌边加入胶粉,全部加入后继续搅拌至胶粉颗粒分散溶解为止(充分分散溶解的特征是用搅拌棒挑起物料,冷却后能拉成细丝),加入硫黄粉,在 160℃温度下恒温 40 min,再加入机油和松焦油,待温度降至 120℃后加入松焦油,继续降温至 10℃左右(主要是为了防止松节油的挥发)时加入填料(滑石粉和石棉绒),搅拌均匀即可出料制得油膏。

5.2.1.2　橡胶改性沥青嵌缝油膏的性能及应用

橡胶改性沥青嵌缝油膏的性能符合《建筑防水沥青嵌缝油膏》(JC/T 207—2011)的规定,见表 5-2。

表 5-2 《建筑防水沥青嵌缝油膏》(JC/T 207—2011)的技术指标

项　目		技术指标	
		702	801
施工度/mm,≥		22.0	20.0
耐热性	温度/℃	70	80
	下垂直/mm	4.0	
低温柔性	温度/℃	-20	-10
	黏结状况	无裂纹和剥离现象	
拉伸黏结性/%,≥		125	
浸水后拉伸黏结性/%,≥		125	
渗油性	渗出幅度/mm,≥	5	
	渗出张数/张,≤	4	
挥发性/%,≤		2.8	

施工时,首先要清理基层表面并涂刷冷底子油或乳化沥青,待干透后先将少量的油膏在沟槽两边反复刮涂,再将油膏分两次嵌入,并且使其略高于板面 3~5 mm,呈弧形并盖过板缝。

该种嵌缝油膏具有黏结力强、耐高低温性能好、老化缓慢、弹塑性好、施工方便等特性,主要用于各种混凝土屋面板、大板、轻板、墙板的接缝嵌缝及地下工程防水、防渗、防漏等,是一种较好的嵌缝密封材料。

5.2.2　桐油橡胶沥青防水油膏

桐油橡胶沥青防水油膏是以桐油、60 号沥青、松节油等多种油类经高温熬炼后,掺入橡胶粉、滑石粉、石棉绒等填充料配制而成,是一种黑色黏稠状的防水嵌缝材料。

该类油膏耐高低温性能好,柔软且富有弹性,黏结力强,与混凝土、金属、木材、陶瓷等黏结牢固,耐老化性能好,价格低廉,常温下冷施工,操作维修方便,故广泛用于预制屋面板嵌缝、伸缩缝、墙缝、桥梁、山洞嵌缝及地下工程的防水、防潮、防渗漏等。

该类油膏系易燃物品,在贮存、运输及使用过程中应注意防火。施工过程中,若油膏黏着工具不方便操作时,可在工具上抹少许汽油,但忌用滑石粉,以免降低黏结强度。

5.2.3　沥青鱼油油膏

沥青鱼油油膏是以石油沥青为基料,同时加入硫化鱼油、重松节油、松焦油、石棉纤维及滑石粉制成的一种冷用黑色胶状嵌缝材料。

将 10 号石油沥青及 60 号石油沥青分别加热熔化脱水(两种沥青的比例以混合后软化点为 60 个左右为宜),在 160~200℃时加入松焦油,搅拌 30~60 min,同时保持温度至170℃左右备用。同时将鱼油加热至 100~110℃脱水,脱水后升温至 140~150℃,加入硫黄搅拌 20～30 min,用重松节油稀释得硫化鱼油。最后将配制好的沥青和硫化鱼油盛于 70～90℃的搅拌箱内,按比例加入石棉纤维和滑石粉,搅拌 20～30 min 即成沥青鱼油油膏。

这类油膏的特点是黏结力强,防水性好,耐热性高,耐寒性也好,较好的低温柔韧性,加工配制方便,适用于建筑物接缝的填嵌,可用作预制屋面板和地下防水工程的接缝。

5.2.4　SBS 改性沥青弹性密封膏

SBS 改性沥青弹性密封膏是以石油沥青为基料,加入 SBS 热塑性弹性体及软化剂、防老化剂配制而成。按软化点、低温柔韧性和弹性恢复率的不同分为Ⅰ型和Ⅱ型。SBS 改性沥青具有更高的回弹性、耐热性和低温柔韧性,不仅是一种很好的防水材料,更是一种各项性能比较理想的密封膏。

SBS 改性沥青弹性密封膏主要用于各种工业及民用建筑的屋面、墙板接缝,各类地下工程、水利工程及混凝土公路路面的接缝伸缩值在±5%～±12%的接缝防水密封,也适用于建筑物裂缝的修补及做屋面防水层,使用年限 10 年以上的工程,属于中档密封材料。

5.3　树脂基建筑嵌缝密封材料

树脂基建筑嵌缝密封材料是以合成树脂为主要原料,加入多种助剂,经一定工艺制得的一类弹塑性密封材料。

5.3.1　水乳型丙烯酸酯密封胶

水乳型丙烯酸酯密封胶通常是以丙烯酸酯乳液为基料,加入乳化剂、增塑剂、防冻剂、稳定剂以及颜料、填料等经搅拌研磨等制成的单组分密封材料,属于弹塑性密封材料。丙烯酸酯密封胶按位移能力分为 12.5 级和 7.5 级(表 5-3),按弹性恢复率分为弹性类(E)和塑性类(P)。

表 5-3　建筑密封胶变形级别

级别	12.5	7.5
试验拉伸幅度/%	±12.5	±7.5
位移能力/%	12.5	7.5

5.3.1.1　水乳型丙烯酸酯密封胶的原料及配置过程

配制水乳型丙烯酸类密封胶所用的主要原材料有丙烯酸酯乳胶聚合物、乳化剂、增塑剂、分散剂、塑流剂、冻融稳定剂和填料等。常用的参考配方(质量分)如下:

丙烯酸酯乳胶(55%)　　　　　40～42;

增塑剂　　　　　　　　　　　7～8;

分散剂乙二醇	1~2;
乳化剂	1~1.2;
磨细碳酸钙	46~50;
其他填料	1~3。

丙烯酸酯乳胶聚合物通常由丙烯酸酯软单体与烃类硬单体在引发剂作用与加热条件下,在水中通过乳液聚合,形成稳定的水分散乳液。乳液聚合通常需要加入少量的乳化剂、引发剂和缓冲剂。乳液的固体含量对密封膏的物性有重大影响,为了提高密封膏的性能,常采用改性剂对乳胶进行改性。

为了提高密封胶的综合性能,在配制密封膏时往往需要加入各种助剂,其作用分别为:增塑剂对乳胶密封胶的延伸率、强度、硬度、耐老化性都有较大影响;塑流剂主要用来改善密封胶的夏季施工性能,防止其表面过早结膜影响刮平;分散剂的作用是改善填料在乳胶体系中的分散性能,保证乳胶密封胶的稳定性;抗冻剂主要是为了解决乳胶密封胶的冬季储运、施工问题;增黏剂用以提高密封胶对玻璃、陶瓷等表面光滑材料的黏结性,并可改善对基层的湿黏结性;填料的作用主要是提高密封膏的固体含量,减少收缩,其不但影响产品的机械强度、抗下垂性、流变特性,而且影响产品的拉伸强度、耐候性和成膜特性。填料的品种、细度对密封膏的收缩性、黏结性和成膜性都有较大影响,采用数种矿物填料搭配使用,往往能使密封胶取得较优良的性能,主填料的细度应在 300 目以上。

密封胶的配制主要包括捏合分散和研磨两道工序,可分别在捏合机和双辊研磨机上进行。这两道工序的共同目的是使填料、颜料、助剂、改性剂均匀分散于乳胶中,形成均匀细腻的混合膏体。其分散速度、时间与研磨次数对密封胶的物性有显著影响,速度过快、时间过长,都有可能产生乳胶破乳。

5.3.1.2　水乳型两端酸酯密封胶的性能及应用

1. 固化前的性能特点

以水为稀释剂,黏度低,呈膏状,无溶剂污染,无毒,不燃;安全可靠,基料为白色膏状,可配制成各种颜色。水乳型密封胶的表干时间比溶剂型密封胶的表干时间长,一般在 30 min 后结膜,表干前,应防止雨水的冲刷,要密切关注施工的气候和养护条件。易于施工,可以配制成非下垂型的密封胶,适用于垂直缝施工;并具有完全恢复性,抗冻融性良好,但仍要防止在保管与施工中受凉,在 5~26℃ 环境下可贮存 12 个月。

2. 固化后的性能特点

长期耐热性好,使用温度为 70~80℃,经养护后,固化的密封胶在 -35℃ 下,30° 坡度曲面弯曲,不脆不裂;固化初期延伸率可达 200%~400%;水分完全挥发后的丙烯酸酯建筑密封胶呈橡胶状弹性体,回弹率达到 90%;不但与水泥砂浆、石膏板、铁板、铝板能良好地黏结,而且与玻璃、陶瓷、塑料均有较好的黏结性;耐候性和耐老化性优异,经热老化试验后其延伸率仍可达 100%~350%,无开裂、无裂缝、无气泡、不变色,黏结性和弹性均良好。

3. 特点及应用

该密封胶使用方便,对大多数建筑接缝表面黏着好,不渗出、不污染、干燥快,而且具有极好的耐紫外光照射和耐褪色性能。价格便宜,施工方便,弹性和延伸性能较聚氨酯、聚硫和硅酮等高档密封材料稍差,其使用温度范围很大。该密封材料中含有 15% 的水,尤其适用于吸水性较强的材料,如混凝土、加气混凝土、石料、石板、木材等多孔材料所构成的接缝施工,主要用于外墙伸缩缝、屋面板缝、各种门窗缝、石膏板缝、人造板材的接缝、墙与屋面的接缝以及管道与楼屋面接缝等处的密封。但其耐水性稍差,故不宜用于长期浸泡在水中的工程,如水池、堤坝等。此外,其抗疲劳性较差,不宜用于频繁受震动的工程,如广场、桥梁、公路与机场跑道等。

水乳型丙烯酸酯密封材料一般应避免在 5℃ 以下使用和贮存。若开封后料未用完,必须注意密封,表干前应防止雨淋和水冲,并避免在长期浸水的条件下使用。

除水乳型外,丙烯酸酯密封材料也可做成溶剂型,常使用二甲苯等作溶剂,总固含量为 80%～90%,目前该类密封材料使用较少。

5.3.2　聚氨酯密封胶

聚氨酯密封胶是由多异氰酸酯、低聚物多元醇、扩链剂等反应得到的高分子聚合物。聚氨酯密封胶是现阶段所有种类密封胶中最为重要的组成部分,主要包括单组分聚氨酯密封胶、双组分聚氨酯密封胶和水性聚氨酯密封胶三种[23]。

反应机理如下:

(1) 异氰酸酯与羟基反应。

$$R_1\text{—NCO} + R_2\text{—OH} \longrightarrow R_1\text{NHCOOR}_2$$
$$n\,\text{OCH—}R_1\text{—NCO} + n\,\text{HO—}R_2\text{—OH} \longrightarrow \text{[COHNR}_1\text{NHCOOR}_2\text{O]}_n$$

(2) 异氰酸酯与水反应。

$$R_1\text{—NCO} + H_2O \longrightarrow R_1\text{—NHCOOH} \longrightarrow R_1\text{—NH}_2 + CO_2$$
$$R_1\text{—NH}_2 + R_2\text{NCO} \longrightarrow R_1\text{—NHCONH—}R_2$$

(3) 异氰酸酯与氨基反应。

$$R_1\text{—NCO} + R_2\text{—NH}_2 \longrightarrow R_1\text{—NHCO—NHR}_2$$

(4) 异氰酸酯与脲基反应。

$$R_1\text{—NCO} + R_2\text{NHCONHR}_3 \longrightarrow R_1\text{—NHCO—N—CONHR}_3$$

5.3.2.1　聚氨酯密封胶的制备

单组分是制成氨基甲酸酯预聚体,它通过端异氰酸酯和大气中的水反应而固化形成。单组分的主要组成材料有 PUR 预聚体、DBP(邻苯甲酸二丁酯)、滑石粉、TiO_2 和炭黑等。

其参考配比(质量比)如下:

聚氨酯预聚体	100
二月桂酸二丁基镍	0.06
二丁基亚氨酸镍	0.5
邻苯二甲酸二丁酯	10
TiO_2	5
炭黑	0.05
滑石粉	40

双组分是由异氰酸酯组分和活泼氢化物两个组分构成的。异氰酸酯组分是在 $-NCO/-OH$ 大于 1 的条件下制成的预聚体;活泼氢是由含 $-OH$、$-NH_2$、$-COOH$ 等的聚酯、醚和环氧树脂等聚合物提供。其配制过程一般分两步进行,先制备预聚体(A 组分),然后用交联剂(B 组分)固化得弹性体。A 组分主要是聚氨酯预聚体、煤焦油作增塑剂、填料等。B 组分包括交联剂、催化剂、抗下垂剂、防老化剂等。其参考配比如下:

A 组分聚氨酯预聚体	100
B 组分丙三醇	5.0
邻苯二甲酸二丁酯	2.5
有机锡	0.03
蓖麻油	8.5
煤焦油	84

交联剂一般采用多元醇(丙三醇),易形成氨基甲酸酯交联,反应较平缓。通常多选用甘油(丙三醇)、蓖麻油等多羟基化合物作交联剂。

抗下垂剂的作用是提高密封材料的触变性,它可使密封膏从挤枪中挤出,挤出后几乎立即复原,如留在垂直缝中就好像本来是固体一样,不会下垂。一般采用煅烧氧化硅,也可采用石棉、玻璃纤维、滑石等。

由于预聚体对醇类等试剂呈现出很高的活性,特别是对水十分敏感,当其与水混合时会产生大量 CO_2,导致固化后的弹性体内部充满许多气泡,因此要使用消泡剂,以使密封材料完全密实。

填料是为了着色和提高抗紫外线性能,绝大多数采用钛白粉,有时也加入其他矿物颜料。填料可降低成本,又可起着色作用,但使用时必须完全干燥。除钛白粉外,常用的其他填料还有石棉、炭黑、白垩、黏土等。

为了改善聚氨酯胶黏剂的使用性能,使之易于操作,可加入溶剂稀释。这样既可降低其黏度又可延长其使用时间,但使用溶剂的量一般不能超过胶黏剂的 15%。由于预聚体会与水发生剧烈反应而固化,故所使用的溶剂必须是不含或者不会生成水、醇、活性氢的化合物。比较常用的溶剂有二氯乙烷、甲乙酮、四氯化碳、三氯乙烯和丙酮等。

聚氨酯密封胶按变形能力分为 25 级和 20 级,按拉伸模量分为高模量(HM)和低模量(LM),按流变性分为下垂型(N)和自流平型(L)。

5.3.2.2　聚氨酯密封胶的性能及应用

聚氨酯密封胶具有低模量、高弹性、伸长率大和良好的耐老化性,对金属、混凝土、玻璃、木材等有良好的黏结性能,且固化速度快,耐低温、耐水、耐油、耐酸碱、抗疲劳,使用年限长(25～30 年)等优点,与聚硫、有机硅等反应型建筑密封胶相比,其价格较低,广泛应用于屋面板、外墙板、混凝土建筑物沉降缝、伸缩缝的密封,阳台、窗框、卫生间等部位的防水密封,以及给排水管道、蓄水池、游泳池、道路桥梁、机场跑道停机坪、玻璃幕墙等工程的水平缝与垂直缝的密封和渗漏修补,也可用于玻璃、金属材料等的嵌缝。

聚氨酯密封胶应符合建材行业标准《聚氨酯建筑密封胶》(JC/T 482—2003)的技术指标,详见表 5-4。

表 5-4　《聚氨酯建筑密封胶》的技术指标

实验项目		聚氨酯建筑密封胶技术指标		
		20HM	25LM	20LM
流动性	下垂度(N 型)/mm	≤3		
	流平性(L 型)	光滑平整		
表干时间/h		≤24		
挤出性/(mL·min⁻¹)		≥80		
适用性/h		≥1		
弹性恢复率/%		≥70		
拉伸模量 /MPa	23℃	>0.4 或>0.6		≤0.4 或≤0.6
	−20℃			
定伸黏结性		无破坏		
浸水后定伸黏结性		无破坏		
冷拉-热压后定伸黏结性		无破坏		
质量损失/%		≤7		

双组分聚氨酯密封胶的施工是将 A、B 两组分在现场严格按配比混合后使用。拌和方法有人工拌和和机械拌和两种,以机械拌和为佳,拌和时间一般不少于 2 min,拌和过程中要严防异物落入料中。

在施工中使用聚氨酯密封材料的接缝表面一般需要打底。施工前要清理接缝,金属或玻璃表面要用丙酮除去油污。嵌缝深度以不超过 2 cm 为宜。在清理后的接缝内涂刷一道聚氨酶清漆(俗称 685 清漆)。根据要嵌缝密封接缝的性质,按生产厂家规定的 A、B 组分的配比配料,如用于垂直缝,则须在上述配料中加入适量的抗下垂剂。水平缝的嵌缝可将混合均匀的 A、B 两组分灌注入接缝中即可,垂直缝可使用压注枪压注或使用油灰刀批嵌。嵌入缝内的密封胶应密实,不得有断头或空洞。嵌缝后应及时修整密封膏表面,使其光滑。对已做好装饰的路面、板面,嵌缝前应在缝的两边先贴隔离纸,以防污染。

分装的密封胶包装桶应在阴凉干燥处存放,一旦开封应尽快用完,以免吸潮胶凝。固化后的聚氨酯无毒,但A组分有一定毒性,未固化前其对皮肤有刺激作用。

除用多元醇作交联剂配制双组分聚氨酯密封胶外,还可以使聚氨酯预聚体与其他原辅材料通过吸收空气中的水分反应交联而制成单组分型聚氨酯密封胶。单组分型与双组分型聚氨酯密封胶在使用时的差异是固化速度和施工性能。它们在交联胶凝后的物理性能也不完全相同。目前单组分型聚氨酯密封胶已较少使用。

5.4　橡胶基建筑嵌缝密封材料

橡胶基建筑嵌缝密封材料是以各种合成橡胶为主要成分,加入多种助剂,经硫化后制得的一类高弹性密封材料。

5.4.1　聚硫密封胶

聚硫密封胶(Polysulfide Sealant,PS)是由液态聚硫橡胶(多硫聚合物)为主剂,以金属过氧化物为固化剂,加入增塑剂、增韧剂、填充剂及着色剂等配制而成,是目前世界上应用最广、使用最成熟、效果最好的一类弹性密封材料。它弹性高,具有优异的耐候性,极佳的气密性和水密性,良好的耐油、耐溶剂、耐氧化、耐湿热、耐水和耐低温性能,使用温度范围广,工艺性能好,材料黏度低,对混凝土、陶瓷、木材、玻璃、铝合金等均有良好的黏结性能。随着高层建筑及大型墙板建筑的发展,该类材料越来越显示出其独特的性能。

聚硫密封胶分为双组分和单组分两类,是高档弹性密封材料。双组分聚硫密封胶是以液体聚硫橡胶和填料等组成主剂(A组分),与金属过氧化物等硫化剂(B组分)反应,在常温下形成的一种高弹性密封材料,属于弹性体。按变形能力分为25级和20级,按弹性模量分为高模量低伸长率(A类)和低模量高伸长率(B类),按流变性分为下垂型(N)和自流平型(L)。目前使用较多的为双组分聚硫密封胶。

5.4.1.1　聚硫密封胶的合成

聚硫密封胶是以甲醛或二氯化物和硫化钠为基本原料,通过缩聚反应而制得:

$$n(Cl\text{—}R\text{—}Cl) + nNaS \longrightarrow \text{—}[R\text{—}S]_n\text{—} + 2nNaCl$$

二氯化物一般可用二氯乙烷、二氯丙烷等,若有少量苯氯丙烷存在,则可生成少量的支链和交联结构。典型的分子结构式可表示如下:

$$HS\text{—}[C_2H_2\text{—}O\text{—}C_2H_2\text{—}O\text{—}C_2H_2\text{—}S\text{—}S]_n\text{—}C_2H_4\text{—}C_2H_2\text{—}O\text{—}C_2H_4\text{—}S\text{—}SH$$

由上式可以看出,主链上含有硫原子,构成—S—C—、—S—S—的饱和键,因而具有良好的耐油性、耐溶剂性、耐老化性、耐冲击性、低透气性、低温屈挠性及黏结性等,分子中含有大量的活性端基(-SH、-X、-OH),提供了分子间的化学作用条件。

聚硫密封胶的硫化是使其达到规定性能的重要过程。常用的硫化剂有无机氧化物

（ZnO、PbO、MgO、CaO 等）、无机过氧化物（H_2O_2、CaO_2、Na_2O_2）、无机氧化剂（$KCrO_4$、$KClO_3$）、有机过氧化物（过氧苯甲酰）以及某些活性树脂和单体［(PE)苯酚甲醛树脂、(EP)环氧树脂、(TDI)甲苯二异氰酸脂等］。

硫化作用主要在 SH 上进行，利用它容易被氧化（形成—S—S—键）的特性，能生成盐，再使分子产生分子交联。

聚硫密封胶的组成材料一般可分为三组分、双组分和单组分三种形式[24]。配制双组分密封胶常用的主要原材料包括液态聚硫橡胶、硫化剂、增塑剂、增韧剂、补强剂、填充剂、着色剂及增黏改性剂等。目前大部分聚硫橡胶都由有机二氯化物和多硫化钠经缩聚反应制取。单组分型的聚硫密封胶在使用时不需要加硫化剂，可通过空气中的水分来硫化。与双组分密封胶相比，其固化时间较长。

常用的聚硫橡胶硫化剂包括二氧化铅、二氧化锰和氧化锌等无机氧化物和过氧化物以及异丙苯过氧化氢等有机过氧化物。其中二氧化铅的硫化效果最好，但往往会使密封材料具有一定毒性。使用时，硫化剂往往制成糊状，即在二氧化铅中加入塑化剂（通常为硬脂酸、甲苯等）使之均匀分散。使用高分散度的活性二氧化锰代替二氧化铅也有很好的效果，虽然其硫化速度较慢，但无毒性。双组分聚硫密封胶通常使用二氧化铅作硫化剂。使用增塑剂可使密封膏具有一定的柔软性，常用的增塑剂有氯化石蜡、苯二甲酸酯类（二丁酯、二辛酯）、酯醚类（丙二醇二苯甲酸酯）及邻硝基联苯等，一般掺入 5%～20% 的增塑剂可提高聚硫密封胶的低温柔韧性和和易性。

为提高材料的物理机械性能，降低成本，往往需要在密封胶中加入增韧剂、补强剂和新填料。常用的增韧剂为 DMP（邻苯二甲酸二甲酯），补强剂有炭黑和超细二氧化硅等。无机颜料包括钛白粉、立德粉（锌钡白）和氧化铁等。其他常用的填充剂还有碳酸钙、沉积硅酸钙、铝粉以及黏土等。但必须注意，填料的 pH 对聚硫密封胶的性能影响十分大。碱性填料可促进硫化，酸性填料（如某些黏土）可使聚合物本身解聚，故选用时必须有所选择，否则会破坏密封胶的性能。

聚硫橡胶通常对固体表面无明显的黏附力，为了增加黏附力，密封胶内常加入少量热塑性酚醛、环氧树脂等，但用量不宜过多，否则其热老化性能会明显下降。

5.4.1.2　聚硫密封胶的性能及应用

聚硫密封胶的技术性能执行建材行业标准《聚硫建筑密封胶》（JC/T 483—2006），见表 5-5。

表 5-5　《聚硫建筑密封胶》（JC/T 483—2006）的技术指标

实验项目		聚硫建筑密封胶技术指标		
		20HM	25LM	20LM
流动性	下垂度（N 型）/mm	≤3		
	流平性（L 型）	光滑平整		
表干时间/h		≤24		

（续表）

实验项目		聚硫建筑密封胶技术指标		
		20HM	25LM	20LM
挤出性/(mL·min⁻¹)		无		
适用性/h		≥2		
弹性恢复率/%		≥70		
拉伸模量/MPa	23℃	>0.4 或>0.6		≤0.4 或≤0.6
	−20℃			
定伸黏结性		无破坏		
浸水后定伸黏结性		无破坏		
冷拉-热压后定伸黏结性		无破坏		
质量损失/%		≤5		

该类密封胶对金属、混凝土、玻璃、木材等有良好的黏结力，具有优异的耐候性，极佳的气密性和水密性，良好的耐油、耐溶剂、耐氧化、耐湿热、耐水和耐低温性能，使用温度范围广（−40~90℃），抗撕裂性强，工艺性能好，材料黏度低，无溶剂、无毒，使用安全可靠，使用寿命30年以上，两种组分容易混合均匀，施工方便。适用于建筑物的混凝土墙板、天然石材、石膏板、瓷质材料之间的嵌缝密封，也适用于卫生间上下水管道与楼板缝隙的防水。特别适用于中空玻璃、钢窗、铝合金门窗结构中的防水、防尘密封（其气密性优于一般橡胶密封条），长期浸泡于水中的工程、严寒地区的工程、受疲劳荷载作用的工程（道路桥梁、机场跑道）以及汽车、冷库和冷藏车的密封。

聚硫橡胶性能优异，其价格虽较硅橡胶便宜，但仍然太贵。有时将聚氨酯和聚硫橡胶并用配制成双组分密封胶。其中一种组分是在聚氨酯中含有金属氧化物（聚硫橡胶的硫化剂），另一组分是在聚硫橡胶中含有芳香族二胺（作为聚氨酯的硫化剂）。使用时将这两种组分充分混合，即成为一种固化时间为12~18 h的黏合修补材料。该嵌缝密封材料施工方便，耐油性能较好，在性能上综合了聚硫橡胶和聚氨酯二者的优点，修补渗漏效果良好，尤其对修补飞机、车辆油箱及贮油罐体的渗漏非常有效。

根据组成的不同，聚硫密封胶还有窗户、中空玻璃、混凝土接缝、石材、彩色涂层钢板等专用密封胶，其性能应分别符合《建筑窗用密封胶》（JC/T 485—2001）、《中空玻璃用密封胶》（JC/T 486—2001）、《混凝土建筑接缝用密封胶》（JC/T 881—2001）、《石材用密封胶》（JC/T 883—2001）、《彩色涂层钢板用密封胶》（JC/T 884—2001）的规定。

聚硫密封胶施工前一般需对接缝表面打底，多使用配套打底料，特别是对多孔的或暴露的接缝表面，要打底后方可嵌缝。

5.4.2　硅橡胶密封材料

硅橡胶密封胶（Silicone Sealant，SR）是以有机硅橡胶为基料配制成的一类高弹性高档密封胶,分为双组分和单组分两类,单组分使用较多。硅橡胶具有许多卓越的性能,如耐高温性好(可达 300℃),低温柔韧性好(可达 −60℃),耐水、耐候、耐老化、耐化学介质等性能优良。配制建筑密封材料使用的是室温硫化硅橡胶,简称 14W 硅橡胶,已成为有机硅聚合物现今发展最快的一类产品。

5.4.2.1　硅橡胶

有机硅聚合物是高分子化学的一个重要分支,其中以硅氧链所构成的高分子化合物应用最多。其分子链的两端带有一个或两个官能团,在一定条件下这些官能团可发生反应变成弹性体[25]。它所用的单体通式为 R,SiX,其中 X 为 -Cl 或 -OR',R 为烷基或芳香基。工业上主要是用烷基、苯基氯硅烷($RSiCl_3$、R_2SiCl_2、R_3SiCl)及取代的正硅酸酯[$RSi(OR')_3$、$R_2Si(OR')_2$、R_3SiOR']做原料,经水解、缩聚反应形成键能高、稳定性好的硅氧键缩聚物,其主要反应如下:

单体水解

$$R_2SiCl + H_2O \longrightarrow R_3SiOH + HCl$$
$$R_2SiCl_2 + H_2O \longrightarrow R_2Si(OH)_2 + 2HCl$$
$$R_2SiCl_3 + 3H_2O \longrightarrow R_3Si(OH)_3 + 3HCl$$
$$R_2SiOR' + H_2O \longrightarrow R_3SiOH + R'OH$$
$$R_2Si(OR')_2 + 2H_2O \longrightarrow R_2Si(OH)_2 + 2R'OH$$
$$R_2Si(OR')_2 + 3H_2O \longrightarrow RSi(OH)_3 + 3R'OH$$

上述单体的水解极易进行,而且生成的硅醇又不稳定,容易进行分子间的缩聚反应,一元硅醇缩聚成二聚体。

$$R_3SiOH + HOSiR_3 \longrightarrow R_3Si—O—SiR_3 + H_2O$$

用作密封材料的主要是硅橡胶。

(1) 单组分室温硫化硅橡胶的合成。

单组分型硅橡胶是将有机聚硅氧烷和交联剂、填充材料及其他添加剂混合,经初步反应后作为单包装产品,放入完全无水的密封容器中,以防止自发固化。施工时,硅橡胶分子链端部的官能团在接触空气中水分时,即发生缩合反应达到硫化,并生成低分子副产物。根据所用交联剂的不同,可分为脱酸型、脱醇型和脱氨型等数种。脱醋酸型硅橡胶透明,黏合性好,但有刺激性气味,且对某些金属有腐蚀作用;脱醇型硅橡胶无刺激性气味和腐蚀性,但物理性能较差;脱氨型硅橡胶无腐蚀性,但有氨味。组成材料有端羟基硅橡胶、硫化剂、填料及其他添加剂等。单组分室温硫化硅是吸收空气中的水分产生水解交联,同时放出相应的醋酸,这种材料只要装在不透明的容器中便可长期保存,用时挤出来涂布,使用方便。

(2) 双组分室温硫化硅橡胶的合成。

双组分型是由主剂黏料和填料为一组分,以硫化剂、促进剂和引发剂为另一组分,二者一经均匀拌和即可固化。其主剂是由末端带有官能团的有机聚硅氧烷、多官能团交联剂、填料等原料均匀拌制而成;常用的硫化剂是正硅酸乙酯(用量1~10份),催化剂用二月桂酸二丁基锡、辛酸亚锡和三乙醇胺(用量0.5~5份)。有时也将交联剂与固化催化剂混合在一起包装。与单组分型相比,使用时其固化时间较长。双组分室温硫化硅橡胶储存时间长、硫化快、硫化完全,具有良好的胶结强度和尺寸稳定性。其缺点是工艺较复杂。

(3)硅橡胶的特点和应用。

硅橡胶因分子中有大量的重复硅氧键,具有良好的耐候性、耐久性、耐热性和耐寒性,而且操作方便,毒性小。

单组分硅橡胶的特点是使用方便,使用时不用称量、混合等操作,适宜野外和现场施工使用。它除了具有双组分硅橡胶所固有的一些特性外,对金属、玻璃、陶瓷和塑料等的黏合性远优于双组分类型,可在0~80℃范围内硫化,硫化时要依靠周围空气中的水分,故硫化是从表层开始逐渐向深处进行。胶层越厚,硫化越慢,一次灌封不可超过10 mm,对层厚大于10 mm的灌封,最好采用分层灌封或添加氧化镁。单组分硅橡胶主要用作耐高低温、防潮、绝缘、防震密封和胶结材料,在建筑行业,主要用作预制构件的嵌缝密封材料、防水堵漏材料和金属窗框上镶嵌玻璃的密封材料。

双组分室温硫化橡胶具有一系列优点,如耐高低温性能优异,可在-65~250℃范围内长期使用。在200℃下受热2 000 h其物理电气性能几乎无变化,短时间内可耐300℃高温,能抗-55~150℃冷热的反复作用。能在室温或稍高于室温下硫化,硫化过程中不放热。硫化后收缩性小、无内应力、电气性能好、耐水性好、弹性强、吸震和抗冲击性能好、耐老化性能优异,经长时间臭氧及紫外线作用也不会变硬开裂,耐燃性、耐介质性好,对低浓度酸、碱、盐的耐蚀能力强,对润滑油、高级烷烃、乙醇、丙酮及食用油脂的稳定性好,一般只能引起很小的膨胀,机械性能基本不降低,黏度低,不加颜料、填料时硫化前后均匀透明,使用寿命30年以上。但不耐浓酸、浓碱、四氯化碳和甲苯等非极性溶剂。因此,硅橡胶是一类优良的耐热、绝缘、防潮和防震用封装材料,目前主要用于电子工业的电气设备和电子仪器元件的封装、密封。

5.4.2.2　有机硅密封胶

在硅橡胶中加入适量的颜料、填料和其他助剂,如增塑剂、黏附剂和热稳定剂等,即可配制成有机硅密封胶。该类材料也分单组分和双组分两种。单组分密封胶是用有机聚硅氧烷、交联剂、促凝剂、增强填充材料、颜料等原材料均匀搅拌而制成,装入筒管等密封容器中。它的硫化反应与单组分室温硫化橡胶相同,有些性能,如耐候性、耐水性、黏合性、耐热性等也大体相同,不同处仅在于单组分室温硫化橡胶弹性模量低、伸长率大。其品种同样包括脱醋酸型、脱醇型和脱氨型等,一般说来,脱醋酸型要比其他类型固化速度快,对各种建筑材料有良好的黏结性能,但在交联时会放出醋酸,有时会腐蚀钢、铜、锌等金属。另外,以钙为主要成分的被黏结体,如砂浆、大理石等,由于醋酸与钙反应生成醋酸钙,有时会出现黏结不良的现象,故必须选涂适当的基层涂料,以保护好被黏体。

单组分型密封胶具有优异的黏结性能,主要用来悬挂玻璃、铺贴瓷砖、联结金属窗框与玻璃等。双组分具有较低的弹性模量和黏结性能,在错动较大的板材的接缝以及预制混凝土、砂浆、大理石等过去认为较难施工部位进行施工时,可发挥其最大效果。

5.4.3　丁基橡胶密封胶

丁基防水密封胶是以丁基橡胶为主要成分密封材料,聚丁烯等为增黏剂,碳酸钙等为填充剂的单组分型非定型密封材料。

5.4.3.1　丁基橡胶的结构特征

丁基橡胶是异戊二烯(又名甲基丁二烯)与异丁烯的共聚物。其中异戊二烯占少量(1%～3%),异丁烯为绝大部分(97%～99%)。其结构式为:

$$\left[\begin{array}{c} CH_3 \\ | \\ -C-CH_2- \\ | \\ CH_3 \end{array} \right]_m -CH_2-\begin{array}{c} CH_3 \\ | \\ C \end{array}=CH-CH-CH_2-\right]_n$$

卤化丁基橡胶是丁基橡胶经卤化制得的改性丁基橡胶品种,统称为异丁烯类聚合物。该类聚合物具有十分优良的耐老化性、耐介质性、黏性和低透气性,因此广泛用作密封胶的基体材料。

5.4.3.2　丁基橡胶密封材料的组成材料

1. 聚合物材料

异丁烯类聚合物品种系列很多,可根据所需密封胶的最终性能及制备工艺选用适当的聚合物材料。通常最重要的参数是聚合物相对分子质量。聚合物相对分子质量越低,其内聚力越小,黏性越强;聚合物相对分子质量越高,其内聚力越大,黏性则越弱[26]。丁基橡胶在非硫化型密封胶中使用最多,很少用于硫化型密封胶。不饱和度并不影响未硫化和部分硫化胶料的大多数性能,但在非硫化型密封胶中应尽量选择不饱和度低的丁基橡胶级别。

通过合理的选用同加工设备相适应的最大相对分子质量的聚异丁烯、丁基橡胶与聚异丁烯并用、丁基橡胶部分交联、氯化丁基橡胶同其他聚合物并用等方法,可以在保持密封胶黏性等其他性能不变的情况下,提高其内聚力。选用解聚丁基橡胶并配入相溶性好的增黏剂,可使密封胶具有良好的黏结性。

2. 硫化体系

单组分丁基密封胶绝大多数是未硫化型的,不需要硫化;双组分硫化型密封胶通常需要室温硫化。在制备密封胶时,即使是未硫化型密封胶,为提高其内聚力,也常需要对异丁烯类聚合物进行动态部分支联处理。常用的硫化体系主要有以下三种:

(1)醌肟硫化体系。

醌肟硫化体系是通过芳香亚硝基化合物的亚硝基团进行交联的。常用的硫化体系是对醌二肟(GMF 或 QDO)和二苯甲酰对醌二肟(DBGMF 或 DBQDO)同二氧化锰、二氧化铅和四氧化三铅并用体系。

（2）硫黄硫化体系。

硫黄硫化体系包括硫黄、秋兰姆或氨基甲酸盐类促进剂和噻唑类或噻唑二硫化物活性剂。

（3）树脂硫化体系。

常用的树脂硫化体系中的树脂是活性溴化烷基酚醛树脂。丁基橡胶的树脂硫化可在室温到高温的温度范围内进行，这主要取决于具体使用的树脂和硫化活性剂的浓度与类型。

3. 填充剂

适合于在丁基密封胶中使用的填充剂有炭黑和非炭黑类的补强剂，陶土、水合二氧化硅、硅酸钙、硅氧化铝、气相白炭黑、氧化镁、硅酸盐等细粒子补强剂。加入填充剂可以提高密封胶的内聚力，降低其冷流性，同时也降低其黏性。为配制耐酸和耐化学药品腐蚀以及低气体渗透性的密封胶，应选择云母、石墨、滑石粉等片状填充剂。

粗粒子填料可增加密封胶的黏性，如加入氧化锌可增加密封胶黏性和内聚力。加入氢氧化铝、立德粉、碳酸钙以及热裂法粗粒子炭黑的密封胶，随着内聚力的适度增加，黏性也会增加。

4. 增塑剂和增黏剂

密封胶的一系列性能，尤其是流变学性能，可以通过精心选择聚合物类别而获得。而使用一系列的增塑剂和增黏剂也可控制密封胶的黏度和内聚力的水平。

5. 溶剂

异丁烯类聚合物可在碳氢溶剂和氯化溶剂中溶解，而在一般的醇、酯、酮及其他相对分子质量小的含氧饱和溶剂中不溶解。密封胶常用的溶剂有正己烷、正庚烷和石脑油（粗汽油）等挥发性链烷烃。

6. 其他添加剂

（1）降低成本的添加剂。

为降低成本、改善加工工艺并满足某些性能要求，还要加入一些添加剂，其中最有效的是价格低廉并能改善操作性的油膏，使密封胶具有塑性的无定型聚丙烯和石蜡、相对分子质量小的聚乙烯、聚丙烯和沥青等。

（2）防老剂。

在异丁烯类密封胶中加入防老剂和紫外光防护剂，可防止其热老化和阳光老化。

（3）触变剂。

在溶剂挥发型密封胶中加入触变剂可防止密封胶坍塌，常用的触变剂有胶体二氧化硅、氢化蓖麻油和乙醇活化的陶土等。

（4）干性油及催干剂。

在溶剂挥发型密封胶中，为使表面干燥形成一层薄膜，需加入干性油（如亚麻籽油等）以及金属催干剂等。

5.4.4 溶剂型氯丁橡胶密封胶

氯丁橡胶密封胶是以氯丁橡胶为主要成分的非定型密封材料。氯丁橡胶的分子结构特性决定了氯丁橡胶的结晶程度(反式 1,4-加成结构)和硫化活性(1,2-加成结构)。众多的氯丁橡胶品种可以配制出许多种密封胶,它们具有以下特点:

(1) 大都是单组分型并能室温固化,使用简便。

(2) 具有弹性和柔软性。

(3) 分子链的氯原子使其具有优良的耐燃、耐臭氧和耐大气老化的特性,以及良好的耐油、耐溶剂和化学试剂的性能。

(4) 黏结强度高,适用范围广,尤其在建筑、汽车制造、轻工和制鞋等工业方面广为使用。

溶剂型氯丁橡胶密封胶是最典型的一种氯丁橡胶。

5.4.4.1　溶剂型氯丁橡胶密封胶的组成及制备

溶剂型氯丁橡胶密封胶是以氯丁橡胶为基料,掺入少量增塑剂、促进剂、增韧剂、防老化剂、溶剂及填充料制成的一种膏状嵌缝密封材料。配制该密封材料所使用的是一种可溶解在二甲苯或其他有机溶剂中的软氯丁橡胶。这种氯丁橡胶可在 80~140℃温度下硫化,若加入促进剂可缩短热硫化时间或在室温下硫化。若在促进剂里加入聚对苯撑苯并二噁唑 PBO,可提高氯丁硫化胶的机械性能和耐水性。

1. 氯丁橡胶

常用的氯丁橡胶为相对分子质量小的氯丁橡胶,具有低黏度的 KNR、FB 和 FC 型液体氯丁橡胶最适合制作成密封胶,这些聚合物同填料、增塑剂以及其他添加剂混合可制成不坍塌的、自流平的、非收缩的密封胶。

2. 金属氧化物

氯丁橡胶密封胶中常用的金属氧化物有氧化锌、四氧化三铅(红铅)、一氧化铅(黄铅)及氧化镁。金属氧化物可调整树脂的硫化速度以及接受在加工、硫化和老化过程中释放出的氯化氢。加入适量的氧化锌和氧化镁可获得适宜的硫化速度、良好的加工稳定性和硫化胶性能。

3. 促进剂

通用型氯丁橡胶的硫化可在 149℃温度下进行,可使用金属氧化物作硫化剂,不需有机促进剂。在室温下对密封胶进行硫化所用的促进剂有多烷基胺或乙醇胺(促进剂 833)、过氧化铅和某些三级胺。多胺促进剂和四亚乙基五胺是最活泼的促进剂,最佳用量范围比醛胺要小。这些密封胶在高于 26.7℃的温度下两周内完全硫化,在两天内就能达到最高强度的50%~75%。密封胶的活性使用期仅有几小时,因此金属氧化物和促进剂应当在使用之前混合。不同促进剂的并用通常能改变密封胶的操作寿命。

4. 填料

大多数的矿物填料都可用于氯丁橡胶密封胶中。非补强性填料不能提高氯丁橡胶的定伸应力,如重质碳酸钙、氧化锌、二氧化钛和硫酸钡。燃烧陶土和软质陶土是半补强剂填料,可适当提高氯丁橡胶的定伸应力。

　　具有补强性的矿物填料是细滑石粉、硬质陶土、硅酸钙、沉淀白炭黑等,它们可提高氯丁硫化胶的定伸应力、抗撕裂性、压缩变形及永久变形。矿物填料比炭黑更能提高抗撕裂性,但矿物填料的抗压缩变形和永久变形性比炭黑低。

　　氢氧化铝和三氧化锑是有效的耐燃剂,硼酸锌与氢氧化铝的作用是生成一个隔熔外壳,是一种最好的耐燃剂。硬质陶土和硅酸钙也是良好的耐燃填料。

　　5. 增塑剂

　　氯丁橡胶使用的增塑剂主要是石油基油、酯类树脂和某些聚合物。增塑剂的类型和用量可明显地影响密封胶的性能。密封胶应具有良好的低温柔软性。氯丁橡胶因结晶,低温冷冻时及老化后会变硬,可使用硫黄硫化,通过树脂类增塑剂或配合多量填充剂和石油基增塑剂等方法阻止氯丁橡胶的结晶。酯类增塑剂在某种情况下会提高结晶性,因此在要求非结晶产品时,应避免使用酯类增塑剂。

　　大多数增塑剂对氯丁橡胶耐臭氧、耐燃和耐霉菌性能都有不良影响,而脂肪酸甘油酯或其他酯则具有良好的耐臭氧性。

　　聚苯乙烯-丁二烯共聚树脂可提高氯丁硫化胶的硬度及耐磨性。

　　6. 溶剂

　　溶剂的选择相当重要,它影响氯丁橡胶的溶解性,密封胶的初始黏度、黏度稳定性、黏性保持性,对被黏物的渗透性、初始黏结力、黏结强度、燃烧性和毒性以及密封胶的成本。因此,选择溶剂要综合考虑多方面的因素。

　　溶剂的挥发速度要适当,因其直接影响黏结强度。挥发太快,胶液表面结膜,阻止内部溶剂继续挥发,也会因表面降温而凝聚水汽;挥发过慢,被黏物涂胶和压合后,如果胶膜中残留有过多的溶剂,则被黏体膨胀,尤其是对非孔被黏基材,不易获得较大的黏结力。晾置时间太长也影响效率,使用挥发性强的溶剂可缩短晾干时间。

　　常用的溶剂有丙酮、环己烷、邻二氯苯、二异丁酮、正庚烷、正己烷、异丙醇和甲苯等。

5.4.4.2　溶剂型氯丁橡胶密封胶的性能及应用

　　该类密封胶与砂浆、混凝土、铁、铝及石膏板黏结性能良好,黏结强度为 0.1～0.4 MPa,具有优良的延伸和回弹性能,延伸率可达 500%,回弹率 69%～90%,用于屋面及墙板嵌缝,可适应由于振动、沉降、冲击和温度所引起的各种变化。抗老化、耐热、耐低温性能和气候稳定性优良,一般 70℃温度下垂直悬挂 5 h 不流淌,在－35℃温度下弯曲 180°不裂不脆,挥发率在 2.3%以下。该密封膏挤出性能良好,即使在最高温度下用于垂直缝施工也不流淌,故可用于垂直面纵向缝、水平缝及各种异形变形缝的嵌缝密封。

　　上述用软氯丁橡胶配制的密封材料应用很广,可用作建筑构件的防水密封,墙板、地板及屋顶构件的接头嵌缝密封;公路和机场跑道的接头嵌缝;船上甲板及点焊的嵌缝密封;铸铁、陶瓷管道等的承插连接,热电站真空冷凝器管箱接头密封等;还可配制密封腻子,用于甲板、船体、水密仓等板连接处的密封。

　　橡胶基密封材料还有氯磺化聚乙烯密封胶、丁苯橡胶密封膏、橡胶改性聚酯密封胶等。

5.5 定型建筑密封材料

定型建筑密封材料是指具有一定形状和尺寸的密封材料。

建筑工程的各种接缝(如伸缩缝、沉降缝、施工缝、构件接缝、门窗框接缝、穿墙管接缝等)常用的定型密封材料其品种和规格很多,主要有止水带、密封垫、密封条等[27]。

定型密封材料习惯上可分为刚性定型密封材料和柔性定型密封材料两大类。大多数刚性定型密封材料是由金属制成的,如金属止水板、金属止水带、防雨止水板等;柔性定型密封材料一般是采用天然橡胶、合成橡胶或聚氯乙烯等橡胶、塑料之类材料制成的,如橡胶止水带、塑料止水带、密封条等。柔性定型密封材料依据其密封机理的不同,又可分为遇水膨胀型密封材料和遇水非膨胀型密封材料。

定型建筑密封材料的有以下共同特点:

(1)一般由工厂制造成形,尺寸精度高,否则将影响密封性能。

(2)具有良好的弹塑性和强度,不至于因构件的变形、振动而发生脆裂和脱落,并且有防水、耐热、耐低温性能。

(3)具有优良的拉伸、压缩变形以及膨胀、收缩和恢复性能。

(4)具有优异的水密、气密及耐久性能。

参考文献

[1] 朱德明.中国建筑密封材料发展概况[J].塑料工业,2014,42(11):122-126.

[2] 张敏.聚硫耐高寒密封胶性能研究[J].中国建筑防水,2013(12):8-12.

[3] Chew M Y L, Yi L D. Elastic recovery of sealants[J]. Building and Environment, 1997, 32(3): 187-193.

[4] Jones T, Hutchinson A, Wolf A. Experimental results obtained with proposed RILEM durability test method for curtain wall sealants[J]. Materials and Structures, 2001, 34(6): 332-341.

[5] Chew M, Goh S H, Kang L H, et al. Applicability of infrared spectroscopy for sealant degradation studies[J]. Building and Environment, 1998, 34(1): 49-55.

[6] Zhou X, Chew M, Zhou X, et al. Application of ATR in characterizing aging conditions of polyurethane sealants[J]. Polymer Testing, 2000, 20(1): 87-92.

[7] Chew M. Curing characteristics and elastic recovery of sealants[J]. Building and Environment, 2001, 36(8): 925-929.

[8] Odum-Ewuakye B, Attoh-Okine N. Sealing system selection for jointed concrete pavements — A review[J]. Construction and Building Materials, 2006, 20(8): 591-602.

[9] Ishida Y, Sasaki D, Miyauchi H, et al. Design and synthesis of novel imidazolium-based ionic liquids with a pseudo crown-ether moiety: diastereomeric interaction of a racemic ionic liquid with enantiopure europium complexes[J]. Tetrahedron Letters, 2004, 45(51): 9455-9459.

[10] Chattopadhyay D K, Raju K V S N, et al. Structural engineering of polyurethane coatings for high performance applications[J]. Progress in Polymer Science, 2007, 32(3): 352-418.

[11] Lemke R, Zilles J U. Improving adhesive performance[J]. Adhesion Adhesives and Sealants, 2010, 7

(1)：16-18.

[12] 谢微. 混凝土结构温度应力仿真分析中施工过程模拟[D]. 北京：华北电力大学，2012.

[13] Mirza J. Joint seals for hydraulic structures in severe climates[J]. Statyba，2014，20(1)：38-46.

[14] 付亚伟，王硕太，蔡良才，等. 改性聚硫氨酯密封材料的制备及性能[J]. 高分子材料科学与工程，2011，27(7)：136-139.

[15] 张晓军，常新龙，张世英，等. 氟橡胶密封材料的湿热老化机制[J]. 润滑与密封，2013(5)：38-40.

[16] 张敏. 聚硫耐高寒密封胶性能研究[J]. 中国建筑防水，2013(12)：8-12.

[17] 李峰，黄颂昌，徐剑，等. 沥青路面裂缝密封胶的低温力学行为分析[J]. 武汉理工大学学报（交通科学与工程版），2014，38(3)：516-519.

[18] 李峰，黄颂昌，徐剑，等. 沥青路面加热型密封胶的性能评价[J]. 同济大学学报（自然科学版），2013，41(8)：1208-1212.

[19] 黄远红，郭静，幸奠明，等. EPDM/OMMT 插层复合密封材料的低温性能[J]. 润滑与密封，2014(12)：129-132.

[20] 李黎明，宋时莉，朱艳兵，等. PPS/MoS2/PTFE 密封材料的制备及性能研究[J]. 山东化工，2017，46(13)：9-12.

[21] 詹锋，史平东，王宇旋. 聚氨酯建筑密封胶拉伸模量与环境温度关系的研究[J]. 中国建筑防水，2014(20)：26-29.

[22] 陈中华，林坤华，黄志彬. 高位移能力石材用硅酮密封胶制备及其性能研究[J]. 中国建筑防水，2015(2)：16-19.

[23] 阎利民，朱长春，宋文生. 聚氨酯胶黏剂[J]. 化学与粘合，2009，31(5)：53-56.

[24] 刘持鹏，温忠锐. 双组分聚硫密封胶在混凝土防水施工中的工艺措施[J]. 水利水电施工，2011(4)：54-55.

[25] Ziolkowska M，Kurowska M，Radzikowska A，et al. High levels of osteoprotegerin and soluble receptor activator of nuclear factor κB ligand in serum of rheumatoid arthritis patients and their normalization after anti-tumor necrosis factor treatment[J]. Arthritis and Rheumatism，2014，46(7)：1744-1753.

[26] 刘大华. 聚异丁烯类弹性体合成技术进展Ⅰ. 传统聚合工艺中聚合物淤浆的稳定及氟烃类稀释剂的应用[J]. 合成橡胶工业，2013，36(1)：2-6.

[27] 杨向阳. 无黏结预应力在超长混凝土结构裂缝控制中的分析应用[J]. 河南建材，2016(3)：162-164.

第 6 章

防 火 材 料

在人类的历史进程中,火的出现对人类的发展具有重要意义。人类对火的认识和使用,是人类认识自然并利用自然来改善生产和生活的一次重要实践。从 100 多万年前的元谋人到 50 万年前的北京人,都在人类的发展历程上留下了用火的痕迹。人类最初使用的都是自然火。从钻木取火到如今的火柴和火机,这些人工取火技术使得人类掌握一种强大的自然力,促进了人类体制和社会的发展。控制火提供热、光是人类早期伟大的成就之一[1]。

但是,火是一把双刃剑,它在造福人类的同时,也经常带来灾难。火一旦在时间或空间上失去控制,可能顷刻间烧毁房屋,造成生命和财产的损失;还可能造成交通运输中断,生产活动停顿;更有甚者,发生惨重的特种火灾,给人类社会带来巨大的危害。火灾作为常发性灾害中发生频率较高、时空跨度较大的一种灾害,是历年来学术界、工程界共同面对的最严肃的防灾减灾课题之一。据统计,工业化国家每年都会发生 700 多万起火灾,其中,有 7 万多人死亡和 50 万~80 万人受伤。火灾引起的损失占这些国家国民生产总值(GDP)的 1‰,其中 1/3 用于弥补火灾中的损失,2/3 用于开展预防措施。发生建筑火灾的原因很多,它对建筑物的破坏程度与建筑中所用的建筑材料有着密切的关系。

因此,在建筑上应采用防火材料,积极选用不燃材料和难燃材料,避免使用会产生大量浓烟或有毒气体的易燃材料,以防为主,就能在很大程度上减少火灾对人类的危害,降低火灾造成的损失。

6.1 概述

6.1.1 建筑防火材料的概念和分类

防火材料,是指添加了某种具有防火特性基质的合成材料或本身就具有耐高温、耐热、阻燃特性的材料。建筑防火材料按应用方式不同可分为建筑防火涂料、建筑防火板材、阻燃墙纸、阻燃织物等[2]。

燃烧一般是指燃料和氧化剂两种组分在空间激烈地发生放热化学反应的过程。它常常伴随着发热、发光过程,即所谓"火"的现象。这个化学反应在许多场合下是氧化反应,被氧化剂所氧化(发光、发热)的物质称为燃料。含有活泼氧原子(或类似于氧原子)的组分称为氧化剂。反应所生成的物质称为燃烧产物。

燃烧必须具备三个条件,即可燃物、助燃剂(如空气、氧气、氧化剂等)、温度达到着火点,这三个条件同时存在并且互相接触才能发生燃烧。阻止燃烧至少需要将其中一个因素隔绝开,如用难燃或者不燃的涂料将可燃物表面封闭起来,避免与空气接触,就可使可燃表面变成难燃或不燃的表面[3]；用难燃或不燃的材料制成防火材料；将难燃或者不燃的物质添加到防火材料中，实现材料自身的难燃性或不燃性；材料在高温或火焰作用下，形成不燃性的结构致密的无机"釉膜层"；材料层剧烈发泡碳化，形成比原材料层厚几十倍甚至几百倍的难燃的海绵状碳质层，隔绝氧气，阻止热量向底材传递；利用某些材料在高温下可以脱水、分解等吸热反应或熔融、蒸发等物理吸热过程，所分解放出的气体能冲淡可燃性气体和氧的浓度，不燃的脱水物或熔融体形成的覆盖层可使基材与空气隔绝，以延缓或阻止火势蔓延。

建筑防火材料[4]就是根据上述原理，将各种材料防火、阻燃作用相互配合来实现防火阻燃的目的。建筑防火材料可以使建筑物具有不燃性或难燃性，防止火灾的发生和蔓延，或者即使发生火灾，在初期也能起到延缓燃烧的作用，争取逃离和营救的时间。

6.1.2　建筑防火材料的防火要求

1. 材料在高温下的力学性能

材料在高温下的力学性能表示材料受火后，其力学性能与温度之间的变化关系，对其进行研究可以了解各种材料发生破坏时的强度，即材料在火灾中所能承受的最高温度。这里说的破坏，是指材料失去承载能力、出现裂缝或穿孔。例如，钢材本身为不燃性衬料，但钢结构在着火 15 min 左右就会因丧失强度而破坏。从防火角度而言，它并非具有好的防火性能，所以要考虑其在高温下的力学性能。

2. 材料的导热性能

该性能表示材料的导热能力。通过试验，可知当材料一侧受火后，另一侧温度的变化情况。比如，混凝土隔墙板显然是不可燃的，但如果墙的一侧着火后，另一侧温度很快升高，那么靠近该侧的可燃材料也必将会被引燃，这样就会因隔墙板的导热性能而使火灾面积扩大。因此，即使是非燃烧体，如果其具有较强的导热能力，那么该材料也不具有较好的防火性能。

3. 材料的燃烧性能

此性能主要通过材料的可燃程度及对火焰的传播速率来确定。材料的燃烧速率是材料燃烧性能的一个非常重要的数据。如果材料具有较大的燃烧速率，那么在火灾发生后，火焰就会迅速蔓延。各种可燃性材料其燃烧速率是不同的，它与许多因素有关（如通风状态、材料形状等）。材料的燃烧性能是评价材料防火性能的一项重要指标。

4. 材料的发烟性

材料的发烟性是指建筑材料在燃烧或热解作用中，所产生的悬浮在大气中可见的固体和液体微粒。固体微粒就是碳粒子，液体微粒主要指一些焦油状的液滴。材料燃烧时的发烟性大小直接影响火场中的能见度，发烟性大就会使人从火场中逃生变得困难，也影响消防人员的扑救工作。建筑防火最重要的目的之一是尽量减少火灾中人员的伤亡。因此，在考虑材料的防火性能时必须重视材料的发烟性能。

5. 材料的潜在毒性

材料燃烧时的毒性包括建筑材料在火灾中受热发生热分解释放出的热分解产物和燃烧

产物对人体的毒害作用。统计资料表明,火灾中死亡的人员,主要是中毒所致,或先中毒昏迷后被烧死,直接烧死的只占少数。据国外统计,建筑火灾中80%的人员死亡为烟气中毒而死。因此,在研究材料的防火性能时对于材料的潜在毒性一定要加以高度重视。

在讨论材料的防火性能时绝不能只片面地考虑材料是否具有可燃性,而必须综合考虑上述五方面的因素[5]。当然,由于材料的种类、使用环境等均不相同,在考虑其防火性能时又应有所侧重。例如:对于混凝土、砖石和钢材等材料,由于它们都是无机材料(属不燃性材料),且在建筑中主要用于承重结构,因此在考虑其防火性能时应重点考虑其高温下的力学性能及导热性能;而对于塑料、木材等材料,由于其为有机材料(属可燃性材料)且在建筑中主要起装饰作用,所以在考虑其防火性能时则应侧重于其燃烧性能、发烟性能及潜在毒性。所以,只有对材料进行综合分析和有所侧重地研究,才能使我们对材料的防火性能有一个较全面的认识。

6.2 常见防火材料组成、结构与性能

随着我国一系列建筑工程防火规范的颁布和完善,在建筑设计和装饰工程中,对防火的要求也越来越高,建筑防火材料的需求量越来越大[6]。因此,越来越多的建筑防火材料经国家和各省市级公安消防监督机关鉴定投产,并在各类建筑工程和设施中采用。本节主要介绍应用的各种建筑防火涂料、建筑防火板材、内装饰的阻燃材料、室内陈设用阻燃织物及其他具有防火阻燃功能的建筑材料。

6.2.1 建筑防火板材

建筑装修防火板材,是一种以硅质材料或者钙质材料为主,加上一定量的纤维材料、轻质的骨质材料以及黏合剂、添加剂,再经过高压制作而成的装饰用材[7]。这是现在使用范围非常广的一种新型材料。目前防火板材有 0.8 mm、1 mm、1.2 mm 三个规格,可分为石膏板、硅酸钙板、纤维增强水泥板、玻璃棉板、矿棉板、岩棉板、膨胀珍珠岩板、膨胀蛭石防火板、金属复合板、玻璃纤维制品、防火玻璃、防火隔声隔热制品以及其他防火板材等。

6.2.1.1 石膏板

石膏板是以建筑石膏为主要原料制成的一种材料。它是一种质量轻、强度较高、厚度较薄、加工方便以及隔声绝热和防火等性能较好的建筑材料,是当前着重发展的新型轻质板材之一。石膏板已广泛用于住宅、办公楼、商店、旅馆和工业厂房等各种建筑物的内隔墙、墙体覆面板(代替墙面抹灰层)、天花板、吸音板、地面基层板和各种装饰板等。

石膏板分为普通纸面石膏板(常用)、纤维石膏板和石膏装饰板。它以石膏为主要材料,加入纤维、黏结剂、改性剂,经混炼压制、干燥而成,具有防火、隔声、隔热、轻质、高强、收缩率小等特点,且稳定性好、不老化、防虫蛀,可用钉、锯、刨、粘等方法施工。

目前市场上常用的石膏类板材墙体有纸面石膏板隔墙、纤维石膏板隔墙、增强石膏空心条板隔墙。

1. 纸面石膏板

纸面石膏板是以建筑石膏为主要原料,掺入适量添加剂与纤维做板芯,以特制的板纸为护面,经加工制成的板材。纸面石膏板具有质量轻、隔声、隔热、加工性能强、施工方法简便的特点。纸面石膏板是以天然石膏和护面纸为主要原材料,掺加适量纤维、淀粉、促凝剂、发泡剂和水等制成的轻质建筑薄板。

纸面石膏板的品种很多,市面上常见的纸面石膏板有以下四类:

(1)普通类。象牙白色纸面板芯,灰色板芯,这是最为经济与常见的品种。适用于无特殊要求的使用场所,使用场所连续相对湿度不超过65%。因为价格的原因,很多人喜欢使用9.5 mm厚的普通纸面石膏板来做吊顶或间墙,但是由于9.5 mm普通纸面石膏板比较薄、强度不高,在潮湿条件下容易发生变形,因此建议选用12 mm以上的石膏板。同时,使用较厚的板材也是预防接缝开裂的一个有效手段。

(2)耐水类。其板芯和护面纸均经过了防水处理,根据国标的要求,耐水纸面石膏板的纸面和板芯都必须达到一定的防水要求(表面吸水量不大于160 g,吸水率不超过10%)。耐水纸面石膏板适用于连续相对湿度不超过95%的使用场所,如卫生间、浴室等。

(3)耐火类。其板芯内增加了耐火材料和大量玻璃纤维,如果切开石膏板,可以从断面处看见很多玻璃纤维。质量好的耐火纸面石膏板会选用耐火性能好的无碱玻纤,一般的产品都选用中碱或高碱玻纤。

(4)防潮类。具有较高的表面防潮性能,表面吸水率小于160 g/m²,防潮石膏板用于环境潮度较大的房间吊顶、隔墙和贴面墙。

纸面石膏板作为一种新型建筑材料,在性能上有以下特点:

(1)生产能耗低,生产效率高。生产同等单位的纸面石膏板的能耗比水泥节省78%。且投资少,生产能力大,工序简单,便于大规模生产。

(2)轻质。用纸面石膏板作隔墙,质量仅为同等厚度砖墙的1/15、砌块墙体的1/10,有利于结构抗震,并可有效减少基础及结构主体造价。

(3)保温隔热。纸面石膏板板芯60%左右是微小气孔,因空气的导热系数很小,因此具有良好的轻质保温性能。

(4)防火性能好。由于石膏芯本身不燃,且遇火时在释放化合水的过程中会吸收大量的热,延迟周围环境温度的升高。因此,纸面石膏板具有良好的防火阻燃性能。经国家防火检测中心检测,纸面石膏板隔墙耐火极限可达4 h。

(5)隔声性能好。采用单一轻质材料,如加气混凝土、膨胀珍珠岩板等构成的单层墙体当其厚度很大时才能满足隔声的要求,而纸面石膏板隔墙具有独特的空腔结构,具有很好的隔声性能。

(6)装饰功能好。纸面石膏板表面平整,板与板之间通过接缝处理形成无缝表面,表面可直接装饰。

(7)加工方便,可施工性好。纸面石膏板具有可钉、可刨、可锯、可粘的性能,用于室内装饰,可取得理想的装饰效果,仅需裁纸刀便可随意对纸面石膏板进行裁切,施工非常方便,用它做装饰材料可极大地提高施工效率。

（8）舒适的居住功能。由于石膏板的孔隙率较大，并且孔结构分布适当，所以具有较高的透气性能。当室内湿度较高时，可吸湿，而当空气干燥时，又可放出一部分水分，因而对室内湿度起到一定的调节作用，国外将纸面石膏板的这种功能称为"呼吸"功能，正是由于石膏板具有这种独特的"呼吸"性能，可在一定范围内调节室内湿度，使居住条件更舒适。

（9）绿色环保。纸面石膏板采用天然石膏及纸面作为原材料，不含对人体有害的石棉（绝大多数的硅酸钙类板材及水泥纤维板均采用石棉作为板材的增强材料）。

（10）节省空间。采用纸面石膏板作墙体，墙体厚度最小可达 74 mm，且可保证墙体的隔声、防火性能。

2. 纤维石膏板

纤维石膏板（或称石膏纤维板、无纸石膏板）是以建筑石膏粉为主要原料，以各种纤维为增强材料的一种新型建筑板材。纤维石膏板是继纸面石膏板取得广泛应用后，又一次开发成功的新产品。

由于纤维石膏板外表省去了护面纸板，因此，其应用范围比纸面石膏板更大；其综合性能优于纸面石膏板，如厚度为 12.5 mm 的纤维石膏板的螺丝握裹力达 600 N/mm^2，而纸面石膏板仅为 100 N/mm^2，所以纤维石膏板具有钉性，可挂东西，而纸面石膏板不行；其产品成本虽略大于纸面石膏板，但投资的回报率却高于纸面石膏板，因此是一种很有开发潜力的新型建筑板材。

在应用方面，纤维石膏板可作干墙板、墙衬、隔墙板、瓦片及砖的背板、预制板外包覆层、天花板块、地板防火门及立柱、护墙板以及特殊应用，如拖车及船的内墙、室外保温装饰系统。在销售市场方面除了常用建筑业及用户自行装修市场外，还有其他新的市场。

目前，建筑隔墙板的市场要求及趋势是：高质量（包括高的防火、防潮、抗冲击性能）、低价格。纤维石膏板已具备防火、防潮及抗冲击性能，加之简易设计的优质隔墙具有较低价格，因此比其他石膏板材具有更大的潜力。

纤维石膏板十分便于搬运，不易损坏。由于纵、横向强度相同，故可以垂直及水平安装。纤维石膏板的安装及固定，除了与纸面石膏板一样用螺钉、圆钉固定，还可以使施工更为快捷与方便。一般的纸面石膏板的安装系统均可用于纤维石膏板。纤维石膏板的装饰可用各类墙纸、墙布、涂料及墙砖等。在板的上表面可做成光洁平滑或经机械加工成各种图案形状，或经印刷成各种花纹，或经压花成带凹凸不平的花纹图样。纤维石膏板因为具有如上的诸多优势，作为纸面石膏板的升级换代产品，必然会得到一个更为广阔的发展空间。

6.2.1.2　纤维增强水泥平板

水泥纤维板是以硅质、钙质材料为主原料，加入植物纤维，经过高温蒸压养护而成的一种新型建筑装饰材料。一般不含石棉，具有良好的抗压强度，在使用过程中亦不会产生有毒气体或辐射，是一种环保、无污染、耐火耐旱的建筑材料。

通常所说的纤维增强水泥平板一般用于钢结构隔层楼板，厚板 24 mm，或叫楼板王、厚板王，常用于 LOFT 公寓、室内隔层楼板。纤维增强水泥平板有 TK 板和 GRC 板两类。TK板的主要性能见表 6-1。

表 6-1　TK 板性能

项　目	指　标		
	100 号	150 号	200 号
抗弯强度/MPa	>10.0	>15.0	>20.0
吸水率/%	<32	<28	<28
抗冲击强度/(J·cm⁻²)	>0.25	>0.25	>0.25
耐火极限/min	9.3~9.8		
热导率/[W·(m·K)⁻¹]	0.581		

按内部纤维分,国内用的大部分都是用石棉纤维起增强作用,这种纤维水泥板就叫作温石棉纤维水泥平板;另外还有不含石棉纤维的,用纸浆、木屑、玻璃纤维来替代石棉纤维起增强作用的都统称无石棉纤维水泥平板。

按密度分可分为低密度 0.9~1.2 g/cm³、中密度 1.2~1.5 g/cm³、高密度 1.5~2.0 g/cm³。低密度一般用于低档建筑的吊顶、隔墙等部位,中密度一般用于中档建筑的隔墙、吊顶,高度密一般用于高档建筑的钢结构外墙、钢结构楼板等。我国纤维水泥板根据国家建筑行业标准分为两大类:一类是高密度纤维水泥板,缺点是容易变形;另一类是中低密度纤维水泥板,其产品变形系数要小一点。

按压力分有无压板和压力板。中低密度的纤维水泥板都是无压板,高密度的是压力板。

按厚度分可分为:超薄板,2.5~3.5 mm;常规板,4~12 mm;厚板,13~30 mm;超厚板,31~100 mm。一般的厂家做不了超薄板和超厚板,这也是行业内衡量企业生产能力和技术水平的重要依据。

6.2.1.3　泰柏板

泰柏板是一种新型建筑材料,它选用强化钢丝焊接而成的三维笼为构架,是目前取代轻质墙体最理想的材料。泰柏板是以阻燃聚苯泡沫板或岩棉板为板芯,两侧配以直径 2 mm 的冷拔钢丝网片,腹丝斜插过芯板焊接而成,主要用于建筑的围护外墙、轻质内隔断等。

它具有节能、质量轻、强度高、防火、抗震、隔热、隔声、抗风化、耐腐蚀的优良性能,并有组合性强、易于搬运、适用面广、施工简便等特点。产品广泛用于建筑业、装饰业内隔墙,围护墙,保温复合外墙和双轻体系(轻板、轻框架)的承重墙;可用于楼面、屋面、吊顶,新旧楼房加层和卫生间隔墙等;面层可作贴面装修。

泰柏板的技术性能指标如下:

(1) 质量。泰柏板自重 3.9 kg/m²,抹面后约为 90 kg/m²,比半砖墙约轻 64%。

(2) 强度。轴向允许荷载,2.44 m 和 3.66 m 高的泰柏墙分别为 729 kPa 和 613 kPa;横向允许荷载,高度或跨度为 2.44 m 或 3.05 m 的泰柏墙分别为 19 kPa 和 12 kPa。

(3) 防火。当泰柏板两面均涂以 20 mm 厚的水泥砂浆层时,其耐火极限为 1.3 h;当涂以 3.15 mm 厚的水泥砂浆层时,其耐火极限为 2 h;当泰柏板之间均涂以 3.15 mm 厚的水泥砂浆层再粘贴 30 mm 厚的石膏板时,其耐火极限可达 5 h。

（4）保温、隔热性。泰柏板的热阻约为 $0.64\ \mathrm{m}^2 \cdot \mathrm{K/W}$，用作围护结构时常可节省一部分取暖或空调的能源。

（5）隔声。由 100 mm 厚泰柏墙建造的住房，其相邻间隔在互相关闭的情形下，1/3 倍频程声音阻隔效果实测值为 41～44 dB。

除上述主要性能外，泰柏板还具有防震、防潮、抗冰冻融化、耐久，易于装修、吊挂、敷设暗管等优点。纤维增强硅酸钙是以优质高标号水泥为基体材料，并配以天然纤维增强，经先进生产工艺成形、加压、高温蒸养等特殊技术处理而制成，是一种具有优良性能的新型无机建筑材料和工业用板材。

6.2.1.4 纤维增强硅酸钙板

因其强度高、质量轻，并具有良好的可加工性能和不燃性，因此广泛应用于工商业工程建筑的吊顶天花和隔墙、家庭装修、家具的衬板、广告牌的衬板、船舶的隔仓板、仓库的棚板、网络地板以及隧道等室内工程的壁板。

纤维增强硅酸钙板的主要技术性能见表 6-2。

表 6-2　纤维增强硅酸钙板性能指标

项目	指标	备注
抗折强度/MPa	≥7.84	
抗冲击强度/$(\mathrm{J} \cdot \mathrm{cm}^{-2})$	≥0.147	
干容重/$(\mathrm{kg} \cdot \mathrm{m}^{-3})$	900～1 100	
热导率/$[\mathrm{W} \cdot (\mathrm{m} \cdot \mathrm{K})^{-1}]$	0.18	
耐火极限/h	1.2	7.5 cm，双面复合墙
隔声性能/dB	45	10 mm 厚，双面复合墙
湿胀率/%	0.035	干燥→饱水
干缩率/%	0.030	饱水→干燥

6.2.1.5 水泥刨花板

水泥刨花板是以木材刨花为主要原材料，用水泥为胶黏剂制成的建筑板材。这种板材兼有水泥和木材二者的优点，强度高、自重轻、耐水、防火、保温、隔声、板面光滑，并具有可以锯、切、粘、钉等良好的可加工性能[8]。水泥刨花板的用途广泛，可做内外墙板、天花板、壁橱板、货架板等，现在也大量用作活动房屋的内外墙板，亦可制成通风道、烟道、碗橱、窗帘盒、电闸箱等建筑配套制品。

水泥刨花板的主要原材料如下：

（1）水泥。生产水泥刨花板使用的水泥，要求早期强度高，凝结时间较快，一般用 425 号、525 号硅酸盐水泥或 525 号普通水泥，也可用快硬早强水泥。

（2）刨花。根据刨花的来源，可以分为废料刨花和特制刨花两类。废料刨花是木材加工中产生的废料，这种刨花强度较低、均匀性差，但价格低廉。特制刨花是用不成材的小规格木材作原料,在刨花机上切削成刨花,送入锤式再碎机再碎,经过筛选后使用。这样生产的刨花,规格比较一致,一般选用长度为 20 mm 左右、宽度为 4～6 mm、厚度为 0.2～0.3 mm 的刨花。

（3）填料。仅仅使用水泥和刨花形成不了紧密的结构,需要加入一定数量的充填材料。为了保持刨花板的性能,这类充填材料应选用与刨花相同性质的材料,如碎木纤维、锯木屑、稻草、麦秸、花生壳等。

（4）外加剂。水泥刨花板使用大量水泥,板材制造是在碱性介质环境下进行的。木材中的半纤维素要水解生成单糖类物质,对水泥起缓凝作用。木材中的淀粉转化成糖类物质和油脂,除了缓凝作用外,油脂在木板材料表面形成一层油脂薄膜,阻碍水泥浆与木板材料的黏结。加入外加剂,主要是为了克服上述有害成分的影响,加快水泥的凝结和促进早期强度的发展。常用的外加剂有硫酸铝、三乙醇胺、氯化钙、硅酸钠和氢氧化钙等。

6.2.1.6　矿棉板

矿棉是矿渣经高温熔化由高速离心机甩出的絮状物,无害、无污染,是一种变废为宝、有利于环境的绿色建材。矿棉板是以矿棉为主要原料制成的,其最大的特点是具有很好的吸声、隔热效果。其表面有滚花和浮雕等效果,图案有满天星、毛毛虫、十字花、中心花、核桃纹、条状纹等。矿棉板能隔声、隔热、防火,任何制品都不含石棉,对人体无害,并有抗下陷功能。

6.2.1.7　岩棉板

岩棉板是以玄武岩及其他天然矿石等为主要原料,经高温熔融成纤,加入适量黏结剂,固化加工而制成的,广泛应用于船舶、冶金、电力、建筑等行业,具有良好的绝热、隔声效果。施工及安装便利,节能效果显著,具有很高的性价比。

船用岩棉板和憎水岩棉板在生产时加入了憎水添加剂,具有良好的防潮性能。船用岩棉板用于船舶的保温隔热和防火隔断;憎水岩棉板用于车辆、移动设备、冷库工程、空调管道等,在潮湿环境中的保温防火,以及对防潮有一定要求的应用场合。

建筑用岩棉板具有优良的防火、保温和吸声性能。它主要用于建筑墙体、屋顶的保温隔声;建筑隔墙、防火墙、防火门和电梯井的防火和降噪。

6.2.1.8　防火玻璃

防火玻璃是一种在规定的耐火试验中能够保持其完整性和隔热性的特种玻璃,按耐火性能等级分为 A、B、C 三类。

A 类:同时满足耐火完整性、耐火隔热性要求的防火玻璃。包括复合型防火玻璃和灌注型防火玻璃两种。此类玻璃具有透光、防火(隔烟、隔火、遮挡热辐射)、隔声、抗冲击性能,适用于建筑装饰钢木防火门、窗、上梁、隔断墙、采光顶、挡烟垂壁、透视地板及其他需要既透明又防火的建筑组件中。

B 类:船用防火玻璃,包括舷窗防火玻璃和矩形窗防火玻璃,外表面玻璃板是钢化安全玻璃,内表面玻璃板材料类型可任意选择。

C 类:只满足耐火完整性要求的单片防火玻璃。分为复合防火玻璃(灌注型和复合型)与单片防火玻璃。此类玻璃具有透光、防火、隔烟、强度高等特点。适用于无隔热要求的防火玻璃隔断墙、防火窗、室外幕墙等。

6.2.2　阻燃墙纸及阻燃织物

20 世纪 80 年代开始,随着我国建筑业高速发展,装饰装修材料品种不断推陈出新,大量可燃性装饰装修材料被应用到建筑中。纤维织物(地毯、帘布等)、壁纸、木质地板等都已成为重要的建筑装饰装修材料。这些材料一般都不具有阻燃性,一旦接触明火,就有可能迅速燃烧,引发或加剧火灾[9]。根据火因分析,纺织品着火或因纺织品不阻燃而蔓延引起的火灾,占火灾事故的 20％ 以上,特别是建筑火灾,纺织品着火蔓延所占的比例更大。许多典型、重大火灾案例已证明了这一点。

可见,室内可燃物品往往是酿成重大火灾事故的根源。因此,有必要对这些材料进行阻燃处理或使用具有阻燃性能的墙纸和织物。

6.2.2.1　阻燃墙纸

可以从原材料和成品两方面入手,对纸及纸制品进行阻燃处理。具体可归纳为以下几种:

(1)采用不燃性或难燃性原料。例如用石棉纤维或玻璃纤维为原料,应用特殊的造纸技术,制造不燃或难燃纸。

(2)在造纸浆料中添加阻燃剂。通过此法对纸进行阻燃化,只要注意消除或减小阻燃剂的水溶性,使阻燃成分均匀地分散在纸内,就能实现较好的阻燃效果,且生产工艺简单。常用的阻燃剂有磷化物、氯化物、磷-卤化合物、氮化物、膨化物、硅酸钠、氢氧化铝等。

(3)纸及纸制品的浸渍处理。将已成形的纸及纸制品浸渍在一定浓度的阻燃剂溶液中,经一定时间后取出、干燥,即可获得阻燃制品。阻燃剂的载量应在 5％～15％。这种处理方法可能对纸的白度、强度等性能有一定影响。

(4)纸及纸制品的涂布处理。将不溶性或难溶性阻燃剂分散在一定溶剂中,借助于胶黏剂(树脂),采用涂布或喷涂的方法,将该阻燃体系涂布到纸及纸制品表面上,加热干燥即可。

防火壁纸用防火材质编制而成,常用玻璃纤维编制而成。防火壁纸是用 $100～200 \text{ g/m}^2$ 的石棉纸作基材,同时在壁纸面层的 PVC 涂塑材料中掺有阻燃剂,使壁纸具有一定的防火阻燃性能。适用于防火要求较高的各种公共与民用建筑住宅,以及各种家庭居室中木质材料较多的装饰墙面。由于各种壁纸所使用的环境不同,其防火等级也是不同的。民用壁纸的防火等级要求相对较低,各种公共环境的壁纸防火等级要求相对较高,而且要求壁纸燃烧后没有有毒气体产生。

防火壁纸又可分为表面防火和全面防火两种。表面防火壁纸是在塑胶涂层添加阻燃剂,底纸为普通不阻燃纸;全面防火壁纸是在表面涂料层和底纸全部采用阻燃配方的壁纸。此类壁纸在全世界的使用率较低,仅为 1％ 左右。

6.2.2.2　阻燃织物

阻燃织物是指在接触火焰或炽热物体后，能防止本身被点燃或可减缓并终止燃烧的劳动防护织物，分纤维阻燃和后整理阻燃两种[10]。适用于在明火散发火花或熔融金属附近操作，或在有易燃易爆物质和有着火危险的环境中作业。

（1）纤维阻燃。直接生产阻燃纤维或用耐高温阻燃纤维制成的织物，具有永久阻燃性。高性能阻燃纤维主要有 Kevlar、PBI、Nomex、Kerme、芳砜纶、酚醛纤维及三聚氰胺纤维等。

（2）后整理阻燃。对纺织品进行化学改性或阻燃后处理，该方法成本低，但阻燃性一般随着使用年限和洗涤次数的增加而逐渐降低或消失，如 Yang 等人用含羟基功能性有机磷低聚物对尼龙/棉混纺织物整理，获得较高的阻燃性。后整理阻燃以新乡豫龙纺织生产的棉锦阻燃布为例：面料是由 88％的棉纤维、12％的尼龙纤维混纺而成。采用国际先进的阻燃工艺 PROBAN 阻燃，使面料具有优良的阻燃性能。除此之外，结合面料本身的优点，能有效防止火花、金属熔滴物的喷溅，其 ATPV① 值更高，热防护性能更好，是阻燃面料中较为高端的选择。

总体上说，纤维阻燃比织物阻燃更能充分利用阻燃剂，其效果也更持久、手感更柔软。但在实际应用中，往往采用多种阻燃剂，以两种以上方式协同效应达到阻燃效果。但是后整理阻燃要比纤维阻燃成本要低得多。

评判织物的阻燃性能通常采用两种依据：一是从织物的燃烧速率进行评判，即经过阻燃整理的面料按规定的方法与火焰接触一定的时间，然后移去火焰，测定面料继续有焰燃烧和无焰燃烧的时间，以及面料被损毁的程度。有焰燃烧的时间和无焰燃烧的时间越短，被损毁的程度越低，则表示面料的阻燃性能越好；反之，则表示面料的阻燃性能不佳。另一种是通过测定样品的极限氧指数进行评判。极限氧指数（Limiting Oxygen Index, LOI）是指样品燃烧所需氧气量的表述，故通过测定氧指数即可判定面料的阻燃性能。氧指数越高则说明维持燃烧所需的氧气浓度越高，即表示越难燃烧。该指数可用样品在氮、氧混合气体中保持烛状燃烧所需氧气的最小体积百分数来表示。从理论上讲，纺织材料的氧指数只要大于 21％（自然界空气中氧气的体积浓度），其在空气中就有自熄性。根据氧指数的大小，通常将纺织品分为易燃（$LOI < 20\%$）、可燃（$LOI = 20\% \sim 26\%$）、难燃（$LOI = 26\% \sim 34\%$）和不燃（$LOI > 35\%$）四个等级。

棉织物的阻燃整理发展很快，目前国内发展已比较成熟，阻燃剂基本可以工业化生产。纯棉耐久性阻燃整理，大体有下列三种方法：

（1）Proban/氨熏工艺，传统的 Proban 法是阻燃剂 THPC（四羟甲基氯化氨）浸轧后焙烘工艺，改良的方法是 Proban/氨熏工艺，工艺流程为：浸轧阻燃整理→烘干→氨熏→氧化→水洗→烘干。这是目前公认的阻燃效果好、织物降强小、手感影响少的工艺。但由于设备问题限制了其推广。

（2）Pyrovatex CP 整理工艺。产品的阻燃性能较好，耐久性好，可耐家庭洗涤 50 次甚

---

①　ATPV：电弧热防护性能值，是指材料或系统上可导致 50％的概率出现二度烧伤的入射能量值。

至 200 次以上,手感良好,但强力降低稍大。

(3)纯棉暂时性、半耐久性阻燃整理——电热毯、墙布、沙发布等织物的阻燃耐洗次数要求不是很高,这类产品做暂时性或半耐久性阻燃整理即可。即能耐 1~15 次温水洗涤,但不耐皂洗。主要有硼砂-硼酸工艺、磷酸氢二铵工艺、磷胺工艺、双氰胺工艺等。

毛织物的阻燃整理:羊毛具有较高的回潮率和含氮量,故有较好的天然阻燃性,但若要求更高的标准,则需进行阻燃整理。最早的羊毛阻燃整理是采用硼砂、硼酸溶液浸渍法,产品用于飞机上的装饰用布。这种方法阻燃效果良好,但不耐水洗。20 世纪 60 年代后采用 THPC 处理,耐洗性较好,但工序繁复,手感粗糙,失去了毛织物的品格。国际羊毛局研究的方法是采用钛、锆和羟基酸的络合物对羊毛织物整理,获得满意的阻燃效果,且不影响羊毛的手感,故得到普遍采用。80 年代后期以来,国内有几个单位研究开发毛用阻燃剂及整理工艺,获得了满意的结果。天津合成材料研究所研制了复合型 WFR-866 系列阻燃剂,一种为 WFR-866F(以氟的络合物为主要成分),一种为 WFR-866B(以含溴羟基酸为主要成分)。目前,纯毛阻燃织物主要应用于飞机舱内以及高级宾馆等地毯、窗帘、贴墙材料等。

6.2.3　阻燃剂

阻燃剂又称难燃剂、耐火剂、防火剂,通过若干机理发挥其阻燃作用,如吸热作用、覆盖作用、抑制链反应、不燃气体的窒息作用等,多数阻燃剂是通过若干机理共同作用达到阻燃目的的[11,12]。

阻燃科学技术是为了适应社会安全生产和生活的需要、预防火灾发生、保护人民生命财产而发展起来的一门科学。阻燃剂是阻燃技术在实际生活中的应用,它是一种用于改善可燃易燃材料燃烧性能的特殊的化工助剂,广泛应用于各类装修材料的阻燃加工中。经过阻燃剂加工后的材料,在受到外界火源攻击时,能够有效阻止、延缓或终止火焰的传播,从而达到阻燃的作用。

阻燃剂的生产和应用在经历了 20 世纪 80 年代初的蓬勃发展后,已进入稳步发展阶段。随着我国合成材料工业的发展和应用领域的不断拓展,阻燃剂在化学建材、电子电器、交通运输、航天航空、日用家具、室内装饰、衣食住行等各个领域中具有广阔的市场前景。此外,煤田、油田、森林灭火等领域也促进了我国阻燃、灭火剂的快速发展。我国阻燃剂已发展成为仅次于增塑剂的第二大高分子材料改性添加剂。近几年,我国阻燃剂的生产和消费形势持续发展,国内阻燃剂消费量急剧上升,增加的市场份额主要源于两个方面:电子电器和汽车市场。

国内阻燃剂的品种和消费量还是以有机阻燃剂为主,无机阻燃剂生产和消费量还较少,但近年来发展势头较好,市场潜力较大[13]。阻燃剂中最常用的卤系阻燃剂虽然具有其他阻燃剂系列无可比拟的高效性,但是它对环境和人的危害是不可忽视的。环保问题是助剂开发和应用商关注的焦点,所以国内外一直在调整阻燃剂的产品结构,加大高效环保型阻燃剂的开发。无卤、低烟、低毒阻燃剂一直是人们追求的目标,近年来人们对阻燃剂无卤化开发表现出很高的热情,投入了很大的力量,并取得了可观的成果。随着国家对阻燃技术要求力度的加强,我国阻燃剂的开发和发展将出现更广阔的前景。我国应该提高开发创新能力,推动阻燃剂工业朝着环保化、低毒化、高效化、多功能化的方向发展。

6.2.3.1 阻燃剂分类

根据《中国阻燃剂行业产销需求与投资预测分析报告前瞻》的分析,可按不同的划分标准将阻燃剂进行分类。

1. 按所含阻燃元素分

按所含阻燃元素可将阻燃剂分为卤系阻燃剂、磷系阻燃剂、氮系阻燃剂、磷-卤系阻燃剂、磷-氮系阻燃剂等几类。

卤系阻燃剂在热解过程中,分解出捕获传递燃烧自由基的 X 及 HX,HX 能稀释可燃物裂解时产生的可燃气体,隔断可燃气体与空气的接触。

磷系阻燃剂在燃烧过程中产生了磷酸酐或磷酸,促使可燃物脱水碳化,阻止或减少可燃气体产生。磷酸酐在热解时还形成了类似玻璃状的熔融物覆盖在可燃物表面,促使其氧化生成二氧化碳,起到阻燃作用。

在氮系阻燃剂中,氮的化合物和可燃物作用促进交链成炭,降低可燃物的分解温度,产生的不燃气体可起到稀释可燃气体的作用。

磷-卤系阻燃剂、磷-氮系阻燃剂主要是通过磷-卤、磷-氮协同效应作用达到阻燃目的,具有磷-卤、磷-氮的双重效应,阻燃效果比较好。

2. 按组分不同分

按组分的不同可分为无机阻燃剂、有机阻燃剂以及有机、无机混合阻燃剂三种。

无机阻燃剂是目前使用最多的一类阻燃剂,它的主要组分是无机物,应用产品主要有氢氧化铝、氢氧化镁、磷酸一铵、磷酸二铵、氯化铵、硼酸等[11]。

有机阻燃剂的主要组分为有机物,主要的产品有卤系、磷酸酯、卤代磷酸酯等。还有一部分有机阻燃剂用于纺织织物的耐久性阻燃整理,如六溴水散体、十溴-三氧化二锑阻燃体系,具有较好的耐洗涤的阻燃性能。

有机、无机混合阻燃剂是无机阻燃剂的改良产品,主要用非水溶性的有机磷酸酯的水乳液,部分代替无机阻燃剂[14]。在三大类阻燃剂中,无机阻燃剂具有无毒、无害、无烟、无卤的优点,广泛应用于各类领域,需求总量占阻燃剂需求总量一半以上,需求增长率有增长趋势。

3. 按使用方法分

按使用方法的不同可把阻燃剂分为添加型和反应型两种。

添加型阻燃剂主要是通过在可燃物中添加阻燃剂以发挥阻燃剂的作用。

反应型阻燃剂则是通过化学反应在高分子材料中引入阻燃基团,从而提高材料的抗燃性,起到阻止材料被引燃和抑制火焰传播的目的。在阻燃剂的这两种类型中,添加型阻燃剂占主导地位,使用的范围比较广,约占阻燃剂的 85%,反应型阻燃剂仅占 15%。

各类树脂适用的阻燃剂见表 6-3。

表 6-3 各类树脂适用的阻燃剂

树脂类型	适用的阻燃剂
聚烯烃 PP/PE	氢氧化镁,氢氧化铝,TDCPP,聚磷酸铵,八溴醚,磷酸三苯酯,六溴环十二烷,MPP,硼酸锌,十溴二苯乙烷,包覆红磷,TBC
聚氨酯 PU	TCEP,TCPP,TDCPP,DMMP,聚磷酸铵,磷酸三苯酯,MPP,FB
不饱和树脂 UPR	TCPP,TDCPP,DMMP,HBCD,TBC,聚磷酸铵
尼龙 PA6/PA6	MCA,MPP,FB,十溴二苯乙烷,十溴二苯醚,包覆红磷
聚酯 PBT/PET	TDCPP,磷酸三苯酯,MPP,十溴二苯乙烷,聚磷酸铵,十溴二苯醚,包覆红磷
环氧树脂 EP	TCPP,TDCPP,IPPP,聚磷酸铵,十溴二苯醚,DMMP,磷酸三苯酯,十溴二苯乙烷,YS-DO601
聚碳酸酯 PC	磷酸三苯酯,HBCD,MCA,聚磷酸铵
聚氯乙烯 PVC	TCEP,TCPP,TDCPP,IPPP,MCA,八溴醚,磷酸三苯酯,聚磷酸铵
酚醛树脂 PF	TCEP,TCPP,TDCPP,磷酸三苯酯,硼酸锌,聚磷酸铵

6.2.3.2 阻燃剂的阻燃机理

阻燃剂是通过若干机理发挥其阻燃作用的,如吸热作用、覆盖作用、抑制链反应、不燃气体的窒息作用等。多数阻燃剂是通过若干机理共同作用达到阻燃目的的。

1. 吸热作用

任何燃烧在较短的时间内所放出的热量是有限的,如果能在较短的时间内吸收火源所放出的一部分热量,那么火焰温度就会降低,辐射到燃烧表面和作用于将已经气化的可燃分子裂解成自由基的热量就会减少,燃烧反应就会得到一定程度的抑制。在高温条件下,阻燃剂发生了强烈的吸热反应,吸收燃烧放出的部分热量,降低可燃物表面的温度,有效地抑制可燃性气体的生成,阻止燃烧的蔓延。$Al(OH)_3$ 阻燃剂的阻燃机理就是通过提高聚合物的热容,使其在达到热分解温度前吸收更多的热量,从而提高其阻燃性能。这类阻燃剂充分发挥其结合水蒸气时大量吸热的特性,提高其自身的阻燃能力。

2. 覆盖作用

在可燃材料中加入阻燃剂后,阻燃剂在高温下能形成玻璃状或稳定泡沫覆盖层,隔绝氧气,具有隔热、隔氧、阻止可燃气体向外逸出的作用,从而达到阻燃目的。如有机阻磷类阻燃剂受热时能产生结构更趋稳定的交联状固体物质或碳化层。碳化层的形成一方面能阻止聚合物进一步热解,另一方面能阻止其内部的热分解产生物进入气相参与燃烧过程。

3. 抑制链反应

根据燃烧的链反应理论,维持燃烧所需的是自由基。阻燃剂可作用于气相燃烧区,捕捉燃烧反应中的自由基,从而阻止火焰的传播,使燃烧区的火焰密度下降,最终使燃烧反应速度下降直至终止。如含卤阻燃剂,它的蒸发温度和聚合物分解温度相同或相近,当聚合物受热分解时,阻燃剂也同时挥发出来。此时含卤阻燃剂与热分解产物同时处于气相燃烧区,卤素便能够捕捉燃烧反应中的自由基,从而阻止火焰的传播,使燃烧区的火焰密度下降,最终使燃烧反应速度下降直至终止。

4. 不燃气体窒息作用

阻燃剂受热时分解出不燃气体,将可燃物分解出来的可燃气体的浓度冲淡到燃烧下限以下。同时也对燃烧区内的氧浓度具有稀释作用,阻止燃烧的继续进行,达到阻燃的作用。

6.3　建筑防火涂料

防火涂料又叫阻燃涂料,是用于可燃性基材表面,能降低被涂材料表面的可燃性、阻滞火灾的迅速蔓延,用以提高被涂材料耐火极限的一种特种涂料。适用于可燃性基材表面,用以改变材料表面的燃烧特性,阻滞火灾迅速蔓延;或用于建筑构件上。

由于建筑工程的高层化、集群化,工业的大型化及有机合成材料的广泛应用,人们对防火工作引起高度重视,而采用涂料防火方法比较简单,适应性强,因而在公用建筑、车辆、飞机、船舶、古建筑及文物保护、电器电缆、宇航等方面都有应用。有的国家还制定相关法律,规定用于学校、医院、电影院等公共设施内的建筑涂料必须是阻燃的,因此防火涂料获得了迅速的发展。

目前国内防火涂料分为一、二、三级,一级性能最好。防火涂料质量的好坏其实主要由防火涂料的防火性能和理化性能决定。防火性能包括耐燃时间、火焰传播比值、失重及碳化体积等四个指标,可以分别根据国家标准进行大板燃烧法、隧道燃烧法、小室燃烧法试验得出。而理化性能主要包括固体含量、黏度、柔韧性、冲击强度、附着力、干燥时间和耐水性。其技术指标则根据国家标准试验后获得。

非膨胀型防火涂料依赖于它本身的难燃性和不燃性来阻止火焰传播,所以,涂层越厚,高温下形成的一种釉状物也越厚,防火涂料的隔热效果也会得到提高。对膨胀型防火涂料来说,涂层厚,受火膨胀发泡,形成隔绝氧气和隔热的泡沫层也越厚,同时部分含氮防火涂料分解出的[NO]、[NH₃]等基团增多,与有机游离基化合,中断连锁反应的效果也好。所以,从提高耐火性能来说,防火涂料处理时,涂层越厚越好。

防火涂料由基料、分散介质、阻燃剂、溶剂等组成。施工前的防火涂料遇火发生燃烧,其实是防火涂料中的易燃液体溶剂在燃烧,而防火涂料的基料、阻燃剂等物质是不会燃烧的。因为溶剂型防火涂料以有机溶剂为溶剂,如200号溶剂汽油、正丁醇、丙酮、环己酮、甲苯等,因此,这些防火涂料一旦从桶里漏出来,就容易引起火灾。涂在建筑构件上的防火涂料,只有在溶剂蒸发完以后,才能起到阻火隔热的作用。

随着我国阻燃科学的发展,先进、优质的防火涂料应运而生,从正常应用情况看,效果是明显的。

6.3.1　防火涂料的组成与分类

6.3.1.1　防火涂料的组成

建筑防火涂料与其他类型的涂料一样,也是由基料、助剂、填料和颜料等组成。不同的是在防火涂料中加入了大量具有防火功能的组分,同时在材料选择上有一些特殊要求。

目前,防火涂料常用的基料有无机型和有机型两大类。无机型防火涂料的基料主要有硅酸盐(如硅酸钠、硅酸钾、硅酸锂等)、磷酸盐(如磷酸氢铝)、硅溶胶等。有机型防火涂料的基料品种较多,分水性基料和溶剂型基料两大类。常用的水性基料包括聚丙烯酸酯共聚乳液、硅丙乳液、聚醋酸乙烯酯乳液、氯偏乳液、丁苯乳液、氟碳树脂乳液等。溶剂型基料主要有酚醛树脂、卤化醇酸树脂、不饱和聚酯树脂、氨基树脂(如脲醛树脂、三聚氰胺甲醛树脂等)、卤代烯烃树脂(如聚氯乙烯树脂、高氯化聚乙烯、过氯乙烯树脂、偏氯乙烯树脂等)、呋喃树脂、有机硅树脂和氯化橡胶等。将无机基料和合成树脂基料配合使用,有时可以取得事半功倍的效果。

膨胀型防火涂料是由难燃树脂、难燃剂、成碳剂、脱水成碳催化剂及发泡剂组成。涂层在火焰或高温作用下会发生膨胀,形成比原来涂层厚度大几十倍的泡沫碳质层,能有效地阻挡外部热源对底材的作用,从而阻止燃烧的发生,其阻止燃烧的效益大于非膨胀型防火涂料。

膨胀型防火涂料中的主要成膜物质既具有良好的常温使用性,又能适应高温下的发泡性,常用的有合成树脂丙烯酸乳液、聚醋酸乙烯乳液、环氧树脂、聚氨酯、环氧-聚硫等。它们与有机难燃剂相结合,使涂层具有良好的难燃性。在高温及火焰的作用下,能迅速碳化的物质称为成碳剂。它们是形成泡沫碳化层的物质基础,通常是含高碳的多羟基化合物,如淀粉、季戊四醇及含羟基的有机树脂等。脱水成碳催化剂的主要功能是促进含羟基有机物脱水碳化,形成不易燃烧的碳质层。这类物质主要有聚磷酸铵、磷酸二氢铵和有机磷酸酯等。发泡剂能在涂层受热时分解出大量灭火性气体,使涂层发生膨胀形成海绵状细泡结构,这类物质有磷酸铵、聚磷酸铵、尿素、三聚氰胺、双氰铵、胍、氯化石蜡(70%)等。通常无机颜料和填料都具有耐燃性,常用的有云母粉、滑石粉、石棉粉、高岭土、氧化锌、钛白、碳酸钙、氢氧化铝、硼酸锌、偏硼酸钡、三氧化二锑等。

6.3.1.2 防火涂料的分类

1. 按涂料的组成材料与分散体系分

按涂料的组成材料与分散体可分为溶剂型防火涂料和水性防火涂料。溶剂型防火涂料是以有机溶剂为分散介质而制得的防火涂料。虽然溶剂型防火涂料存在污染环境、浪费能源及成本高等问题,但其仍有一定的应用范围,适用于各种混凝土结构、室内钢梁屋架、钢铁制品、网架、管道、电缆、木结构等防火、隔热、阻燃。

水性防火涂料是以水作为分散介质,以乳液作为成膜物质,再加上阻燃剂、隔热保温材料、多功能助剂、填料等组成的防火涂料。属于绿色环保涂料,对环境比较友好,因此是今后防火涂料发展的方向。

2. 按防火涂料适用的基材分

按防火涂料适用的基材可分为钢结构防火涂料、木结构防火涂料、水泥混凝土防火涂料和电缆防火涂料等。

3. 按涂料遇火受热后的形状分

按涂料遇火受热后的形状可分为膨胀型防火涂料和非膨胀型防火涂料。非膨胀型防火涂料又称隔热涂料,这类涂料在遇火时涂层基本上不发生体积变化,而是形成一层釉状保护层,起到隔绝氧气的作用,从而避免延缓或中止燃烧反应。这类涂料所生成的釉状保护层的热导率往往较大,隔热效果差。因此,为了取得较好的防火效果,涂层厚度一般较大,也称为厚型防火涂料。

膨胀型防火涂料在遇火时涂层迅速膨胀发泡,形成泡沫层。泡沫层不仅隔绝了氧气,而且因为其质地疏松而具有良好的隔热性能,可有效延缓热量向被保护基材传递的速率。同时涂层在膨胀发泡过程中因为体积膨胀等各种物理变化和脱水、磺化等各种化学反应也消耗大量的热量,有利于降低体系的温度,故其防火隔热效果显著。该涂料未遇火时,涂层厚度较小,故也称为薄型防火涂料[15-17]。

膨胀型的乳液防火涂料发展最快,目前我国研制应用最多的是此类产品。防火涂料产品分类见表6-4。

表6-4 防火涂料产品分类

分类依据	类型	基本特征
分散介质	水性	以水为溶剂和分散介质,节约能源,无环境污染,生产、施工、储运安全
	溶剂型	以汽油、二甲苯作溶剂,施工温度、湿度范围大,利于改善涂层的耐水性、装饰性
基料	无机类	以磷酸盐、硅酸盐或水泥作黏结剂,涂层不易燃,原材料丰富
	有机类	以合成树脂或水乳胶作黏结剂,利于构成膨胀涂料,有较好的理化性能
防火机理	膨胀型	涂层遇火膨胀隔热,并有较好的理化机械性能和装饰效果
	非膨胀型	涂层较厚,遇火后不膨胀,密度较小,自身有较好的防火隔热效果
涂层厚度	厚涂型(H)	7 mm<涂层厚度≤45 mm,耐火极限不低于2.0 h
	薄涂型(B)	3 mm<涂层厚度≤7 mm,遇火膨胀隔热,耐火极限不低于1.0 h
	超薄型(C)	涂层厚度≤3 mm,遇火膨胀隔热,耐火极限不低于1.0 h
应用环境	室内	应用于建筑物室内,包括薄涂型和超薄型
	室外	应用于石化企业等露天钢结构,耐水、耐候、耐化学性满足室外使用要求
保护对象	钢结构、混凝土结构	遇火膨胀或不膨胀,耐火极限高
	木材、可燃性材料	遇火膨胀,涂层薄,耐火极限低
	电缆	遇火膨胀,涂层薄

6.3.2 防火涂料的防火原理

防火涂料的防火原理可归纳为以下四点：

（1）防火涂料本身具有难燃或不燃性，使被保护的可燃性基材不直接与空气接触，故而延迟基材的着火时间。

（2）防火涂料遇火受热分解出不燃的惰性气体，使可燃物分解出的可燃气体和稀释空气中的氧气而抑制燃烧。

（3）阻止着火反应的链锁反应，分解气体的燃烧反应是游离基反应，而含氮、磷、溴等的防火涂料分解出一些活性基因；与可燃游离基结合而中断链锁反应从而降低燃烧速度。

（4）防火涂料遇火膨胀发泡，生成一层泡沫隔热层，封闭被保护的基材，阻止基层燃烧。

此外，有些防火涂料遇火分解，产生强烈的吸热反应，抑制温度上升，从而延迟火势扩展。

6.3.2.1 膨胀型防火涂料的防火原理

1. 膨胀型防火涂料的组成

膨胀型防火涂料在高温作用下会发泡膨胀，形成一个厚度为原涂层厚度数十至数百倍的均匀而致密的蜂窝状或海绵状的碳质隔热层。该隔热层能封闭被保护的基材，阻止火焰传播；同时释放出不燃气体，稀释基材受热放出的可燃气体和泡沫隔层中的氧气，从而阻止基材被引燃。

膨胀型防火涂料以天然或人工合成的高分子聚合物为基料，添加防火剂、颜料、填料和溶剂而组成。各种组分所起的作用如下。

（1）基料。基料为涂料的主要成膜物质，对涂料的性能起决定作用。比较理想的基料应具有良好的热稳定性，且价格也较便宜。现常用的基料有氨基树脂（三聚氰胺树脂、脲醛树脂）、酚醛树脂、卤代烯烃树脂（如过氯乙烯树脂）等。

（2）防火剂。防火剂是使涂料能起到防火作用的关键组分，它包括碳化剂、催化剂和发泡剂几种组分。

① 碳化剂。含有大量碳原子，受热分解后成为有大量羟基的成碳物质，与酸酯化，是泡沫隔热层的构架材料。催化剂通常用含高碳的多元醇化合物，如季戊、四醇、山梨醇、葡萄糖、麦芽糖和淀粉等。

② 催化剂。在热分解过程中释放出的酸使羟基酯化，能最大限度地利用碳化物质，并起到脱水作用。常用的有磷酸一铵、磷酸二铵和磷酸三聚氰胺等。

③ 发泡剂。在热分解过程中释放出大量不燃气体（如 NH_3、CO_2 和 HCl 等），使碳化层形成泡沫结构。常用的发泡剂有三聚氰胺、二氰二胺和尿素等含氮化合物。

（3）颜料、填料。加颜料、填料是为了使防火涂料呈必要的颜色而具有装饰性，也是为了改善涂料的物理性能（耐候性、耐磨性等）和化学性能（如耐酸碱性、防锈等）。膨胀型防火涂料不宜用会抑制发泡的氧化铁型颜料，应以酞菁系颜料为好。

（4）助剂。助剂用来改善涂料的柔韧性、弹性、附着力和热稳定性等。如常用有机磷酸酯、氯化石蜡作为增塑剂,环氧树脂、氧化镁作为热稳定剂。

(5)溶剂。溶剂用于分散各组分,降低成膜物的黏度常用的溶剂有正丁醇、丙酮、甲苯等。

2. 膨胀型防火涂料的作用过程

膨胀型防火涂料发挥作用的过程,主要是涂料中防火阻燃体系中的发泡剂三聚氰胺首先发生热分解,释放出非燃性气体 NH_3,同时成膜物质中部分成分分解产生 NH_3、HCl 和水蒸气等促使第一阶段已熔融软化的成膜物质持续地膨胀发泡,形成泡沫层,此时脱水催化剂聚磷酸铵分解出酯化多元醇和可作为脱水剂的无机酸聚偏磷酸,与成炭剂季戊四醇、成膜物质等含羟基有机化合物进行酯化反应,生成物是强的吸水性物质,在空气中的吸水率达到原物质量的 55% 左右。而体系中的胺则作为酯化反应的催化剂,使酯化反应加速进行[18]。与此同时,多元醇和酯脱水碳化,形成无机物及碳化残余物,且体系进一步发生膨胀发泡。反应接近完成时,体系胶化和固化,脱水成碳,生成不饱和主链,再进行环化架桥反应,最后生成致密坚硬的黑色蜂窝状碳化层。蜂窝状碳化层的厚度要比原有涂层厚度大几十倍,其导热系数接近于空气的导热系数,因此可以有效地隔绝外部热源,保护电缆基材。这其中要求成膜物质、发泡剂、脱水催化剂、成碳剂必须有良好的匹配性,否则就不能够成理想的碳化层。

膨胀型防火涂料的隔热效果可用热传导方程予以解释。热传导方程如式(6-1)所示:

$$Q = \frac{A\lambda \Delta T}{L} \tag{6-1}$$

式中　Q——传递的热量,W;

　　　A——传导面积,m^2;

　　　λ——热导率,W/(m·K);

　　　ΔT——热源与基材之间的温度差,K;

　　　L——传热距离(涂层厚度),m。

涂层受热膨胀后,泡沫层的厚度 L 是原涂层的 $10 \sim 100$ 倍,热导率为原来的 $1/35 \sim 1/5$。通过泡沫碳质层的保护,传递给基材的热量 Q 降低至几十分之一甚至几百分之一,可有效阻止外部热源作用,保护基材。

根据热学理论,防火涂料膨胀发泡的过程中,体积不断增加,必定消耗体系的内能,内能的消耗必然降低体系的温度。同时,发泡的过程也是涂料组分中碳水化合物脱水碳化的过程,以及一些物质分解释放气体的过程,水和气体的挥发必然消耗大量的热能,从而降低体系的温度。

上述膨胀型防火涂料主要利用化学反应产生的气体发泡膨胀,属于化学膨胀型防火涂料。除此之外,近年来还发展了物理膨胀型防火涂料。例如,可膨胀石墨在高温下体积可膨胀数百倍,而且膨胀产物具有极佳的抗氧化性和耐高温性,以此为阻燃剂的防火涂料在热降解、阻燃性、耐老化性、耐候性能等方面具有突出的优点,且具有无卤、环保的特点[19]。

6.3.2.2 非膨胀型防火涂料的防火原理

1. 难燃型防火涂料

难燃型防火涂料又可称为阻燃涂料。这类涂料或自身难燃,或遇火自熄,因此具有一定的防火性能。难燃型防火涂料通常由两部分组成,即难燃型树脂和阻燃剂。

用作难燃型防火涂料的树脂可分为两大类,一类为含大量无机填料的聚醋酸乙烯酯乳液或聚丙烯酸酯乳液等难燃型基料;另一类为含卤树脂的,如干性油加氯化石蜡、氯化橡胶、氯化醇酸树脂、氯化聚乙烯树脂、偏氯乙烯树脂、聚氯乙烯树脂、五氯苯酚型酚醛树脂等难燃型基料。

难燃型防火涂料中常用的阻燃剂有三氧化二锑、硼酸钠、偏硼酸钡、氢氧化铝、氢氧化镁、氯化石蜡、氧化铬等。其中三氧化二锑与含卤素化合物的复合阻燃剂的应用最为广泛。

难燃型防火涂料的作用机理显然是由于涂层难燃而阻挡了火势的蔓延。以氯化聚乙烯树脂/三氧化二锑/含卤化合物构成的防火涂料为例,其防火机理可作如下解释。

自由基引发的连锁反应是燃烧过程得以加剧和蔓延的本质。例如,有机化合物的燃烧被认为主要是羟基自由基在燃烧中放出大量的热量并引发连锁反应的结果,即

$$CO \cdot + OH \cdot \longrightarrow CO_2 + H \cdot (放热)$$
$$H \cdot + O_2 \longrightarrow OH \cdot + O_2 (连锁反应)$$

难燃型防火涂料中含有较多的卤素阻燃剂和树脂,受热时会分解出活性自由基。这些自由基与燃烧物分解出的自由基结合,可中断连锁反应,使燃烧速率降低或使燃烧终止,反应式如下:

$$OH \cdot + HX \longrightarrow H_2O + X \cdot$$
$$X \cdot + RH \longrightarrow R \cdot + HX$$
$$R \cdot + R \cdot \longrightarrow R—R$$

另外,当涂料受热时,来自聚合物结构或者来自含卤素化合物的卤素与三氧化二锑发生反应,生成三氯化锑或三溴化锑,它们能捕捉燃烧反应中形成的 H· 和 HO· 自由基,并促使碳化层形成,从而达到阻燃灭火的效果。

难燃型防火涂料的配方如表6-5所示。

表6-5 难燃型防火涂料配方实例　　　　　　单位:%(质量分数)

原料	底涂	面涂	原料	底涂	面涂
高氯化聚乙烯	25	25	凹凸棒土	3	1.5
聚丙烯酸酯树脂(50%)	—	5	高岭土	3	1.5
醇酸树脂(50%)	5	—	氯化石蜡		4
三氧化二锑	8	8	二甲苯	27	25
钛白粉	—	5	醋酸丁酯	27	25
磷酸锌	1	—	流平剂	—	适量

2. 隔热型防火涂料

隔热型防火涂料通常为厚质型涂料,在这类防火涂料中,成膜物质和添加剂均为不燃型物质,因此一般不再添加阻燃剂或防火助剂。

隔热型防火涂料的组成主要有难燃性树脂(或无机黏结剂,如水泥、水玻璃等)、无机隔热材料(如蛭石、膨胀珍珠岩、矿物纤维)等。它不会燃烧,热导率小,涂覆于建筑物表面可起到隔绝空气的作用,并能阻隔热量的传递和阻止火源入侵基材。

隔热型防火涂料主要是通过以下途径发挥防火作用的。一是涂层自身的难燃性或不燃性;二是在火焰或高温作用下分解释放出不可燃性气体(水蒸气、氨气、氯化氢、二氧化碳等),冲淡空气中的氧和可燃性气体,抑制燃烧的产生和火势的蔓延;三是在火焰或高温条件下形成不可燃性的无机"釉膜层",这种釉膜层结构致密,能有效地隔绝氧气,并在一定时间内发挥一定的隔热作用。

隔热型防火涂料在燃烧初期可有效起到降低火焰传播速率的作用,一旦火势旺盛便会失去作用。因此,这类涂料一般用于防火要求较低的建筑物。隔热型防火涂料的防火性能与厚度有关,通常使用厚度在 $5 \sim 50$ mm,耐火极限为 $0.5 \sim 3$ h。隔热型防火涂料有完全不燃烧、不发烟的特点,且价格低廉、无毒。但其附着力及力学性能较差,易龟裂、粉化,涂层装饰性不强。

隔热型防火涂料的配方如表 6-6 所示。

表 6-6　隔热型防火涂料配方实例　　　　　　　单位:%(质量分数)

原料	无机类	有机类	复合类
硅酸盐水泥	42.5	—	—
水玻璃	—	—	25
聚合物乳液	—	—	5
含卤素树脂	—	22	21
磷酸盐	—	—	—
膨胀珍珠岩	22.9	—	—
云母粉	10.2	—	—
阻燃剂	—	55	40
填料	24	3	5
增塑剂	—	20	—
助剂	0.4	—	4

6.3.3　饰面型防火涂料

饰面型防火涂料是一种集装饰和防火功能为一体的新型涂料品种。当防火涂料涂覆于可燃基材上时,平时可起到装饰作用,一旦有火灾发生时,则可阻止火势蔓延,从而达到保护基材的目的。

饰面型防火涂料适用于一般工业及民用建筑、高层建筑、文化娱乐场所、古建筑的木结构材料、纤维板、刨花板、玻璃钢板制品等易燃材料,以及水泥墙面等,起到防火保护作用。饰面型防火涂料成膜后涂层性能稳定,能适用于各种气候条件,因此在全国各地均可使用。

6.3.3.1　饰面型防火涂料的分类

目前实际生产应用的饰面型防火涂料均为膨胀型防火涂料,主要有溶剂型防火涂料、透明防火涂料和水性防火涂料,所用的防火助剂基本相同。

在 2014 年 9 月 1 日新修订的《消防产品强制性认证实施细则》中,提及所有的消防产品都必须通过强制认证才能进行生产和销售,其中饰面型防火涂料就在实施细则的认证范围内,目前国内已有多家饰面型防火涂料通过强制认证。

(1) 溶剂型防火涂料。

溶剂型饰面防火涂料是指以有机溶剂作分散介质的一类饰面型防火涂料,其成膜物一般为合成的有机高分子树脂,主要有酚醛树脂、过氯乙烯、氯化橡胶、丙烯酸和改性氨基树脂等,一般以 200# 溶剂汽油、香蕉水、醋酸丁酯等为溶剂。上述高分子化合物,加入发泡剂、阻燃剂、碳源及其他填料组成防火体系。受火时形成均匀而致密的蜂窝状或海绵状的碳质泡沫层,对可燃基材有良好的保护作用。溶剂型饰面防火涂料涂层的耐水和防潮性能一般比较优异,适合于较潮湿的地区和相应的部位使用。此外,溶剂型饰面防火涂料其涂层一般光泽较好,具有较好的装饰性[20]。

(2) 透明防火涂料。

透明防火涂料又称为防火清漆,是饰面型防火涂料的一种。该产品是引进国外先进技术、新配方、新生产工艺研制而成,是一种集装饰性和防火性为一体的特种涂料。透明防火涂料适用于高层建筑、宾馆、剧院、娱乐场所、船舶、计算机房等公共设施建筑的室内可燃性材料物体表面的防火处理。

(3) 水性防火涂料。

水性防火涂料是指以水做分散介质的一类饰面型防火涂料,其成膜物可以是有机高分子树脂,也可以是经有机树脂改性的无机黏合剂。用于水性饰面防火涂料成膜剂的树脂主要有丙烯酸树脂、氯丁乳液、醋酸乙烯乳液、苯丙乳液等,一般以乳液型饰面防火涂料居多。上述水溶性高分子化合物或经改性的无机黏结剂,加入发泡剂、阻燃剂、碳源及其他填料组成防火体系。受火时形成均匀而致密的蜂窝状或海绵状的碳质泡沫层,对可燃基材有良好的保护作用[21]。

6.3.3.2　饰面型防火涂料的防火原理和检验标准

1. 饰面型防火涂料的防火原理

当涂覆于基材表面上的涂层在遇火时膨胀发泡,形成泡沫层,泡沫层不仅隔绝了氧气,而且因为其质地疏松而具有良好的隔热性能,可延滞热量传向被涂覆基材的速率;涂层膨胀发泡产生泡沫层的过程因为体积扩大而呈吸热反应,也消耗大量的热量,又有利于降低火灾现场的温度。

2. 饰面型防火涂料的检验标准

（1）容器中的状态。

防火涂料搅拌 1 min 左右，目测是否均匀、无结块。如果涂料经检查后均匀、无结块可判定合格产品。

（2）防火涂料细度。

被检细度在 90 nm 以上，应采用量程为 150 nm 的刮板细度计检测。取少量涂料用小调漆刀充分搅匀，然后在刮板细度计的沟槽最深部分滴入涂料样品数滴，以能充满沟槽而略有多余为宜。双手持刮刀，刮刀垂直磨光平板表面在 3 s 内向浅槽方向拉动，刮刀拉后在 5 s 内使视线与沟槽平板成 15°～300°角，对光观察沟槽中颗粒，均匀显露处记下读数，如有个别读数与相邻分度线范围内不得超过三个颗粒。

（3）防火涂料干燥时间。

测表干：采用指触法，用手指按新刷涂料试板的涂层，直到表面不黏手为止，记下时间，该时间可以当作表干时间。经多次检验表明，该表干时间为 0.5 h，在操作 20 min 后再去指触，每隔 5 min 指触一次，直到不黏手为止，记下时间。

测实干：采用棉球压入吹去法，即在表干时间到达后，隔一段时间再去压棉球，直到吹掉，经多次检验表明，实干时间在 1 h 左右，即表干达到后 20 min，等到总时间为 50 min 再去压棉球，每 5 min 一次，直到棉球可以吹掉时记下时间，该时间为实干时间。

（4）涂料附着力。

用画圈法附着力测定仪进行附着力测试，按照圆滚线划痕范围内漆膜的完好程度评定附着力，结果以分级表示。

（5）耐水性。

样板尺寸和涂层厚度同上文第(3)条，实干后用松香∶石蜡＝1∶1(wt)封边后，浸水到板的 2/3 处，试验用水为自来水，经过 24 h 后目视检验有无起层、发泡、脱落，要求 3 个试件中至少有 2 个合格。

6.4 火灾下钢筋混凝土的性能

6.4.1 钢结构防火的必要性

钢结构是现代建筑工程中较普遍的结构形式之一。虽然钢的比重大，但因其机械性能好，可以承受较大的荷载，故钢结构件截面尺寸小。同样跨度、同样荷载时，钢屋架质量最多不过钢筋混凝土屋架的 1/3。钢材内部组织比较均匀，接近于各向同性体，而且在一定的应力幅度内几乎是完全弹性的。因此，钢结构的实际受力情况与建筑力学计算的结果比较符合。钢结构具有某种程度的技术密集型性质。钢结构所用的材料单一，而且是成品，加工简便，机械化程度高，制造迅速，容易保证质量，适宜于成批大量生产。钢结构安装施工简便，由专业化金属构件厂主产构件(梁、屋架、柱等)，再在工地上用电焊或螺栓(或高强螺栓)将构件连接起来，施工速度有很大的提高，这已成为降低工程造价的最主要因素。此外，钢结构在平面布局上有很大的灵活性,螺栓连接的钢结构便于改造拆迁[22]。

钢结构虽然有这么多优点,但却有一个致命的缺点:不耐火。钢材虽然是不燃材料,但在火灾高温作用下,其力学性能如屈服强度、弹性模量等却会随温度升高而降低,通常在450～650℃温度中就会失去承载能力,发生很大的形变,导致钢柱、钢梁弯曲,会因过大的形变而不能继续使用,一般不加保护的钢结构的耐火极限为15 min左右。这一时间的长短还与构件吸热的速度有关。国内外钢结构建筑物的火灾案例都证明,发生火灾后20 min以内钢结构建筑物就会被烧垮,变成一片废墟[23]。

要使钢结构材料在实际应用中克服防火方面的不足,必须进行防火处理,其目的就是将钢结构的耐火极限提高到设计规范规定的极限范围[24]。防止钢结构在火灾中迅速升温发生形变塌落,其措施是多种多样的,关键是要根据不同情况采取不同方法,如采用绝热、耐火材料阻隔火焰直接灼烧钢结构,降低热量传递的速度,推迟钢结构温升、强度变弱的时间等。

6.4.2 钢结构防火的措施

对于钢结构的防火保护,无论采取何种方法都应具备以下五点:

(1) 安全无毒;

(2) 易于与钢构件结合;

(3) 在预期的耐火极限内可有效地保护钢结构;

(4) 在钢构件受火后且发生允许变形时,防火保护材料应不被破坏而仍能发挥原有的保护作用;

(5) 经济合理。

但无论采取何种方法,其原理是一致的。对钢结构采取的保护措施,从原理上来讲,主要可分为截流法和疏导法两种。

6.4.2.1 截流法

截流法的原理是截断或阻滞燃烧产生的热量向构件的传输,从而使构件在规定时间内温升不超过其临界温度。其做法是在构件表面设置一层保护材料,火灾产生的高温首先传给这些保护材料,再由保护材料传给构件。由于所选材料的导热系数较小,而热容较大,所以能很好地阻滞热流向构件的传输,从而起到保护作用。截流法又分为包封法、水喷淋法、屏蔽法和喷涂法。

1. 包封法

包封法就是在钢结构外表添加外包层,可以现浇成形,也可以采用喷涂法。具体有以下几种做法。

(1) 用现浇混凝土做耐火保护层。所使用的材料有混凝土、轻质混凝土及加气混凝土等。这些材料既有不燃性,又有较大的热容量,用作耐火保护层能使构件的升温减缓。由于混凝土的表层在火灾高温下易于剥落,可在钢材表面加敷钢丝网,进一步提高其耐火性能。

(2) 用砂浆或灰胶泥做耐火保护层。所使用的材料一般有砂浆、轻质岩浆、珍珠岩砂浆或灰胶泥、蛭石砂浆或石灰胶泥等。上述材料均有良好的耐火性能,其施工方法常为在金属网上涂抹上述材料。

（3）用矿物纤维做耐火保护层。其材料有石棉、岩棉及矿渣棉等。具体施工方法是将矿物纤维与水泥混合,再用特殊喷枪与水的喷雾一起同时向底子喷涂,构成海绵状的覆盖层,然后抹平或任其呈凹凸状。上述方式可直接喷在钢构件上,也可以向其上的金属网喷涂,且后者效果较好。

（4）用轻质预制板做耐火保护层。所使用的材料有轻质混凝土板、泡沫混凝土板、硅酸钙成形板及石棉成形板等,其做法是以上述预制板包覆构件,板间连接可采用钉合及黏合。这种构造方式施工简便且工期较短,并有利于工业化。同时,承重(钢结构)与防火(预制板)的功能划分明确,火灾后修复简便且不影响主体结构的功能,因而具有良好的复原性。

2. 水喷淋法

水喷淋法是在结构顶部设喷淋供水管网,当发生火灾时,自动启动(或手动)开始喷水,在构件表面形成一层连续流动的水膜,从而起到保护作用。

3. 屏蔽法

钢结构设置在耐火材料组成的墙体或顶棚内,或将构件包藏在两片墙之间的空隙里,只要增加少许耐火材料或不增加即能达到防火目的。这是一种最为经济的防火方法。

4. 喷涂法

喷涂法是用喷涂机具将防火涂料直接喷在构件表面,形成保护层,但施工时对环境略有污染。钢结构防火涂料的防火原理有三个:一是涂层对钢基材起屏蔽作用,使钢结构不至于直接暴露在火焰高温中;二是涂层吸热后部分物质分解放出的水蒸气或其他不燃气体,起到消耗热量、降低火焰温度、减小燃烧速度和稀释氧气的作用;三是涂层本身多孔轻质和受热后形成碳化泡沫层的特点,阻止了热量迅速向钢基材传递,推迟了钢基材强度的降低,从而提高了钢结构的耐火极限。

6.4.2.2　疏导法

与截流法不同,疏导法允许热量传到构件上,然后设法把热量导走或消耗掉,同样可使构件温度不至升高到临界温度,从而起到保护作用。

疏导法目前主要是指充水冷却保护这一种方法。该方法是在空心封闭截面中(主要是柱)充满水,火灾时构件把从火场中吸收的热量传给水,依靠水的蒸发消耗热量或通过循环把热量导走,构件温度便可保持在100℃左右。从理论上讲,这是钢结构保护最有效的方法。该系统工作时,构件相当于盛满水的被加热的容器,像烧水锅一样工作。只要补充水源,维持足够水位,构件吸收的热量将源源不断地被耗掉或导走。

冷却水可由高位水箱、供水管网或消防车来补充[25,26]。蒸汽由排气口排出。当柱高度过大时,可分为几个循环系统,以防止柱底水压过大,为防止锈蚀或水的冰结,水中应掺加阻锈剂和防冻剂。

水冷却法既可单根柱自成系统,又可多根柱连通。前者仅依靠水的蒸发耗热,后者既能蒸发散热,还能借水的温差形成循环,把热量导向非火灾区温度较低的柱。

6.4.3 钢结构防火涂料的基本组成与性能

钢结构防火涂料由基料、防火助剂、颜料、填料、溶剂及助剂经混合、研磨而成,采用喷涂或刷涂的方式涂在钢构件表面上。由于涂料本身的不燃性、难燃性和形成隔热层等特点,能阻止火灾发生时火焰的蔓延,延缓火势的扩展,起防火隔热保护作用,使钢材免受高温火焰的直接灼烧,防止钢材在火灾中迅速升温而使其强度降低,避免钢结构在短时间内失去支撑能力而导致建筑物垮塌,为消防救火提供宝贵的时间,同时还具有装饰和保护作用。

国际上钢结构防火涂料的发展已有半个多世纪,目前基本上已形成多品种、系列化。从类型上分为厚涂型、薄涂型和超薄型。从防火原理上则可分为隔热型和膨胀型等。使用钢结构防火涂料,可将钢结构的耐火极限由 0.25 h 提升到设计规范规定的耐火极限。可应用在耐火极限要求为 0.5~4 h 的建筑钢结构上。由于使用钢结构防火涂料与其他防火保护措施相比有成本低、施工灵活等优点,所以钢结构防火涂料广泛用于大型承重钢结构和耐火等级为一级和二级建筑物的钢柱、梁、楼板、屋顶等承重构件及设备的承重钢框架、支架、裙座等。目前采用防火涂料保护的钢梁或钢柱,耐火极限已经可达 4 h,特别是近年来发展十分迅速的薄涂型和超薄型钢结构防火涂料,因其外观装饰性很好,因此在满足防火要求的同时,又能满足人们对装饰性的要求,因此特别适用于重点工程和表面积较小的钢桁、钢网、钢条等非承重钢结构。可以说,目前钢结构防火涂料是工程应用中钢结构防火保护的最佳选材。

6.4.3.1 隔热型钢结构防火涂料

隔热型钢结构防火涂料又称为厚涂型钢结构防火涂料、无机轻体喷涂涂料、耐火喷涂涂料,主要由基料、颜料、填料、溶剂和助剂组成,以无机隔热材料为主要成分,无毒无味,涂层厚度在 7~45 mm,耐火极限为 1~3 h。这类钢结构防火涂料的施工多采用喷涂或批刮工艺进行。一般应用在耐火极限要求在 2 h 以上的钢结构建筑上,如在石油、化工等行业中经常使用。这类涂料在火灾中涂层基本不膨胀,依靠材料的不燃性、低导热性和涂层中材料的吸热性等来延迟材料的温升,从而达到保护钢构件的目的。

隔热型钢结构防火涂料目前有蛭石水泥系列、矿纤维水泥系列、氯氧镁水泥系列和其他无机轻体系等。

室外厚型钢结构防火涂料是一种以无机矿物隔热组合材料为主的铝酸盐水泥基。厚型钢结构防火涂料一般由黏结剂、改性剂、骨料和增强材料组成。

无机黏合剂型防火涂料以硅酸盐水泥、氢氧化镁或其他无机高温黏合剂为基料,添加膨胀珍珠岩、矿棉等骨料及其他化学助剂和水等组成。其缺点是用量大,涂层厚,但由于可用于室外,因而也取得了很好的应用效果。

另外,在所有水性防火涂料品种中,无机黏合剂型防火涂料是对环境最友好的品种,但其制得的防火涂料多为非膨胀型,且涂层的理化性能存在一些难以克服的不足(如附着力、柔韧性能差等)。水性厚型钢结构防火涂料除具有阻燃、耐水和对基材提供物理保护外,还具有防潮性、抗水性、耐候性及能适应室外环境条件的功能,适用于超高层钢结构建筑、大跨度钢结构厂房、隧道工程、石油工程,也适用于民用建筑和一般工业厂房的屋面和墙面的吸声、保温等。

隔热型钢结构防火涂料按使用环境分,有室内和室外两种类型,其应该满足表6-7中的技术要求。

表6-7　隔热性钢结构防火涂料的技术要求

检验项目	技术指标	
	室内型	室外型
在容器中状态	经搅拌后呈均匀稠厚流体状态,无结块	经搅拌后呈均匀稠厚流体状态,无结块
干燥时间(表干)/h	≤24	≤24
初期干燥抗裂性	允许出现1～3条裂纹,其宽度应≤1 mm	允许出现1～3条裂纹,其宽度应≤1 mm
黏结强度/MPa	≥0.04	≥0.04
抗压强度/MPa	≥0.3	≥0.5
干密度/(kg·m^{-3})	≤500	≤650
耐水性/h	≥24 h,涂层应无起层、发泡、脱落现象	—
耐冷热循环性/次	≥15 次,涂层应无开裂、剥落、起泡现象	≥15 次,涂层应无开裂、剥落、起泡现象
耐暴热性/h	—	≥720 h,涂层应无起层、脱落、空鼓、开裂现象
耐湿热性/h	—	≥504 h,涂层应无起层、脱落现象
耐酸性/h	—	≥360 h,涂层应无起层、脱落、开裂现象
耐碱性/h	—	≥360 h,涂层应无起层、脱落、开裂现象
耐盐雾腐蚀性/次	—	≥30 次,涂层应无起泡、明显变质、软化现象
耐火性能 涂层厚度/mm	≤25±2	≤25±2
耐火性能 耐火极限/h	≥2.0	≥2.0

6.4.3.2　薄涂型钢结构防火涂料

薄涂型钢结构防火涂料由防锈底漆、主料和面漆组成,遇火时膨胀发泡,形成致密均匀的防火隔热层,其防火隔热层效果显著,该涂料涂层薄,对受保护的钢结构负荷轻;涂料施工方便,可降低工程成本。

薄涂型钢结构防火涂料要符合以下要求:涂层与钢基材之间以及涂层之间要黏结牢固、无脱层、空鼓等情况;涂层厚度要符合有关耐火极限的设计要求;涂层外观要平整光滑、轮廓清晰、颜色均匀,无明显凹陷、粉化、松散和浮浆,乳突已剔除,如有个别裂缝,其宽度不应大于 0.5 mm。钢结构防火涂料广泛应用于电厂(站),现代建筑及大面积、大跨度的各种裸露、隐藏的钢结构防火保护与装饰。

钢结构防火涂料喷涂是有相关规定的。一般设计要求喷涂厚度为经耐火试验达到耐火极限厚度的 1.2 倍,耐火极限为梁 2 h,柱 3 h,其设计厚度为梁 30 mm、柱 35 mm。第一层厚度约 1 cm,晾干至七八成再喷第二层;第二层厚度以 1~1.2 cm 为宜,晾干至七八成再喷第三层;第三层达到所需厚度为止。正式喷涂前,应试喷一建筑层,经消防部门、质监站核验合格后,再大面积作业。喷涂时,喷枪要垂直于被喷钢构件,距离以 6~10 cm 为宜,喷涂气压应保持在 0.4~0.6 MPa,喷完后进行自检,厚度不够的部分再补喷一次。施工环境温度低于 5℃时不得施工,应采取外围封闭、加温措施,施工前后 48 h 保持 5℃以上为宜。

基料选择得好与否不仅对防火涂料的理化性能有决定作用,还直接影响防火涂料的防火隔热效果。从对防火涂料的理化性能和防火性能两方面要求看,所选用的聚合物乳液必须对钢铁基材有良好的附着力,涂层有良好的耐久性和耐水性。常用作这类防火涂料基料的聚合物乳液有纯聚丙烯酸酯乳液(纯丙乳液)、苯乙烯改性聚丙烯酯乳液(苯丙乳液)、聚醋酸乙烯酯乳液和氯乙烯偏氯乙烯共聚乳液(氯偏乳液)等。

薄涂型防火涂料的底涂实际上是隔热型防火涂料。其组成中除水性聚合物乳液外,还加入了较大量的填料和轻质隔热骨料。常用的填料有轻质碳酸钙、硅灰石粉、灰钙粉、沉淀硫酸钡、重质碳酸钙、滑石粉和粉煤灰空心微珠等;常用的轻质隔热骨料主要有膨胀蛭石和膨胀珍珠岩等。

薄涂型防火材料的面涂为水性膨胀型防火涂料,其组成包括水性聚合物乳液、填料和防水助剂。其中防火助剂的品种和匹配十分关键,常用的防火助剂是以磷酸盐(如聚磷酸铵)为代表的脱水成碳催化剂、以含氮化合物(如三聚氰胺)为代表的发泡剂和以富碳化合物(如季戊四醇)为代表的碳化剂组成的防火体系,即所谓的磷-碳-氮防火体系(P-C-N 体系)。防火助剂中各组分的比例存在一个最佳值。例如,对于聚磷酸铵、三聚氰胺、季戊四醇防火体系,一般推荐的配合比为 1:2:3(质量比),这些物质组成一个有机的整体,相互协调发挥作用。当选用的防火助剂确定之后,防火助剂的用量也有一个最佳值的问题。若防火助剂用量过大,其防火隔热效果好,但防火涂料的理化性能受影响;而若防火剂用量过少,其理化性能较好,但防火涂料的防火隔热效果差。此外,在防火助剂选择中,还应考虑能否与基料和其他成分相互配合及协同作用的问题,有时可起到事半功倍的效果。例如,在以聚磷酸铵、三聚氰胺、季戊四醇为防火助剂的涂料中,加入一定数量的钛白粉作为填料,燃烧后形成的发泡层上会覆盖一层白色的物质,以提高发泡层的隔热效果。这层白色的物质为聚磷酸铵与钛白粉反应形成的焦磷酸钛,有良好的隔热保护作用。

涂层在受火时,首先磷酸盐分解形成磷酸,催化碳化剂脱水成碳。同时,含氮化合物受热分解放出氨气。氨气既可稀释氧气的浓度,又可使熔融的涂层发泡,形成一种多孔的泡沫状碳质层。防火涂层发泡后,通过发泡层传给基材的热量只有未膨胀涂层的几十分之一至几百分之一,从而能够有效地阻止外部热源对基材的作用。另外,在火焰或高温下,涂层发生的软化、熔融、蒸发、膨胀等物理变化,以及聚合物、填料等组分发生的分解、降解、化合等化学变化,也能吸收大量的热能,抵消一部分外界作用于物体的热,对基材的升温过程起到延滞作用。

薄涂型钢结构防火涂料按使用环境来分,有室内型和室外型两种类型。其应该满足表 6-8 中的技术要求。

表 6-8　薄涂型钢结构防火涂料的技术要求

检验项目		技术指标	
		室内型	室外型
在容器中状态		经搅拌后均匀液态或稠厚流体状态,无结块	经搅拌后均匀液态或稠厚流体状态,无结块
干燥时间(表干)/h		≤12	≤12
初期干燥抗裂性		允许出现 1～3 条裂纹,其宽度应≤0.5 mm	允许出现 1～3 条裂纹,其宽度应≤0.5 mm
黏结强度/MPa		≥0.15	≥0.15
耐水性/h		≥24 h,涂层应无起层、发泡、脱落现象	—
耐冷热循环性/次		≥15 次,涂层应无开裂、剥落、起泡现象	≥15 次,涂层应无开裂、剥落、起泡现象
耐暴热性/h		—	≥720 h,涂层应无起层、脱落、空鼓、开裂现象
耐湿热性/h		—	≥504 h,涂层应无起层、脱落现象
耐酸性/h		—	≥360 h,涂层应无起层、脱落、开裂现象
耐碱性/h		—	≥360 h,涂层应无起层、脱落、开裂现象
耐盐雾腐蚀性/次		—	≥30 次,涂层应无起泡、明显变质、软化现象
耐火性能	涂层厚度/mm	≤5.0±0.5	≤5.0±0.5
	耐火极限/h	≥1.0	≥1.0

从涂料的组成方面看,室内型和室外型两类薄涂型钢结构防火涂料并无本质区别。但在性能要求方面,室外型钢结构防火涂料除了防火性能要求外,还应有良好的耐酸碱性、耐盐雾性和耐暴热性,因此对基料的选择更为严格。

6.4.3.3　超薄型钢结构防火涂料

随着经济建设的迅速发展,人们对建筑物钢结构实施防火保护的意识不断增强,对钢结构防火涂料的使用性能要求越来越高,迫切需要使用涂层很薄、装饰性好、能方便刷涂施工、不受冬季严寒气候限制的新型钢结构防火涂料。20 世纪 90 年代中期,德国市场首先出现了钢结构防火涂料的新品种——超薄膨胀型钢结构防火涂料。该品种钢结构防火涂料的涂层厚度不超过 3 mm,它可采用喷涂、刷涂或辊涂施工,一般使用在要求耐火极限 2 h 以内的建筑钢结构上,如可对一类建筑物中的梁、楼板与屋顶承重构件,二类建筑中的柱、梁、楼板、轻钢梁、网架等进行有效防火保护。这类钢结构防火涂料的防火机理主要是涂料受火时膨胀发泡,形成致密的防火隔热层,该防火层可延缓钢材的温升,提高钢构件的耐火极限,阻止热量向基材传递,在一定时间内保护钢结构底材不软化垮塌。与厚涂型和薄涂型钢结构防火涂料相比,该品种粒度更细,涂料层更薄,施工方便,装饰性更好,在满足钢结构防火要求的同时,也能满足人们高装饰性要求。这种涂料特别适合飞机场、会展中心、文体活动场所等建筑物轻型钢屋架、球节钢网架、压型钢板及屋面板等防火与装饰的要求。由于该类防火涂料涂层超薄,在工程中的使用量较厚型、薄型钢结构防火涂料大大减少,从而降低了工程总费用,又使钢结构得到了有效的防火保护,是目前消防部门大力推广的品种。

超薄型钢结构防火涂料中的多数产品属于溶剂型,主要由基料、阻燃剂、颜料、填料、溶剂和稀释剂组成。在这类钢结构防火涂料的研究中,对基料主要考虑两个问题:一是基料与防火添加剂的协同,二是涂料的室温自干性。这类防火涂料常用的基料有环氧树脂、氨基树脂等。这些树脂的自干性较差,而用于建筑物钢结构的防火涂料,不能高温烘干,若采用催化固化的方法又存在涂层理化性能和贮存稳定性差的问题。因此,怎样合理地处理室温自干性与贮存稳定性及涂料的理化性能、装饰性等问题,是研究超薄型钢结构防火涂料的一个重要方面。另外,还要考虑涂料在受火时应与钢材具有较强的黏结性。研究表明,解决这些问题较好的办法就是对树脂进行改性,即采用复合树脂作为该类防火涂料的基料。阻燃添加剂对涂料的防火性能影响很大,它必须能与基料相互配合,在受火时组分间协调一致,膨胀发泡形成均匀、坚固、致密的防火隔热层。

超薄型钢结构防火涂料的构成及性能特点介于饰面型防火涂料和薄涂型钢结构膨胀防火涂料之间,其理化性能要求与试验方法类似于饰面型防火涂料,耐火性能试验同厚涂型和薄涂型钢结构防火涂料。超薄型钢结构防火涂料也分室内与室外应用两种类型,但迄今为止,该类产品主要为室内型产品,优异的室外超薄型防火涂料还有待于进一步开发。

根据《钢结构防火涂料》(GB 14907—2018),超薄型钢结构防火涂料应满足表 6-9 中的技术要求。

表 6-9　超薄型钢结构防火涂料技术性能

检验项目	技术指标	
	室内型	室外型
在容器中状态	经搅拌后呈均匀细腻状态,无结块	经搅拌后呈细腻状态,无结块
干燥时间(表干)/h	≤8	≤8
初期干燥抗裂性	不应出现裂纹	不应出现裂纹
黏结强度/MPa	≥0.20	≥0.20
耐水性/h	≥24 h,涂层应无起层、发泡、脱落现象	—
耐冷热循环性/次	≥15 次,涂层应无开裂、剥落、起泡现象	—
耐暴热性/h	—	≥720 h,涂层应无起层、脱落、空鼓、开裂现象

检验项目		技术指标	
		室内型	室外型
耐湿热性/h		—	≥504 h,涂层应无起层、脱落现象
耐酸性/h		—	≥360 h,涂层应无起层、脱落、开裂现象
耐碱性/h		—	≥360 h,涂层应无起层、脱落、开裂现象
耐盐雾腐蚀性/次		—	≥30 次,涂层应无起泡、明显变质、软化现象
耐火性能	涂层厚度/mm	≤2.0±0.2	≤2.0±0.2
	耐火极限/h	≥1.0	≥1.0

6.4.4 混凝土结构防火涂料

6.4.4.1 混凝土结构防火涂料分类

混凝土结构防火涂料是指涂覆在工业与民用建筑物内或公路、铁路（含地铁）隧道等混凝土表面,能形成耐火隔热保护层以提高其结构耐火极限的防火涂料[27]。混凝土结构防火涂料类似于钢结构防火涂料,但在性能要求上有所不同,由于涂料应用在有碱性的混凝土表面,所以,要求涂料有好的耐碱性或在使用时预先涂刷抗碱封闭底漆。

混凝土结构防火涂料适用于公路隧道、铁路隧道,还适用于石化工程、高层建筑、钢结构、地下车库的防火需要,涂料涂层轻、黏结牢、强度高、耐火极限高,燃烧时无有毒气体产生,毒性试验指标达到 AQ-01,使隧道的钢筋混凝土结构在火灾发生时保持完整性与稳定性,从而大大减少火灾事故造成的生命财产损失,缩短工程修复时间[28]。

混凝土结构防火涂料按防火机理分为膨胀型（PH）和非膨胀型（FH）两类。

1. 膨胀型混凝土防火涂料

膨胀型混凝土防火涂料的涂层较薄,受火时涂层发泡膨胀,形成耐火隔热层,从而保护混凝土结构免受损失。这类涂料基本上与钢结构防火涂料类似,许多产品既可用于钢结构防火,也可用于混凝土结构防火。从外观看,该种防火涂料属于一种有机膨胀型厚浆涂料。它的主要成分为高分子基料,通过加入防火助剂（如 P-C-N 体系）和耐火填料,或高熔点的无机纤维,使涂层在高温火焰下形成低膨胀率而高强度的碳化发泡层[29]。

膨胀型预应力混凝土楼板防火涂料的基料目前主要采用聚合物乳液,如聚丙烯酸酯乳液、苯丙乳液、聚醋酸乙烯酯乳液、氯偏乳液等[30]。但大多数情况下,用单一乳液制备的防火涂料的性能不够理想,因此常常通过几种乳液复合的方法来解决。有时也会加入一些水溶性聚合物,如聚乙烯醇、甲基纤维素、聚丙烯酰胺等。

2. 非膨胀型混凝土防火涂料

非膨胀型混凝土防火涂料又称混凝土防火隔热涂料。它主要是由无机-有机复合黏结剂、骨料、化学助剂和稀释剂组成的。使用时涂层较厚、密度较小、热导率低。因此,当混凝土结构受到高温时具有耐火隔热作用,从而减小混凝土结构的受损程度。

非膨胀型预应力混凝土楼板防火涂料的基料通常以无机胶凝材料为主,加入适量的高分子材料,形成无机-有机复合基料。常用的无机胶凝材料包括硅酸钾、硅酸钠等水玻璃、硅溶胶、磷酸盐凝胶等,常用的高分子材料包括聚乙烯醇、聚丙烯酰胺、聚醋酸乙烯酯乳液、氯偏乳液和聚丙烯酸酯乳液等水溶性或水乳型聚合物。

用无机-有机复合基料制备的防火涂料涂层具有刚柔相济的特点,不容易开裂,理化性能和防火性能都比单纯用无机或有机材料制备的防火涂料要好。

6.4.4.2　混凝土结构防火的必要性

水泥和混凝土是当今建筑材料中用量最大、应用面最广的材料。在现代社会中,高楼大厦、公路、桥梁、隧道及其他各种各样的建筑物和构筑物,缺少混凝土是不可想象的。钢筋混凝土的作用更是功不可没。

混凝土本身不会燃烧,因此长期以来混凝土的防火问题并没有受到人们的重视。但实际上,钢筋混凝土的耐热能力很差,高温下强度会大幅度下降,造成建筑物的损坏和坍塌。因此有必要对混凝土材料进行防火保护。其中,对预应力混凝土楼板和隧道建筑的防火保护显得尤为重要。

1. 预应力混凝土楼板结构

在快速发展的建筑业中,采用钢筋混凝土的建筑结构十分普遍。钢筋混凝土集钢筋和混凝土的优点于一体,使混凝土的强度大大提升。其中,预应力混凝土比普通钢筋混凝土的抗压性、刚度、抗剪性和稳定性更好,具有质轻、隔热保温、吸声隔声、抗震等优点,并能节省混凝土和钢材。目前,建筑物中的屋架、大梁、楼板等构件大量采用预应力混凝土。

预应力混凝土虽然是不燃材料,但实际上其防火能力很差,耐火极限甚至比非预应力混凝土更低。据研究,预应力钢筋的温度达 200℃时,其屈服点开始下降,300℃时预应力几乎全部消失,蠕变加快,导致预应力板的强度、刚度迅速下降,从而板的挠度变化加快,进一步则可能发展为裂缝。同时,混凝土在受到高温作用时其性能也发生很大改变。预应力板上的混凝土受热膨胀的方向与板受拉的方向是一致的,这助长了板的挠度变化。混凝土在 300℃时,强度开始下降;在 500℃时,强度降低一半左右;在 800℃时,强度几乎完全丧失。

在建筑物火灾中,火场温度一般在 5 min 之内可上升到 500℃左右,10 min 内可上升到 700℃以上,因此,预应力混凝土楼板在 30 min 内即可发生断裂,导致建筑物坍塌。耐火试验也证明,普通预应力混凝土楼板的耐火极限为 30 min,与国家规定的建筑物楼板的耐火极限要求相差很大。

预应力混凝土空心楼板是目前最广泛应用的建筑物承重楼板。由于它的耐火性能差,已经成为贯彻建筑设计防火规范的一个难题。长期以来,人们为提高预应力混凝土楼板的耐火极限,采取了很多办法,例如增加钢筋混凝土保护层厚度等,但效果并不显著,反而增加了楼板的质量和占用了有效空间。从 20 世纪 80 年代中期起,我国钢结构防火涂料的快速发展给了预应力混凝土楼板的防火保护以有益的启示。借鉴钢结构防火涂料用于保护钢结构的原理,人们开始研究和生产专门用于预应力混凝土楼板防火保护的防火涂料,并取得了较大的成功。将这类涂料喷涂在预应力混凝土楼板配筋的一面,当遭遇火灾时,涂层有效地阻隔火焰的攻击和热量向混凝土及其内部预应力钢筋的传递,以推迟其温升和强度变弱的时间,提高预应力楼板的耐火极限,达到防火保护的目的。

2. 隧道混凝土结构

隧道不仅是交通运输的通道,也是光纤电缆、电力电缆、输油管道、输水管道和城市排水等的通道,在国民经济建设和人民生活中具有非常重要的作用。

由于隧道结构材料本身是不燃性物体,因此隧道的防火问题常被人们忽视。实际上,不进行防火保护的隧道耐火性能较差。由于隧道环境的特殊性,一旦发生火灾事故,抢救难度大,持续时间长,造成的人员伤亡、经济损失和社会影响都将是巨大的。国内外都已有过隧道火灾事故的惨痛教训。

隧道火灾通常是由车辆中的可燃物质引起的,如汽油、柴油、轮胎、聚合物装饰件及车载货物等。特点是释放热量大,燃烧速度快。而且由于隧道的通风条件往往不好,温度上升十分迅速。燃烧过程中释放出的烟雾在隧道中不容易排出去,更是造成人员窒息死亡的原因。火灾可能将隧道照明系统破坏,能见度低,给扑救火灾和疏散人员带来困难。据研究,隧道中一旦发生火灾,隧道墙壁和拱顶的迎火面温度在 15 min 内就可升至 1 000℃以上,内衬钢筋的温度也可达到 300℃,强度开始下降。60 min 以上就会造成混凝土炸裂,隧道发生坍塌。

由此可见,如何提供高隧道的耐火极限需要引起足够重视。隧道一旦发生火灾,来势迅猛,短时间内温升速率极快。为了提高其耐火极限,降低热量向隧道内结构的传递速度,有必要对隧道内的拱顶和侧壁进行防火保护,以避免混凝土炸裂、内衬钢筋破坏,提高隧道本身承受火灾的能力。隧道防火涂料正是在这样的背景和需要下研制和开发出来的。使用防火涂料对隧道进行防火保护,可推迟其温升和强度变弱的时间,从而使隧道内结构及相应设施在短时间内不遭到破坏。随着公路和铁路建设事业的加速发展以及高新技术的应用,隧道内的防火问题越来越引起人们的高度重视。因此,开展隧道防火涂料等方面的研究,是有十分重要的现实意义的。

隧道材料基本上是由混凝土或钢筋混凝土构成的,因此,借鉴预应力混凝土楼板防火涂料的原理,我国于 20 世纪 90 年代已研制成功隧道专用防火涂料,目前已广泛使用于隧道的建设和维护中。

参考文献

[1] 舒尊哲. 人类对火的认识及火对化学的发展影响[J]. 广州化工,2010,38(1):56-58.

[2] 哈珀. 建筑材料防火手册[M]. 北京:化学工业出版社,2006.

[3] 赵焕,李庆鹏,张博,等. 一种阻燃涂层及其制备方法:201410715475.9[P]. 2018-03-09.

[4] 高新华,严文芳. 民用建筑火灾发生初期扑救与疏散"5 min 黄金时间"理论探讨[J]. 消防界(电子版),
    2019,5(10):29-30.

［5］姚海,徐志龙.水泥装饰板材瓷性建筑涂料研究与应用[J].吉林化工学院学报,2006(2):27-29.

［6］谢利灵.管道包覆防开裂防脱落新技术简述[J].中国建筑装饰装修,2018(9):110-111.

［7］吕林女,赵晓刚,何永佳,等.钙硅比对水化硅酸钙形貌和结构的影响[C]//中国硅酸盐学会水泥分会首届学术年会论文集,2009.

［8］林鹏.马尾松水泥刨花板的研究[D].杭州:浙江农林大学,2011.

［9］杨守生.壁纸阻燃基纸的研制[J].新型建筑材料,2005(7):32-34.

［10］张丽艳,黎学东.阻燃防护机织物的力学耐久性[J].现代职业安全,2014(8):26-28.

［11］刘英俊,赖喜平.氢氧化镁阻燃剂作用机理及其在塑料中的应用[C]//2013年全国镁化合物行业年会暨技术产品展示大会,2013

［12］彭建康,董瑞琨,苏胜斌.长大隧道沥青路面用阻燃剂种类及阻燃机理研究现状[J].材料导报,2009,23(7):49-51,60.

［13］王琳.浅析防火涂料阻燃涂层[J].艺术科技,2013,26(8):331-332.

［14］吴波,杜爱琴.新型硅酸锂富锌涂料合成方法[J].山东大学学报(工学版),2004(2):98-100.

［15］李昭.膨胀型防火涂料的防火机理研究[J].涂料工业,2015,45(377):19-22.

［16］时虎,赵华伟,张锦丽.膨胀型防火涂料作用过程分析与成膜剂的选择[C]//涂料用助剂论坛及应用技术交流会,2007.

［17］喻龙宝,刘晓飞,周铭,等.单体型膨胀型阻燃剂阻燃丙烯酸树脂及其防火涂料的热性能研究[J].涂料工业,2008(5):34-36.

［18］王芳芳,郭涵瑜,李绩.有机-无机复合型纳米隔热防火涂料的制备及性能研究[J].建筑科学,2015,31(5):24-28.

［19］关迎东.水性环氧改性丙烯酸酯膨胀型饰面防火涂料的研制[D].青岛:青岛科技大学,2010.

［20］林晓.消防知识:饰面型防火涂料如何分类?[J].广东安全生产,2013(18):54-55.

［21］王国建.饰面型防火涂料[J].上海建材,2001(5):16-18.

［22］陈湘勇.浅谈钢结构防火的重要性[J].中国信息化,2013(2):377-377.

［23］乔全来,金晓艳.试论钢结构的耐火保护技术[C]//河南省建筑业行业优秀论文集(2006),2006.

［24］吴纯.室内外超薄型钢结构防火涂料可行性研究[D].兰州:兰州理工大学,2013.

［25］袁用文.超薄型钢结构防火涂料的研制及热解特性研究[D].沈阳:沈阳航空工业学院,2006.

［26］李崇裔.水性超薄型钢结构防火涂料的制备与性能研究[D].广州:华南理工大学,2011.

［27］熊涛,智智慧.混凝土结构防火性能研究[J].福建质量管理,2016(15):164-164.

［28］王海雯,王昌.现浇预应力混凝土空心楼板体系在工程中的应用[J].河南科技,2011(2):45-46.

［29］赵英杰.复合加固钢筋混凝土柱抗火性能研究[D].沈阳:沈阳建筑大学,2018.

［30］芦艾,赵秀丽,李茂果.用于高分子材料的防火涂料[C]//中国工程物理研究院科技年报(1998),1998.

第7章

智 能 建 材

7.1 智能材料的发展历史与构成

7.1.1 智能材料的基本概念与定义

1. 智能材料的基本概念

智能材料的构想源自仿生学,是一类具有类似于生物的各种功能的"活"的材料。因此智能材料必须具备感知、驱动和控制这三个基本要素。但是现有的材料一般比较单一,难以满足智能材料的要求,所以智能材料一般由两种或两种以上的材料复合构成。这就使得智能材料的设计、制造、加工和性能结构特征均涉及材料学最前沿的领域,智能材料代表了材料科学最活跃的方面和最先进的发展方向。

纵观材料的发展,材料从单一型、复合型到杂化型,进而发展为一种材料间不分界的整体式融合型材料,最近几年兴起的智能材料是受集成电路技术的启迪而构思的三维组件式融合型材料。它是通过在原子、分子及其团簇等微观、亚微观水平上进行材料结构设计和控制,赋予材料自感知(传感功能)判断、自结构(处理功能)和自指令(响应功能)等智能性。由此可知,智能材料不同于以往的传统材料,它模仿生命系统,具有传感、处理和响应功能,而且较机敏材料(只能进行简单线性响应)更接近于生命系统,它能根据环境条件的变化程度实现非线性响应以达到最佳适应效果。智能化概念实际上是把信息科学里的软件功能引入材料、系统和新材料的产生中。

2. 智能材料的定义

智能材料问世于 20 世纪 80 年代末,关于其定义至今尚无统一的定论。不过对以下提法,学者们似乎不持异议。智能材料是一种能从自身的表层或内部获取关于环境条件及其变化的信息,随后进行判断、处理和作出反应,以改变自身的结构与功能,并使之很好地与外界相协调的具有自适应性的材料系统。或者说,智能材料是指在材料系统或结构中,可将传感、控制和驱动的职能集于一身,通过自身对信息的感知、采集、转换、传输和处理,发出指令,并执行和完成相应的动作,从而赋予材料系统或结构健康自诊断、工况自检测、过程自监控、偏差自校正、损伤自修复与环境自适应等智能功能和生物特征,以达到增强结构安全、减轻构件质量、降低能量消耗和提高整体性能之目的的一种材料系统与结构[1]。具体来说,智能材料需具备以下内涵:

(1) 具有感知功能,能够检测并且可以识别外界(或者内部)的刺激强度,如电、光、热、应力、应变、化学、核辐射等。

（2）具有驱动功能，能够响应外界变化。

（3）能够按照设定的方式选择和控制响应。

（4）反应比较灵敏、及时和恰当。

（5）当外部刺激消除后，能够迅速恢复到原始状态。

7.1.2 智能材料的发展历史

材料的发展已由石器材料、钢铁材料、合金高分子材料、人工设计材料进入智能材料，即进入第五代材料。智能材料的特点是它的特性可随环境和空间的变化而变化，它是最近几年颇受重视的高技术尖端材料[2,3]。

目前，智能材料正在形成新材料领域的一门新的分支学科，国际上一大批专家学者，包括化学家、物理学家、材料学家、生物学家、计算机专家、海洋工程专家、航空及其他领域的专家对智能材料这一学科的潜力充满了信心，正致力于发展这一学科。20世纪初，美国弗吉尼亚理工学院和弗吉亚州立大学成立了智能材料研究中心，密歇根州立大学成立了智能材料和结构实验室。日本东北大学、三重大学、信州大学、金泽大学工学院、日立造船技术研究所等学校和研究单位各学科的教授和研究人员都在研究各自感兴趣的仿生智能材料，世界范围的智能材料研讨会也开始增多。1992年1月，苏格兰召开了第一届欧洲机敏材料和结构讨论会。1992年2月，英国斯特拉斯克莱德大学成立了机敏结构材料研究所。1992年3月，日本科技厅主办了第一届国际智能材料研讨会，第一份专门介绍这一学科的刊物——《智能材料系统和结构杂志》出版。

我国对智能材料的研究也十分重视。1991年，国家自然科学基金委员会将智能材料列入国家高技术研究发展计划纲要的新概念、新构思探索课题，智能材料及其应用直接作为国家高技术研究发展计划（863计划）项目课题。为推进我国智能材料的研究，国家自然科学基金委员会材料与工程科学部于1992年成立了"智能材料"集团。目前从事智能材料研究的单位和个人已逐渐增多[4]。

7.1.3 智能材料的构成

1. 基体材料

基体材料担负着承载的作用，一般首选高分子材料，因为其质量轻、耐腐蚀，尤其是因为其具有黏弹性的非线性特征。其次也可选用金属材料，以轻质有色合金为主。

2. 敏感材料

敏感材料担负着传感的任务，其主要作用是感知环境变化（包括压力、应力、温度、电磁场、pH等）。常用的敏感材料有形状记忆材料、压电材料、光纤材料、磁致伸缩材料、电致变色材料、电流变体、磁流变体和液晶材料等。

3. 驱动材料

因为驱动材料在一定条件下可产生较大的应变和应力，所以它担负着响应和控制的任务。常用的有效驱动材料有形状记忆材料、压电材料、电流变体和磁致伸缩材料等。这些材料既是驱动材料又是敏感材料,显然起到了身兼二职的作用,这也是智能材料设计时可采用的一种思路。

4. 信息处理器

信息处理器是智能材料的核心部分,它对传感器输出信号进行判断处理。

7.1.4 智能建材的分类

在近几年的智能化材料研究工作中,对于材料分类工作的关注度在不断上升。按照性能,智能材料分为智能传感材料、智能驱动材料、智能修复材料和智能控制材料。不同材料能发挥各自的优势,为后续处理工作的全面开展奠定基础,以保证应用水平和应用效果符合预期。

(1)智能传感材料。这种材料主要是对磁信号、电信号以及热信号进行综合处理,能有效完成监测工作,并且能提升自身的信息反馈能力,结合实际应用需求就能完善相应的处理操作工序,信息整合汇总效果较好。近几年较为常见的智能传感材料主要包括微电子传感器和光纤材料等。其中,光纤材料能对温度变化和物理参数予以判定,整体应用效果较好,且能从根本上提高材料应用的基础效果,对于后续材料管理体系的全面优化升级提供保障。

(2)智能驱动材料。这种材料是一种较为常见的应用材料,其本身能对电场的实时变化和温度变化产生较好的反应,并且能对相关情况进行监测和分析,有效提升处理效果和综合水平,借助相应的处理工序就能对位置和形状变化形成良好的判定,也为后续数据记忆分析及数据统计提供保障,确保材料应用效果的最优化。

(3)智能修复材料。这种材料能有效模仿生物的自我修复功能,并且能实现再生处理,正是借助黏结材料和材料反应部位的修复过程,提升了建筑材料使用寿命和实际使用性能,确保智能控制效果的最优化。

(4)智能控制材料。智能控制主要是结合智能传感材料的反馈信息对实际应用现状进行分类监督,并且完善分析效果,一定程度上保证驱动修复的基本水平,也为实现智能材料系统化控制工作提供保障。

不同的智能材料在建筑工程项目运行过程中会发挥其自身的实际价值,能在优化提升建筑结构节能效果的基础上,顺应新时期建筑结构管理工作的发展趋势,推动经济效益和环保效益共赢的发展进程。最重要的是,在应用智能材料的过程中,技术部门也要对材料的应用效果和应用实际价值予以判定,确保能维护控制过程的完整性[5]。

智能建材的分类方法还有很多种。根据材料的来源,智能建材包括金属系智能材料、非金属系智能材料及高分子系智能材料[6,7]。

7.1.4.1 金属系智能材料

金属材料因具有强度大、耐热且耐腐蚀的特点,常在航空航天和原子能工业中用作结构材料。金属材料在作用过程中会产生疲劳龟裂及蠕变变形。金属系智能结构材料不但可以检测自身的损伤,而且可将其抑制,具有自我修复功能,从而确保结构物的可靠性。目前研究和开发的金属系智能材料主要有以下两类。

1. 形状记忆合金

形状记忆合金是利用应力和温度诱发相变的机理来实现形状记忆功能的一类材料。其特点是:将已在高温下定型的形状记忆合金置于低温或常温下使其产生塑性变形,当环境温度升高到临界温度(相变温度)时,合金变形消失并可恢复到定型时的原始状态。在此恢复过程中,合金能产生与温度呈函数关系的位移或力,或者二者兼备。合金的这种升温后变形消失、形状复原的现象称为形状记忆效应。形状记忆合金是集"感知"与"驱动"于一体的功能材料。若将其复合于其他材料中,便可构成在工业、科技、国防等领域中拥有巨大应用潜力的智能材料。国外学者普遍认为,形状记忆合金可感知复合材料结构件中裂纹的产生与扩展,并可主动地控制构件的振动,抑制裂纹的延伸与扩张,同时还可自动改变结构的外形等。基于这些原因,有人建议将形状记忆合金、压电聚合物等功能材料制成传感器和驱动器,置于先进的复合材料中,以便实现对材料性能、结构振动与噪声吸收等的主动控制或对材料的损伤进行自愈合。

形状记忆合金通常可分为非铁基和铁基两类。非铁基形状记忆合金有 Ni-Ti、Cu-Zn-Al 和 Cu-Ni-A;而铁基形状记忆合金有 Fe-Pt、Fe-Ni-C 和 Fe-Ni-Co-Ti 等。

高后秀等[8]对铜基形状记忆合金进行了合金化元素及其细化晶粒的研究,提高了铜基形状记忆合金的机械性能,现已用于热水器温控阀,并申请了专利。赵田臣等[9]对铁基 Fe-30Mn-6Si 形状记忆合金在滑动和滚动摩擦条件下的耐磨性进行研究,并与正火 65Mn 钢进行对比分析。结果表明:铁基记忆合金在滑动摩擦条件下耐磨性较差,而在滚动摩擦条件下具有较好的耐磨性,为正火 65Mn 钢的近 3 倍。

形状记忆合金的应用十分广泛,而且在某些领域已达到了实用化的程度,但在多数领域仍有待进一步完善。形状记忆合金在智能材料与机构中,主要用作驱动器(执行器)。这种驱动器具有不少优点:其一,由于形状记忆合金集"感知"与"驱动"于一体,所以便于实现小型化;其二,元件运作不受温度以外的环境条件的影响,故可用于某些特殊场合;其三,可产生较大的形变量和驱动力。

形状记忆合金主要应用在以下 6 个方面:

(1)机械器具,如潜艇用油压管、水管及其他各种管件接头、机器人用微型调节器、热敏阀门、机器人手、机器人脚、工业内窥镜、可变路标等。

(2)汽车部件,如汽车发动机、防热风扇、离合器、汽车排气自动调节喷管、柴油机卡车散热器孔自动开关、汽车易损件(如外壳和前后缓冲器)等。

(3)能源开发,发动机、太阳能电池帆板、温室窗户、自动调节弹簧、住宅暖房用温水送水管阀门、抽油机、喷气发动机、管道内窥镜等。

(4)电子仪器,如温度自动调节器、光纤通信纤维连接器、空调风向自动调节器、咖啡牛奶沸腾感知器、双金属代用开头等。

(5)医疗器械,如人工肾脏泵、人工心脏活动门、人工关节、人工骨、避孕器具、脊椎矫正棒、脑动脉瘤的手术用固定器、牙科矫形丝、医用内窥镜等。

(6)空间技术,如卫星仪器舱门自动启闭器、人造卫星天线(即"智能天线")等。

2. 形状记忆复合材料

形状记忆复合材料是指具有初始形状,经形变并固定之后,可以通过加热等方法改变外部条件,使其恢复初始形状的聚合物。这类材料,当其达到相变温度时,便从玻璃态转变为橡胶态。此刻材料的弹性模量发生大幅度变化,并伴随产生很大变形。即随着温度的增加,材料变得很柔软,加工变形很容易;温度下降时,材料逐渐硬化,变成持续可塑的新形状。这种材料价格低廉,可以大量用于碳纤维复合材料基的热驱动型形状记忆聚合物,进行温度与力学参数之间的关系分析研究。

利用对电磁场敏感的铁氧体包覆 Ti-Ni 形状记忆合金可制备纤维增能型复合材料。先在 Al 基材中排列 Ti-Ni 形状记忆合金的长纤维,且在其形状记忆范围内进行拉拔、压延加工,然后对此复合材料进行适当热处理,使形状记忆合金产生收缩变形,利用 Al 基材中所产生的残留压缩应力,控制复合材料的热膨胀,使裂缝闭合,防止破裂,从而达到强韧化的目的,使材料可传感外部磁场和温度的变化,自身可变形并自动修复。这类形状记忆复合功能元件可与金属、高分子材料及混凝土等各种复合材料组成机敏结构材料。

7.1.4.2　非金属系智能材料

非金属系智能材料的初步智能性是考虑局部可吸收外力以防材料整体破坏。近几年来,电(磁)致流变流体材料和钢筋混凝土智能建材这两类非金属系智能材料发展较快。

1. 电(磁)致流变流体材料

电致流变流体(简称电流变体)材料和磁致流变流体(简称磁流变体)材料都是智能系统与机构中执行器的主选材料,由于它们具有响应快速、连续可调、能耗低等优点,故其应用无疑会给许多新技术和新学科的发展带来革命性的变化。据报道,电(磁)流变体的出现,已导致全世界 50% 以上的液压系统和器件需重新设计。

2. 钢筋混凝土智能建材

建筑材料的发展,经历了从简单的天然建筑材料和人造建筑材料到复合建筑材料,再从复合建筑材料到复合功能建筑材料。目前,建筑材料的发展方向正在向着智能建筑材料的方向迈进。简单的天然建筑材料和人造建筑材料有石材、黏土砖等,复合建筑材料有混凝土材料、钢筋混凝土材料、前卫混凝土等。在此基础上,若赋予混凝土一定的功能性质,如具有保温性能的加气混凝土、加气钢筋混凝土、具有一定装饰作用的饰面上釉加气混凝土砌块和饰面空闲混凝土砌块等,则属于复合功能建筑材料。所谓的智能建筑材料,是材料不但具备建筑材料应有的各个性能,还能模拟生物体,具有感知或控制等功能的材料,是一种具有传感或执行双重功能的功能材料,它无需外界的帮助,本身就可以在电、磁、热、机械运动、光、声、化学、流变等性能中的几项之间产生耦合行为。当智能建筑材料和具体结构形式结合在一起时便构成了智能建筑结构,它是继复合材料、功能材料发展之后材料发展的另一个重要阶段。混凝土材料是使用量最大的建筑材料,是建筑材料的一个重要分支,智能混凝土是指将少量具有某种特殊功能的材料复合于传统混凝土中,使其具有自感应、自诊断、自调节和自愈合等功能的智能材料。

20 世纪 70 年代,美国弗吉尼亚理工学院州立大学的 Claus 等人将光纤埋入复合材料中,使材料具有感知断裂损伤的能力,从而提出智能材料(当时叫自适应材料,adaptive material)的概念,至此概念提出以来,智能材料取得了飞速的发展。从 1985 年开始,在 Rogers 和 Claus 等人的努力下,智能材料系统逐渐受到世界各国研究学者的重视,先后提出了机敏材料、机敏材料与结构、自适应材料与结构、智能材料系统与结构等[10]。

智能混凝土是智能材料的一个研究分支,20 世纪 60 年代,苏联学者开始研究混凝土的复合功能,采用炭黑为导电组分制备了水泥基导电复合材料。80 年代末,日本土木工程界的研究人员设想并着手开发构筑高智能结构的所谓"对环境变化具有感知和控制功能"的智能建筑材料。90 年代初,日本建设省建筑研究所曾与美国国家科学基金会合作研制了具有调整建筑结构承载力的自调节混凝土材料,使混凝土具有某些记忆功能。日本学者 Hiarshi 采用在水泥基材内复合内含黏结剂的微胶囊(称为液芯胶囊)制成具有自修复功能的智能混凝土。美国伊利诺伊大学的 Carolyn Dry 采用在空心玻璃纤维中注入缩醛高分子溶液作为黏结剂,制成具有自修复功能的智能混凝土。1993 年美国开办了与土木建筑有关的智能材料与智能结构的工厂[11]。

在寒冷地区,基于碳纤维混凝土道路及桥梁路面的自适应融雪化冰系统的智能混凝土研究已经在欧美等国家展开,并取得了一定的进展。国内许多高等院校曾通过在混凝土材料中复合压电陶瓷研制了自调节混凝土材料,并且取得了某些成果。例如,同济大学混凝土材料研究实验室研究的仿生自诊断和自修复智能混凝土,是模仿生物神经网络对创伤的感知和生物组织对创伤部位愈合的机能,在混凝土传统组分中复合特殊组分(如仿生传感器、含黏结剂的液芯纤维等),使混凝土内部形成智能型仿生自诊断、自愈合神经网络系统。当混凝土材料内部出现损伤时,仿生传感器可以及时预警;当内部出现微裂纹时,部分液芯纤维破裂,黏结剂流出渗入裂缝,使混凝土裂缝重新愈合,恢复并提高混凝土材料的性能,可实现对混凝土材料的自动诊断、实时检测和及时修复,确保混凝土结构的安全性,延长混凝土结构的使用寿命。

总的来讲,智能混凝土材料目前仍处于研究和实验室应用阶段,还没有达到大规模的实际应用阶段。就智能混凝土(或称机敏混凝土)而言,目前其智能(机敏)性研究主要有自感应性能、自修复性能和自调节性能几方面[12]。

7.1.4.3　高分子智能材料

高分子智能材料主要为智能纤维。智能纤维是指能够感知环境的变化或刺激,如机械、热、化学、光、湿度、电、磁等,并作出反应的纤维。智能纤维包含传感器和执行器,是探测环境的变化或刺激产生信号的神经系统。执行器对来自传感器或中央处理器的信号进行处理。

一般认为,1979 年问世的形状记忆丝绸是最早的智能纤维,Viw 等则认为于 1929 年由 Marsh 及其合作者研制的抗皱棉织物是最早的智能纺织品。近年来,智能纤维正以异乎寻常的速度发展,光纤传感器、导电纤维、形状记忆纤维、变色纤维、压电陶瓷纤维、蓄热调温纤维、调温和调湿纤维及选择性抑菌纤维等都已实现了产业化。美国军方的分析研究者 Teich 指出,我们正处于智能纺织品时代。事实上,受益于智能纤维快速发展的行业并不局限于纺织业本身,信息业、建筑业、宇航业和医疗业等也同样受益匪浅[13]。

7.2 智能混凝土

7.2.1 自调节智能混凝土

自调节智能混凝土具有电力效应和电热效应等性能。混凝土结构除了正常负荷外,人们还希望在受台风、地震等自然灾害期间,其能够调整承载能力和减缓结构振动。但因混凝土本身是惰性材料,要达到自调节的目的,必须复合具有驱动功能的组件材料,如形状记忆合金和电流变体等。形状记忆合金具有形状记忆效应,若在室温下给以超过弹性范围的拉伸塑性变形,当加热至少许超过相变温度时,即可使原先出现的残余变形消失,并恢复到原来的尺寸。在混凝土中利用形状记忆合金对温度的敏感性和不同温度下恢复相应形状的功能,在混凝土结构受到异常荷载干扰时,通过记忆合金形状的变化,使混凝土结构内部应力重新分布并产生一定的预应力,从而提高混凝土结构的承载力。

电流变体是一种可通过外界电场作用来控制其黏性、弹性等流变性能双向变化的悬胶液。在外界电场的作用下,电流变体可在 0.1 ms 级的时间内组合成链状或网状结构的固凝胶,其黏度随电场增强而变稠,直到完全固化,当外界电场撤除时,仍可恢复其流变状态。在混凝土中复合电流变体,利用电流变体的这种流变作用,在混凝土结构受到台风、地震袭击时,调节内部的流变特性,改变结构的自振频率、阻尼特性,以达到抗震的目的。

有些建筑物对其室内的湿度有严格的要求,如各类展览馆、博物馆及美术馆等,为实现稳定的湿度控制,往往需要许多湿度传感器、控制系统及复杂的布线等,其成本和使用维持的费用都较高。日本学者研制的自动调节环境湿度的混凝土材料自身即可完成对室内环境湿度的探测,并根据需要对其调控。赋予这种混凝土材料自动调节环境温度功能的关键组分是沸石粉,其机理为沸石中的硅酸钙含有 $(3\sim9)\times10^{-10}$ m 的孔隙,这些孔隙可以对水分、NO_2 和 SO_2 气体进行选择性的吸附。通过对沸石种类进行选择,可以符合实际应用。

目前,建筑物抗地震能力的提高通常是通过构筑整体框架、增大结构尺寸以及在建筑物底部加装缓冲装置等方式实现的,这些做法都是在结构上对建筑物进行改进。通常建筑物在使用过程中会产生大量裂纹,尤其是当受到动态荷载的作用后,这些裂纹的产生对建筑物的抗震极为不利。智能混凝土的出现就有可能克服这种缺点,使建筑物的抗震能力和使用寿命得到极大提高[14]。

7.2.2 自愈合混凝土

自愈合混凝土是在混凝土中预先填充某种黏结剂,当建筑物出现裂纹时,黏结剂会自动释放出来,把裂纹修补好,同时还可以提高开裂部分的强度和抗弯韧性。

填充混凝土的低模量黏结剂可以改善建筑物结构的阻尼特性,较硬的黏结剂可以使受损的建筑结构重新获得横向强度;不同凝固时间的黏结剂可以用于对结构弯曲的控制。如果将这些黏结剂填入中空玻璃纤维,会使黏结剂在混凝土中长期保持性能,直到结构开裂导致玻璃纤维断裂时被释放出来。为防止玻璃纤维断裂,将填充了黏结剂的玻璃纤维用水溶性胶黏结成束,然后平直地(无卷绕)加入混凝土中[15]。

福州大学罗素荣、刘承超等在实验室研究了内置空心玻璃纤维的裂缝自修复混凝土,模仿生物伤口"破裂—流血—凝结—愈合"的过程,把生物材料的这种自愈合能力应用在混凝土中,即在混凝土构件受拉区分层布置一些注有高分子胶黏剂的空心玻璃管,当混凝土构件受拉开裂时,这些玻璃管也随之破裂,其中的修复胶黏剂迅速流到裂缝处并随着时间的延长而固化、硬化并产生一定的强度,从而实现混凝土裂缝的自修复。玻璃管内的胶黏剂是氰基丙烯酸酯胶黏剂、氯丁橡胶胶黏剂及聚氨酯胶黏剂等。试验结果表明,采用聚氨酯胶黏剂作为自修复混凝土构件的胶结材料,其修复后的承载力随着修复管道的增多而增大,承载力恢复率最高可达 100%,这说明使用合适的胶黏剂和保证有足够多的胶黏剂的量,就能得到很好的修复效果。

同济大学混凝土材料研究国家重点实验室的科研人员研究的仿生自诊断和自修复智能混凝土是模仿生物对创伤的感知和生物组织对创伤部位愈合的机能,在混凝土传统组分中复合特殊组分即所谓的第六组分,如仿生传感器、含胶黏剂的液芯纤维等,使混凝土内部形成智能型仿生自诊断、自愈合网络系统。当混凝土材料内部出现损伤时,仿生传感器可以及时诊断预警,当内部出现微裂纹时,部分液芯纤维破裂,胶黏剂流出渗入裂缝,使混凝土裂缝重新愈合,恢复并提高混凝土材料的性能[16-18]。

哈尔滨工业大学的欧进萍等[19],对内置胶囊混凝土的裂缝自愈合行为进行了分析和试验,建立了描述修复胶囊在混凝土中的分布和取向函数,根据混凝土的破坏机理,确定了修复胶囊的破坏应力,通过实验分析了修复胶囊的几何参数和体积率对混凝土性能的影响,得到了几何参数和体积率的最佳取值范围;利用 ANSYS 对修复胶囊进行了有限元分析,确定了其合理的壁厚,为修复胶囊材料的选择提供了一种有效的研究方法,通过内置胶囊混凝土试验,取得了较好的自愈合效果。

自愈合混凝土是一种被动智能材料,即在材料中没有埋入传感器监测裂痕,也没有通过在材料中埋入电子芯片来"指导"黏结裂开的裂痕。比较新的智能混凝土是主动型的,能使混凝土在出现问题时自动加固。

7.2.3　纤维智能混凝土

在科学技术不断发展的背景下,智能型混凝土成了建筑工程项目中应用较为广泛的材料。其本身具有较好的感应能力,能借助复合部分对混凝土自身的情况和变化幅度进行判定,并且借助自我检测以及控制机制就能对相关参数进行统筹分析。最重要的是,智能混凝土能结合自身的实际性质发挥不同的功效。智能混凝土复合部分主要是聚合物、金属材料以及碳纤维材料等,使得实际应用环境和应用效果也在发生改变。需要注意的是,在智能混凝土施工材料应用的过程中,要结合水泥复合材料内部弹性及变形问题等进行集中分析和判定,并且有效对电阻率予以弹性断裂分析,合理检查实际使用情况,为后续控制疲劳问题提供保障。在对混凝土负荷能力进行测定以及分析的过程中,也要对混凝土污染问题进行管控。智能混凝土能形成自我能力调节机制,尤其是在一些较为恶劣的气候环境中,智能混凝土能结合周围情况调整自身的承载参数,减少意外运动对其产生的影响。例如,在地震中,智能混凝土就能借助调节操作减少振动造成的损失,提升安全性。

7.2.3.1　碳纤维智能混凝土

碳纤维是一种高强度、高弹性且导电性能良好的材料。在水泥基材料中掺入适量碳纤维,不仅可以显著提高其强度和韧性,而且其物理性能尤其是电学性能也有明显的改善,可作为传感器并以电信号输出的形式反映自身受力状况和内部的损伤程度。将一定形状、尺寸和掺量的短切碳纤维掺入混凝土材料中,可以使混凝土具有自感知内部应力、应变和操作程度的功能。通过观测,发现水泥基复合材料的电阻变化与其内部结构的变化是相对应的。碳纤维水泥基材料在结构构件受力的弹性阶段,其电阻变化率随内部应力呈线性增加。当接近构件的极限荷载时,电阻逐渐增大,预示构件即将破坏。与此相反,不加碳纤维的基准水泥基材料的导电性几乎无变化,直到临近破坏时,电阻率才突然增大,反映了混凝土内部的应力-应变关系。根据纤维混凝土的这一特性,通过测试碳纤维混凝土所处的工作状态,可以实现对结构工作状态的在线监测。在加入碳纤维的损伤自诊断混凝土中,碳纤维混凝土本身就是传感器,可对混凝土内部在拉、压、弯静荷载和动荷载等外因作用下的弹性变形和塑性变形以及损伤开裂进行监测[20]。

碳纤维混凝土除具有压敏性外,还具有温敏性,即温度变化引起电阻变化(温阻性),碳纤维混凝土内部的温度差会产生电位差的热电性(Seebeck效应)。试验表明,在最高温度为70℃、最大温差为15℃的范围内,温差电动势与温差之间具有良好稳定的线性关系。当碳纤维掺量达到某一临界值时,其温差电动势有极大值,且敏感性较高,因此可以利用这种材料实现对建筑物内部和周围环境变化的实时监控;也可以实现对大体积混凝土的温度自监控以及用于热敏元件和火警报警器等,用于有温控和火灾预警要求的智能混凝土结构中的碳纤维混凝土、除自感应功能外,还可应用于工业防静电构造,公路路面、机场跑道等处的化雪除冰,钢筋混凝土结构中的钢筋阴极保护,住宅及养殖场的电热结构等。

7.2.3.2　光纤传感智能混凝土

光纤传感智能混凝土是在混凝土结构的关键部位埋入纤维传感器或将其阵列,探测混凝土在碳化及受载的过程中内部应力、应变的变化,并对由于外力、疲劳等产生的变形、裂纹及扩展等损伤进行实时监测。光在光纤的传输过程中易受到外界环境因素的影响,如温度、压力、电场、磁场等的变化而引起光波量如光强度、相位、频率、偏振态的变化。因此,如果能测量出光波量的变化,就可以知道导致光波量变化的温度、压力、磁场等物理量的大小。于是,出现了光纤传感技术。近年来,国内外进行了将光纤传感器用于钢筋混凝土结构和建筑检测这一领域的研究,开展了混凝土结构应力、应变及裂缝发生与发展等内部状态的光纤传感器技术的研究,包括在混凝土的硬化过程中进行监测和结构的长期监测。光纤在传感器中的应用,提供了对混凝土内部状态进行实时及在线无损检测的手段,有利于结构的安全监测、整体评价和维护。到目前为止,光纤传感器已用于许多工程。典型的国外工程有加拿大Calew建设的一座名为Beddington Tail的双跨公路桥内部应变状态监测,美国Winooski的一座水电大坝的振动监测;国内工程有重庆渝长高速公路上的红槽房大桥监测和芜湖长江大桥长期监测与安全评估系统等。

这种智能混凝土的智能方式体现在：如果桥梁的某些局部出现问题，即使是极微小的危险信号，混凝土内部的传感器都会发出出现问题的信号，计算机就会发出指令，使事先埋入桥梁材料中的微小液滴变成固体而自动加固，或采取其他方式对桥梁进行维修维护[21]。

7.2.4 高性能混凝土

7.2.4.1 石墨砂浆注浆钢纤维混凝土

石墨砂浆注浆钢纤维混凝土（Graphite Slurry Infiltrated Fiber Concrete，GSIFCON），是一种对砂浆渗浇钢纤维混凝土（SIFCON）材料经石墨等导电相的掺入而改性的高性能导电复合材料。SIFCON 材料问世于 20 世纪 80 年代，简称 CON。它是由一种新的工艺施工方法制备而成的，即将具有一定流动性的砂浆注入事前放置于模板中的钢纤维骨架中，经适当振动（如需要）和养护而成。由于置于模板中的钢纤维体积含量较高，应使得砂浆密实并且不能强力振捣，故砂浆应具有相当的流动性。由于石墨颗粒表面富集大量的微孔，吸附拌和水的能力较强，对流动性影响严重，所以对石墨砂浆流动性的影响规律进行了较为系统的研究，给出了在高效减水剂、阻锈剂等外加剂的作用下，能够满足渗浇要求的石墨砂浆配合比[22-24]。

7.2.4.2 智能高性能混凝土

智能高性能水泥混凝土具有耐久性、工作性、力学性能、体积稳定性和经济性。

（1）耐久性。配合使用减水剂和矿物质超细粉可以增强混凝土的耐久性，还能够减少混凝土配比时的用水量，同时减少混凝土内部的孔隙，这样能够有效控制混凝土结构的耐久性、可靠性，使其能够持续稳定工作很多年。

（2）工作性。评价混凝土工作性最主要的指标为坍落度。高性能混凝土的坍落度比较容易控制，因为其振动黏度比较大，粗骨料在下沉过程中速度比较缓慢，在相同的时间内下降的距离短，稳定性和均匀性好。此外，高性能混凝土中的水灰比较低，并且有超细粉的加入，这也造成了高性能混凝土的水泥浆黏度大，基本不会出现离析的状况。

（3）力学性能。影响混凝土强度的因素有很多，水灰比是其中之一。很多时候，普通混凝土的强度是与水灰比成反比的。高性能混凝土可以利用增塑剂，使其分散能力加强、减水率提高，这样可以减少水用量，提高性能。在高性能混凝土中可以加入矿物超细粉，可使每个水泥颗粒之间的间隙被充分填充，减少气穴，增加强度，使混凝土的密实度得到很大提高，从而可以有效提高混凝土的使用寿命。

（4）体积稳定性。体积稳定性也是高性能混凝土的特性之一。高性能混凝土的体积稳定性是指混凝土在硬化初期具有较低的水化热，而在硬化后期其收缩变形比较小。

（5）经济性。通过以上分析可知，高性能混凝土具有强度高、耐久性好等特性，而这些特性都是高性能混凝土具有良好经济性的依据。首先，因为高性能混凝土具有高强度性，这可以缩减构件的尺寸和自重，从而节约使用空间；其次，因为高性能混凝土具有良好的耐久性，这可以使结构的维修费用显著降低，并且可以使结构的使用寿命延长；最后，因为高性能混凝土具有很好的工作性,这可降低工人的劳动强度,并且可以提高施工速度,加快施工进度,从而使成本显著下降。简单地说,高性能混凝土更符合结构功能要求和施工工艺要求,能使混凝土的使用寿命最大化,从而取得良好的经济效益[25]。

7.3 智能玻璃

7.3.1 光致变色玻璃

烈日炎炎下,时常看到人们带着变色眼镜,这种变色眼镜是一种能在光的激发下发生变色反应的玻璃。其原理是在玻璃中添加了很细的 AgCl 微晶。当紫外线照射时,Ag 离子还原成 Ag,此时 Ag 原子团簇影响光的入射,产生深色效应;在没有紫外线照射时,Ag 原子转变为 Ag 离子,原子团簇解体,镜片褪色。

目前已知有大量的光致变色材料,包括许多有机化合物以及一些含 Zn、Cd、Hg、Cu 和 Ag 的无机化合物。这些材料的原子或分子有两种状态,两种状态的分子或电子组态不同,对可见光范围的吸收系数不同,因而在不同光辐射条件下呈现出不同的颜色。在正常状态下,分子有某种颜色(或者无色),当暴露在光或其他适当波长范围的辐照之下时,它们转入第二种状态,显示第二种颜色;而在光线移开时,它们又恢复到原来的状态,即恢复显示原来的颜色。

光致变色玻璃的光色特性起因于很小的、分散的卤化银晶体。它们是在玻璃最初冷却时或者随后的热处理中形成的,热处理的温度在基质玻璃的应变点和软化点之间。这些卤化银颗粒中可能含有浓度相当高的杂质(例如存在于玻璃中的碱金属离子),而光致变色行为显著地受到玻璃的组成和热过程的影响。

普通玻璃通常是碱金属硼硅酸盐。商业上重要的透明玻璃含银浓度为 0.2%~0.7%(质量),而不透明玻璃含银浓度为 0.8%~1.5%。卤素可以是 Cl、Br、I 或它们的结合,并且通常加入的浓度为千分之几(质量浓度)。配料中应加入约 0.01%(质量)的低浓度敏化剂,其中最引人注意的是 CuO,它能显著地提高敏感性并增强光致变色的变暗能力。Cu 离子作为空穴陷阱,可防止曝光中产生的电子与空穴重新结合。在典型情况下,卤化银粒子的平均直径在 10 nm 以下,而颗粒之间的平均距离为 50~80 nm,这相当于在 1 cm^3 的玻璃中,含有 10^{15}~10^{16} 个卤化银粒子。

在未受到紫光和紫外光照射时,呈化合态的 Ag 离子不吸收可见光。因而玻璃呈透明状。当紫光和紫外光照射时,卤化银会发生分解反应:

$$AgCl \longrightarrow Ag + \frac{1}{2}Cl_2$$

此时,Ag 离子得到电子成为 Ag 原子,然后这些 Ag 原子集聚成小的金属颗粒。由于金属银中电子易于被激发,能对可见光强烈吸收,使玻璃呈现出黑色。实际上,集聚在一起的 Ag 原子簇对光还有一定程度的散射,但对光的吸收是主要的。当暴露在敏化射线下时除了发生变暗之外,也发生光和热的褪色过程。在给定的温度和光强下所得到的稳定态着色程度由变褪色过程之间的竞争而定。当敏化射线消失时,Ag 原子又将失去电子而成为 Ag 离子,Ag 原子簇消失,玻璃变得透明。添加 Br 或 I 一般可使敏感性移向较长的波长,这是由于溴化银和碘化银分子中的电子较 AgCl 中的电子易于被激发从而吸收较长波长的光[26,27]。

7.3.2　电致变色玻璃

近年来,研究人员应用薄膜变色的电致变色的特性,制作了"电开关"的自动控制的灵巧玻璃窗户,用于房屋的自动采光。

电致变色薄膜材料可以是 WO_3 或者 NiO 薄膜,前者有蓝色变色特性,人眼难以适应其变色特性;后者呈灰色变色特性,变色效果好,人眼容易适应。这一类材料一般的合成方法是物理气相沉积或者溶胶凝胶法制备。

参考文献

[1] 杨大智. 智能材料与智能系统[M]. 天津:天津大学出版社,2000.

[2] 胡金莲. 形状记忆纺织材料[M]. 北京:中国纺织出版社,2006.

[3] 李青山. 功能与智能高分子材料[M]. 北京:国防工业出版社,2006.

[4] 王惠文. 光纤传感技术与应用[M]. 北京:国防工业出版社,2001.

[5] 王兆利,高倩,赵铁军. 智能建筑材料[J]. 居业,2002,22(1):56-57.

[6] 汪洋. 智能建筑材料在绿色生态节能建筑中的应用[J]. 建材世界,2008,29(2):123-126.

[7] 汪洋. 智能建筑材料石墨砂浆注浆钢纤维混凝土[M]. 北京:中国建材工业出版社,2009.

[8] 高后秀,杨榆钦. 铜基形状记忆合金的过热性能研究[J]. 天津大学学报,1990(4):6-6.

[9] 赵田臣,孙宝臣. 铁基形状记忆合金耐磨性能研究[J]. 摩擦学学报,1998(4):272-274.

[10] Han Z Y, Zhang N, Wu Z C, et al. Research on design of intelligent building internal structure based on building materials[J]. Advanced Materials Research, 2013, 738:113-116.

[11] Xu Q, Chang G K, Gallivan V L. Development of a systematic method for intelligent compaction data analysis and management[J]. Construction and Building Materials, 2012, 37: 470-480.

[12] Lu S W, Xie H Q. Strengthen and real-time monitoring of RC beam using "intelligent" CFRP with embedded FBG sensors[J]. Construction and Building Materials, 2007, 21(9): 1839-1845.

[13] Shu X, Cheng S. On ecological utilization of discarded building materials based on GIS[C]// International Conference on Intelligent Transportation, 2016.

[14] Berger J, Dutykh D, Mendes N, et al. A new model for simulating heat, air and moisture transport in porous building materials[J]. International Journal of Heat and Mass Transfer, 2019, 134: 1041-1060.

[15] Maslennikova L L, Babak N A, Naginskii I A. Modern building materials using waste from the dismantling of buildings and structures[C]. 2019: 1016-1023.

[16] Xu X, Jiang Q. Brief analysis on application of PVC foam materials in building material industry[J]. Materials Science Forum, 2019, 944: 729-735.

[17] Horsley A, Thaler D S. Microwave detection and quantification of water hidden in and on building materials: Implications for healthy buildings and microbiome studies[J]. BMC Infectious Diseases, 2019, 19(1): 28.

[18] Zhu X, Bai S, Xue G, et al. Assessment of compaction quality of multi-layer pavement structure based

on intelligent compaction technology[J]. Construction and Building Materials, 2018, 161: 316-329.

[19] 欧进萍,匡亚川.内置胶囊混凝土的裂缝自愈合行为分析和试验[J].固体力学学报,2004,25(3):320-324.

[20] Jing H, Qian Z. The prediction of adhesive failure between aggregates and asphalt mastic based on aggregate features[J]. Construction and Building Materials, 2018, 183: 22-31.

[21] Al M M, Bentayeb F. Radon exhalation from building materials used in Yemen[J]. Radiation Protection Dosimetry, 2018, 182(4): 405-412.

[22] Lampert C M. Chromogenic smart materials[J]. Materials Today, 2004, 7(3):28-35.

[23] Line P. Encyclopedia of Smart Materials[M]. Encyclopedia of Smart Materials, 2002.

[24] Rosso F, Marino G, Giordano A, et al. Smart materials as scaffolds for tissue engineering[J]. Journal of Cellular Physiology, 2010, 203(3): 465-470.

[25] Newnham R E. Molecular mechanisms in smart materials[J]. Mrs Bulletin, 1997, 22(5): 20-34.

[26] Ten B G, Ikkala O. Smart materials based on self-assembled hydrogen-bonded comb-shaped supramolecules[J]. Chemical Record, 2010, 4(4): 219-230.

[27] Epaarachchi J A. Fourth international conference on smart materials and nanotechnology in engineering[J]. Computer-aided Civil and Infrastructure Engineering, 1993, 8(4): 257-257.

第8章

绿 色 建 材

8.1 生态学基本知识

8.1.1 生态学的产生与发展

生态学是生物学发展到一定阶段后,从生物学中孕育出来的一门分支学科。1886 年德国动物学家赫克尔(E. Haeckel)首次提出了"生态学(ecology)"的概念,它标志着生态学的正式诞生[1]。"ecology"一词源于"Oikos"和"Logos",前者与"eco-"相同,经济学最初是研究"家庭管理"的,因此生态学有管理生物或创造一个美好家园的意思。

生态学作为一门独立的学科,在被提出之初并不为人们所接受,主要原因在于生态学是一门多形态的学科,早期的研究对象不像其他传统学科的研究对象那样明确,且研究对象的尺度并不确定,这种状况一直持续到种群研究的广泛开展才有所改观[2]。在 20 世纪前半叶里,生态学出现了兴旺发达的景象,形成了比较完备的理论体系和研究方法,并产生了许多分支学科。从 20 世纪后半叶至今,生态系统成为生态学最活跃的研究对象,尤其是进入 20 世纪 60 年代以后,由于环境问题变得越来越严峻,生态学的研究更是得到了迅速发展,人们不仅能够运用生态学传统理论对动植物和微生物的生态学过程作出较为圆满的解释,而且在个体、种群、群落和生态系统等领域的研究中都取得了重大进展。特别是其他学科的加入和相互渗透,计算机和遥测等技术的应用,系统论和控制论方法的引入,都进一步丰富并拓展了生态学的研究内容和方法。目前,人类面临的环境污染、人口爆炸、生态破坏与资源短缺等全球问题的解决,都有赖于对地球生态系统的结构和功能、稳定和平衡、承载能力和恢复能力的研究,生态学的一般理论及其分析方法也正在向自然科学的其他领域和相邻的社会学、人类学、城市学、心理学等领域渗透[3]。

随着研究对象和内容的拓展,生态学的概念也在不断发展和完善。这进一步扩展了生态学的研究内容和对象,将研究对象从有机体推及所有的生命系统,这种生命系统除了自然界的动植物外,还包括人类自身。生态学的基本定义是:研究生物与生物之间、生物与非生物之间的相互关系的科学。

8.1.2 生态建筑学的产生与发展

20 世纪五六十年代,大气、水、食物等被污染,造成了各种社会公害,直接威胁到人们的生存和健康,成为当时人们极度关注的重大社会问题。这些问题表面上看有些是人为问题,有些是环境问题,实质上都可归结为人与环境的关系问题。它们给人类敲响了警钟,使人们意识到,不断向环境索取资源和排放废物虽能促进社会某些方面的发展,但也会阻碍社会其他方面的发展,并危及人类自身的生存。这些问题,引起了人们对生态学这门学科的极大关注,生态学被视为拯救人类、指导生产、改造自然、保护环境强有力的科学武器[4]。众多学科在这一时期纷纷与生态学结合,力图用生态学原理从各自学科的角度去解决环境污染和生态破坏问题。因此,很多交叉学科如农业生态学、人口生态学、工业生态学、资源生态学等应运而生。

生态建筑学从产生至今,一直致力于解决建筑领域中人类面临的环境与生态问题,并随着新的问题和观念的产生而不断发展[5]。20世纪60年代,生态建筑学主要关注的是当时环境污染带来的一系列问题。70年代,由于世界性石油危机,与能源使用和能源供应相关的问题成为生态建筑学关注的重点,世界各地纷纷开展了太阳能建筑的研究,并在建筑物的保温隔热方面做了大量工作。进入80年代,大范围的环境污染和破坏已殃及世界各国,环境和生态保护非常醒目地成为生态建筑学讨论和关注的焦点。90年代后,全方位解决环境生态问题的"可持续发展"理论成为全球共识,环境、生态和资源共同成为世界各国关注的焦点。进入21世纪,社会、经济与自然协同发展成为各行各业共同致力的目标,人、社会、建筑与自然和谐共生、协同发展成为生态建筑学致力的目标。

8.1.3　生态建筑与绿色、可持续建筑间的关系

8.1.3.1　绿色建筑

"绿色"是生态系统中生产者植物的颜色,它是地球生命之色,象征着生机盎然的生命运动。在"建筑"前面冠以绿色,意在表示建筑应像自然界中的绿色植物一样,具有和谐的生命运动和支撑生态系统的特征[6]。

8.1.3.2　可持续建筑

"可持续建筑"又称为"可持续发展建筑",是可持续发展观在建筑领域中的体现。目前,关于"可持续建筑"的准确定义尚未形成统一的认识,一般情况下,我们可简单地将其理解为"在可持续发展理论和原则指导下设计、建造和使用的建筑",它体现了人们对资源、环境和生态因素的全面关注[7]。

8.1.3.3　三者相互关系

生态建筑和绿色建筑发展到今天,其内涵和外延较初时已有了很大发展,与可持续建筑已经没有本质的区别,三者目前正在走向统一。因此,在一般情况下,生态建筑也可称为绿色建筑或可持续建筑。

"可持续发展建筑"是基于可持续发展观念在20世纪80年代中期被提出来的,它不仅关注"环境—生态—资源"问题,而且强调"社会—经济—自然"的可持续发展,它涉及社会、经济、技术、人文等方方面面。由此可见,"生态建筑"与"绿色建筑"是同一问题的两个方面,只不过各有侧重而已。但二者都有不足,那就是只强调问题的一个方面,而没有看到问题的

全部[8]。"可持续发展建筑"是从问题的全局整体性出发而提出来的,其内涵和外延较"生态建筑"和"绿色建筑"要丰富深刻、宽广复杂得多,可以说,从"生态建筑""绿色建筑"到"可持续发展建筑"是一个从局部到整体、从低层次向高层次的认识发展过程。然而,三者的最终目标和核心内容是一致的,即降低地球资源与环境的负荷及其不利影响,创造健康、舒适的人类生活环境,与周围自然环境和谐共生。

8.2　建筑材料的发展对环境的影响

我们使用的建筑材料会加速资源的短缺,并导致气候变化、生物多样性减少、环境污染,给人类的健康带来负面的影响。建筑和建筑工业对全球、城市和区域环境都有巨大的影响。能源、水资源、材料和土地等消耗导致全球性环境问题;水、气、固体废弃物排放以及噪声等对城市和区域环境造成很大的影响[9]。

8.2.1　建筑与全球性环境问题

与建筑密切相关的全球性环境问题之一是温室气体的大量排放造成全球变暖[10]。温室气体是人类肆意挥霍能源而产生的副产品。矿物燃料产生的能源,首先被用来生产建筑材料,随后在建筑过程中会被消耗,然后在房屋漫长的寿命周期中,被房屋的居住者所消耗。而这些矿物燃料的消耗,正是大量二氧化碳的主要来源。在温室气体中,尽管二氧化碳不是最有害的,却是排放数量最多的,由人类活动所引起的气候变化,开始要求人们在建筑设计、施工过程方面作出相应的变化,并且改建现有建筑,减少能源消耗,从而减少温室气体的排放。

臭氧层破坏也是建筑造成的全球性环境问题之一。建筑中的制冷系统和消防系统曾经消耗大量的氯氟烃类物质,这是造成地球臭氧层破坏的主要原因。《蒙特利尔议定书》的签订为淘汰氯氟烃创造了条件。

建筑对其他全球环境的影响,如生态破坏、生物多样性破坏、淡水枯竭、沙漠化等,大都由建筑产生的资源消耗以及对城市和区域环境的破坏引起的。

8.2.2　建筑对能源环境的影响

8.2.2.1　能源的含义及其分类

依据《大英百科全书》的解释,能源指包括燃料、流水、阳光和风等在内的可以直接或通过适当设备转变为人类所需能量的资源[11]。由于人类美好的物质享受和便利的舒适生活均依赖于能量的来源,因此,能源可被称为人类生存和社会发展的动力之源。

从不同的角度,能源有多种分类方式。

(1)按照形态特征,可分为:固体燃料、液体燃料、气体燃料、水能、核能(通常指核裂变能)、电能、太阳能、风能、生物质能、地热能、海洋能和核聚变能。

(2)按照来源渠道,可分为:来自地球之外,如太阳能以及经太阳辐射转化而成的化石能源(煤炭、石油、天然气);来自地球内部,如地热能、核能;来自地球和其他天体的运动作用,如风能、潮汐能和水能。

(3)按照获取及使用的层次,可分为:一次能源,即在自然界天然存在的、可以直接获得而不改变其基本形态的能源,如原煤、原油、天然气、水力、核能、太阳能、地热能、生物质能、风能、潮汐能、海洋能等;二次能源,即一次能源经过加工、转换改变其形态后得到的能源,如电力、石油制品、煤气、沼气、氢能等;终端能源,即通过用能设备提供给消费者使用的能源,一次能源和二次能源经过输送、存储和分配最终将成为终端使用能源。

8.2.2.2　建筑能耗概率及其影响因素

建筑能耗有广义和狭义之分。广义上,建筑能耗指在建筑产品生命周期内所消耗的全部能源,包括建材制造运输能耗、建筑建造施工能耗、建筑运行使用能耗和建筑拆除报废能耗等;狭义上,建筑能耗指建筑运行使用过程中的能源消耗,主要包括建筑采暖、空调、热水供应、炊事、照明、家用电器、电梯等方面的能耗。一般意义上的建筑能耗指的是建筑运行能耗,即所谓狭义建筑能耗。建筑能耗的主要影响因素包括以下几点[13]。

(1)室外热环境的影响:建筑物室外热环境,即各种气候因素,通过建筑的围护结构、外门窗及各类开口直接影响室内的气候条件。与建筑物密切相关的气候因素为太阳辐射、空气温度、空气湿度、风、降水以及城市小气候、城市"热岛"等。我国与世界同纬度城市相比较,采暖度日数远高于北美和欧洲各国;太阳辐射强度,我国优于欧洲地区;另外,我国城市的人口、建筑密度也高于发达国家。

(2)建筑构造因素的影响:建筑围护结构的保温隔热性能和门窗的气密性是影响建筑能耗的主要内在因素。围护结构的传热热损失占70%~80%;门窗缝隙空气渗透的热损失占20%~30%;另外,建筑规模、体形系数、窗墙比、朝向等因素都会直接影响建筑能耗水平。

(3)建筑设备系统的效率:采暖、空调系统是由冷热源、输配网和用户组成的系统,系统效率不仅取决于冷热源,还包括输运网效率、末端设备效率。比如锅炉在运行过程中,一般只能将燃料所含热量的55%~70%转化为可供利用的有效热量,即锅炉的运行效率为55%~70%,发达国家可达80%以上。室外管网的输送效率为85%~90%,即锅炉输入管网的有效热量,又在沿途损失10%~15%,剩余的47%~63%的热量供给建筑物,成为采暖供热量。另外,随着人们生活水平的提高,热水器、冰箱、洗衣机、电饭锅、电视、电脑等家用电器在城市一般家庭日益普及,其能耗比例日益提高。

(4)建筑使用功能:不同使用功能的建筑能耗水平差异较大,商业建筑、办公建筑能耗水平一般远高于居住建筑,商业建筑能耗是商业经营的成本开支之一。

(5)舒适度要求:随着经济发展、生活水平的提高,人们对建筑室内舒适度的要求也日益提高;采暖区向夏热冬冷地区的扩展,增大了建筑对能源的消耗;越来越多的"部分时间、部分空间"采暖、空调等方式替代"全时间、全空间"模式,以及过高的温度控制标准,也导致建筑能耗水平大幅提高。

(6)建筑能效管理:节能意识和自觉水平,建筑设备系统的运行管理,建筑节能标准、节能措施的贯彻执行水平,会导致相似结构、相似功能建筑能耗水平的大幅差异。一个国家或地区建筑能耗在总能耗中的比例,反映了这个国家或地区的经济发展水平、气候条件、生活质量以及建筑技术水准。发达国家在进行能源统计时,一般按照四个部门分别统计:即工业(或产业,因为在发达国家农业已经产业化)、交通(在发达国家航空、城市轨道交通和私人汽车都十分发达)、商用(办公楼、旅馆、商场、医院、学校等)和居民(住宅等),一般可以把商用和居民两项作为建筑耗能看待。因此,发达国家的耗能部门实际上就是产业、交通和建筑三大家,它们各自在总能耗中所占的比例基本上也是"三分天下"的局面。

8.2.3 建筑对资源的影响

自然资源是指自然界中对人类有用的一切物质和能源,如土地、水、空气、森林、草原、野生动植物、矿藏、海洋等[12,17]。自然资源按用途可以分为生产资源、风景资源、科研资源、生活资源等;按其属性可以分为土资源、水资源、生物资源、矿产资源;按其可恢复性可以分为不可再生资源和可再生资源。随着科技的进步和经济的发展[15,16],自然界中原本对于人类无用的资源也可以变成有用的资源。

1. 能源

能源按利用方式可以分为燃料能源和非燃料能源。燃料能源主要指煤炭、石油、天然气、生物质能、核燃料,非燃料能源主要指太阳能、风能、潮汐能、水能、地热能等。目前,全球能源消耗中燃料能源依然占主导地位。在燃料能源使用过程中,会排放烟尘、二氧化硫、氮氧化物、二氧化碳等污染物,污染环境空气,威胁人体健康。二氧化硫和氮氧化合物的排放,造成了地区酸雨的出现,威胁生态系统;二氧化碳等温室气体的排放,造成了全球气候变化,使全球变暖。因此,减少燃料能源消耗,扩大非燃料能源的使用,能减少环境污染。建筑应该把节约资源、扩大使用非燃料和可再生能源作为追求目标之一。

2. 材料资源

建筑消耗各类常规材料的量达到相当大的比例。建筑寿命周期包括从建筑规划、设计、建造、运行维护直到拆除的全过程。采用优化的建筑构造和结构体系,将节约建筑材料的使用量,同时提高建筑的质量,减少维护和加固等,也是节约建筑材料使用量的一种方法。另外,尽量采用对环境影响少、能够回收利用的材料,保证建筑拆除后,材料能够继续使用,同时不因掩埋和处理废弃材料而破坏环境和占用土地,是建筑材料资源节约的目标。

3. 土地资源

建筑是人类艺术和技术结合创造的空间构筑物。空间构筑物总是要占用土地的。土地是陆生生物赖以生存的家园,更是人类的家园,是人类食物主要的供应源。在满足人类居住区对建筑数量要求的前提下,节约土地是实行绿色建筑的重要条件之一。

4. 水资源

建筑消耗大量水资源,同时向环境中排放生活污水、工业废水、农业废水及其他废水,威胁水环境。建筑应把节约用水,减少废水排放,尽量对其进行无害化、资源化处理作为追求的目标之一,以保护自然界的水资源,从而保证人类有丰富的、清洁的水资源可供利用。

8.3 环境影响评估方法

8.3.1 建立整体的生态建筑观

8.3.1.1 建筑、人和环境

从建筑与人和环境组成的系统角度来看,建筑具有以下本质特点。

第一,建筑最本质的特征是建筑人工环境,在人与环境组成中,它只有环境的一部分,即建筑在此系统中是中介环境。中介环境的属性决定了建筑的"二重性",即人文社会属性(社会性、经济性、科技性)和物质环境(空间、地理、自然、时间)的属性[18]。

第二,建筑联系着人与环境,又是人类社会的组成部分。建筑与人同构,满足人的生活、社会活动和行为、心理的需求;建筑与社会同构,构成社会活动所需要的空间结构,满足相应的社会生产、生活、文化、交往等过程的需求;建筑与环境同构,有其空间、时间属性,参与自然生态环境的全部变化过程,其中有着与生态环境和人的物质、能量、信息的交流与循环。

第三,建筑作为中介环境,不仅有上述的"同构关系",而且具有随着人的需求的变化、社会发展、环境变化而同步变化的关系。"人在塑造环境(包括建筑)的同时,环境(包括建筑)在同步塑造人"。这种同时、同步的相互塑造,构成了漫长的人类文明的历史发展全过程,并决定了建筑的复杂性和重要性。

鉴于建筑与人、社会和环境的密切关系,综合考虑社会经济、人文自然环境各层,遵循可持续发展原则的绿色建筑观念涉及的层次也相应十分广阔:不仅在能源、环境方面,以及制造业、运输业等,还包括管理、社会服务等,并且影响面还在持续扩大,故而真正意义的绿色建筑需要将上述内涵纳入整体考虑并赋予实质的意义。

8.3.1.2 建立绿色建筑的整体环境观

整体的环境观是绿色建筑思想的出发点,对于关注生态环境的建筑设计而言,建筑师应该具备生态学的基本观念[19]。如果从生态学的角度理解建筑,建筑系统是地球生态系统中各种不同的能量和物质材料的临时组织形式,绿色建筑的整体环境观需要认识这一系统在全寿命过程的各个环节中,与生态系统环境之间发生的相互作用。这不仅包括组成建筑系统的各个建筑元素的安装和制造过程,还包括建筑系统的使用、建筑元素的弃置和重新利用过程等。

绿色建筑设计的整体环境观与我们通常的建筑设计观念存在着一定的差异,它更为注重对环境概念的认识、对地球资源有限性的认识、对生态系统之间相互依存关系的认识、对生态系统动态特性的认识等,是对传统的建筑设计观中所欠缺的可持续发展观念的补充[19]。具备整体环境观的绿色建筑设计具有以下特点。

首先,将建筑的全寿命过程看作是一种能量和物质材料转换流动的过程。建筑师将环境中的能量和物质材料组装成具有时效性的系统,经过一段时间使用后拆除;拆除后的各个建筑组件在其他建筑系统中得到再利用,或者被废弃到自然环境中,部分或全部被生态环境

所吸收。

其次,这是一种对建筑系统的预期性研究。建筑师应考虑到建筑系统在其全寿命期间对地球环境生态系统所产生的影响,尽量在设计阶段减少和消除将来会产生的负面作用。

借助系统思想和生态系统的理论和概念,绿色建筑的整体环境观具有以下方面的内容。

第一,将建筑系统看成是一个地球生物圈中能量和物质材料流动的一个阶段,既相对独立又和外界不断地进行着物质能源的交换。

第二,全面审视建筑系统和周围生态环境之间的相互作用,认为它们之间存在着随时间推移和空间转换而不断变化的关系。

第三,认为建筑设计必须对周围生态系统的影响负责,考虑全球资源的有限性及发展的可持续性。

8.3.2 绿色建筑及评价的基本概念

虽然绿色建筑学的发展历程已经接近一个世纪,但由于观念、技术及地域的差距,目前为止,国际上对绿色建筑还没有一致的定义,甚至没有一个最为恰当的学术用语表达以环境为导向的建筑。如图8-1所示,建筑界对这一领域有着不同的名词定义,诸如"可持续建筑""生态建筑""绿色建筑""健康建筑"等,不同的用语定义代表了不同的技术开发内涵与精神,下面就一些重要的国际会议与章程对几个定义作出以下具体阐述[20]。

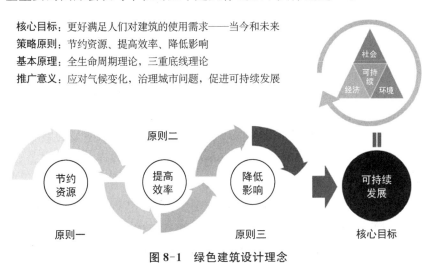

图8-1 绿色建筑设计理念

1. 可持续建筑

1987年,联合国在巴西里约热内卢召开环境与发展会议,这次会议通过了《21世纪议程》,对可持续建筑的概念提出了几个论述:不同的国家和地区对可持续建筑的理解不尽相同,除了经济的先决条件或社会问题,各国还在很多具体的条件上有着差异,如人口密度和人口数量、国家经济条件和生活水平、地理和自然灾害、土壤和水的可获取量、能源生产和供应、建筑结构构成和现有建筑市场的建筑质量水平等，所有这些都会影响可持续建筑理论的形成。但所有国家都应把可持续建筑的重点放在建筑对环境的生态影响上。所有可持续建筑概念所考虑的问题总结起来可以归于以下三方面：

（1）有关自然资源的问题；

（2）有关人类发展的问题；

（3）有关政治、经济、文化各方面的社会学问题。

不同国家的可持续建筑理论共同的关注因素包括以下三方面：

（1）减少对于自然资源包括矿产、能源的使用；

（2）保护自然环境和物种多样性；

（3）改善建筑环境质量，维护健康的室内环境。

《21世纪议程》认为，简洁的定义也还只是涉及可持续建筑一些主要方面，作为判断依据来讲，它们则是太模糊和模棱两可，还需进一步考虑的问题包括本地区的限制条件、国家利益的优先等。因此，提出全球统一的可持续建筑的定义并没有太多的意义，而在一个世界性的大框架下，制定符合自己特定国情的可持续建筑标准则是各国的迫切任务。

2. 生态建筑

20世纪60年代，美籍意大利建筑师保罗·索勒瑞把生态学（ecology）和建筑学（architecture）两个词合并为"acologies"，首次提出了生态建筑的新理念。目前国际上还没有对生态建筑概念的权威阐述。在1999年北京UIA国际建筑师协会第二十届大会上提出的与生态建筑有关的内涵为：社区和群体活动与环境相协调达到平衡的状态，其内容必须涵盖健康、节约、生态循环和场所微环境四大项目，并强调运用低科技自然手法为主的营建方式。

3. 绿色建筑

1992年联合国全球可持续发展宣言以及1998年加拿大温哥华Green Building Challenge 98国际会议定义：在经济与环境两个问题中有效地利用仅有的资源并提出解决的方法，进一步改善生活的环境的建筑可称为绿色建筑。绿色建筑最明显的影响，就是使环境和经济方面的关系达到一种平衡的状态，这也就是可持续发展的特点。

4. 健康建筑

2000年芬兰（Espoo, Health Buildings 2000）国际会议定义：一种体验建筑室内环境的方式，不仅包含物理量的测试值，例如温湿度、通风换气效率、噪声、光、空气品质，还包括主观心理因素，如布局、环境色、照明、空间、使用材料等；另外加上如工作满意度、人际关系等其他要素，一栋健康建筑应该满足以上所有的要素要求。

根据世界卫生组织的建议，"健康住宅"的标准是：

（1）尽可能不使用有毒的建筑装饰材料装修房屋，如含高挥发性有机物、甲醛等的材料；

（2）室内二氧化碳浓度低于1 000 ppm（1 ppm＝10^{-6}），粉尘浓度低于0.15 mg/m²；

（3）室内气温保持在17～27℃，湿度全年保持在40%～70%；

（4）噪声的级别小于50 dB；

（5）一天的日照时间要确保在 3 h 以上；

（6）有足够高度的照明设备；

（7）有足够的人均建筑面积并确保私密性；

（8）有足够的抗自然灾害的能力；

（9）住宅要便于护理老人和残疾人。

"健康住宅"围绕人类居住环境的"健康"二字展开，是具体化和实用化的体现。对人类居住环境而言，它是直接影响人类可持续生存的必备条件[21]。

总之，他们共同的目标是实现人类的可持续发展，而依照其含义从宏观到具体依次为可持续建筑、生态建筑、绿色建筑，最为基本的要求是实现具备健康室内环境的建筑。

8.3.3　绿色建筑评价的基本原则

8.3.3.1　可持续发展原则

绿色建筑评价是一个综合分析生态环境和建筑设计建造的特点及二者相互作用的过程，在进行评价时[22]，应遵循可持续发展原则。

绿色建筑评价实质是建筑的可持续发展评价，评价必须在明确的可持续发展原则和明确的目标指导下进行，必须考虑当前和今后人们之间的平等和差异，必须将这种考虑与资源的利用、过度消耗、可获取的服务等问题的考虑恰当地结合起来。此外，绿色建筑评价还必须具有宏观的指导性的视角与目标，以保护人类赖以生存的自然资源和生态系统为立足点。自然资源是一个动态的概念，总是与一定的社会条件和技术水平相联系的，因而评价也应保持超前的新观念。

绿色建筑评价进程应当包括兼顾全局和部分为评价进行的视察或检查；从考虑社会、生态和经济等各级系统的健康发展角度出发，从局部做起，考虑建筑现在所处的状态和此时各组成部分的情况，以及各部分之间互相作用的变化的方向；考虑各种建筑活动正面及负面的影响，可以用货币的方法或其他形式反映建筑和生态系统的消耗和收益。

8.3.3.2　科学性原则

1. 考虑基本的影响因素

绿色建筑的评价进程应当考虑基本的影响因素，考虑人类所依靠的生态条件，遵循生态学和生态保护的基本原理，阐明建筑环境影响的特点、途径、性质、强度和可能的后果，寻求有效的保护、恢复、补偿并改善建筑所在地原有生态环境，考虑除了经济发展外，还有其与人和社会息息相关的建筑活动[21]。

2. 评价范围的掌握适度

绿色建筑的评价进程应当掌握适当的范围，有足够长的研究时间段，可以掌握建筑和生态系统的活动变化程度，因而可以对长远的环境保护要求和当前短时期的决策作出反应。评价的定义有足够大的研究范围，不仅包括建筑所在地，也包括对较远距离的人和生态系统的影响,在历史和现实的基础上预计建筑的发展趋势。

3. 抓住实践性的关注点

绿色建筑的评价进程应当有一套明确清晰的分类和组织体系,可以将指导目标和评价标准联系起来;同时还要对一定数目的关键问题进行分析;另外,应具备具体指导原则和综合性指导原则,为评价进程提供清晰的指示。在评价时有标准化的衡量手段,随时允许比较,并且对于目标、范围、开端或趋势有明确的指导作用。

8.3.3.3　开放性原则

1. 评价体系的开放性

绿色建筑评价的进程应当具有开放性,评价的数据和方法对公众开放,任何人都可以了解和使用;此外,对所有的数据和判断、假设及其存在的不定因素都应有清楚的说明[18]。

2. 评价体系的参与性

绿色建筑评价是基于使用者和受众的需要而设计的,从开始就力争使用简单的结构和清晰易懂的语言;它的进程应当具备广泛的参与性和有效的沟通性,强调公众参与的原则;吸收包括群众、专业人士、社会技术团体等广大范围的人士,包括各年龄阶段的当地人士的代表参与,确保得到不同价值观的认可;确保决策人员的参与,保证评价和相关的政策与法规之间的联系;吸取积极因素,服务于决策者。

3. 评价体系的自我调节

绿色建筑评价体系的进程应当具备自我调节的能力,具备可重复的评鉴能力以主导绿色建筑的发展趋势。由于环境是复杂而又变化的,故评价应当是可重复的、可应变的;当获取了新的信息时,可以及时调整目标、结构和指导因素。评价体系还必须与新技术的发展同时进步,并对新的决策作出及时的反馈。

8.3.3.4　协调性原则

绿色建筑评价体系应能够协调经济、社会、环境和建筑的关系,协调建筑长期与短期、局部与整体的利益关系,协调的目的是要提高评价的有效性,使之具备综合的全面性与法规的制约性。评价要持之以恒,还应保证其具有一定的法规效力,即在建筑设计和决策进程中有明确的责任分配,提供自我发展的支持;政府需要为相关信息的收集、维护和记录提供有法律效力的支持,并采取各种措施培养提高建筑系统各层次中人员的绿色意识。

8.4　发展绿色建材的重要性

8.4.1　有利于实现节能减排

随着社会经济发展速度的加快,一些国家不得不以牺牲环境为代价,所以就造成了能源紧缺的状况,更有甚者造成了能源危机。能源紧缺已不再仅仅是一个国家面临的问题,而是世界上绝大多数国家所需要面对的问题,所以需要大家的共同努力。全国城市中的绿色建筑数量要达到 10 亿 m², 虽然我们离这一发展目标还有一段距离, 但这项措施确实能够减少二氧化碳的排放量, 净化大气环境, 有利于我们建设资源节约型和环境友好型社会[19]。我国建筑行业的发展越来越快, 但建筑行业在发展的同时带来了很大的环境问题, 特别是能源的消耗问题, 建筑行业所使用的能源占据了全国能源总耗量的 50%, 这个数量是值得深思的, 建筑能耗使得我国的能源状况越来越不容乐观, 所以, 转变环保设计观念成为现阶段极其重要的事情。除了转变设计观念以外, 还需要改变房屋设计方法, 在设计方法中加入环保节能的理念, 并落到实处, 最终实现对资源、能源的保护, 促进人与自然环境的和谐统一发展。

8.4.2　有利于实现经济社会发展

社会经济的发展导入了城市化的发展, 现阶段城镇化发展成为经济建设的重要命题, 于是, 越来越多的耕地变为城市用地, 乡村变为城市, 越来越多的农民工涌向城市, 一栋栋高楼大厦拔地而起, 这些变化都是以牺牲环境为代价的, 所以自然环境遭到了严重的破坏, 再加上城市化发展是集约式的, 所以环境遭到的破坏越来越严重[15]。这时候, 绿色建筑的发展理念就被提出来了, 因为这一发展理念是符合经济社会发展的可持续性要求的, 它不仅能够做到环保节能, 还能促进社会市场经济的发展。它美化了城市环境, 带动了其他产业的发展, 比如旅游业、农业和服务业等, 越来越多的人加入环保的行列中。这种发展模式不仅改变了传统的一味地注重经济发展的模式, 还为城市增添了光彩, 促使产业循环发展, 在此过程中, 也帮人们树立起了保护环境的意识, 认识到了可持续发展的重要性, 从而实现了社会经济的发展。

8.5　绿色建材的种类和环境评估

8.5.1　特种水泥材料及其应用

水泥工业是国民经济的重要基础产业, 在我国工业化、城市化进程中起到重要作用。我国水泥年生产量已达到 24 亿吨, 占世界水泥总量的 60%, 其中 95% 以上是通用硅酸盐水泥, 包括硅酸盐水泥、普通硅酸盐水泥、矿渣硅酸盐水泥、火山灰硅酸盐水泥、粉煤灰硅酸盐水泥、复合硅酸盐水泥等。但通用硅酸盐水泥并不完全适用于水利水电、石油、冶金、化工、交通及国防等重点工程建设需求[23]。例如, 石油是我国工业的命脉, 离开了油井水泥, 就不能实现安全固井和油气资源的高效开采; 再如我国的三峡工程, 共浇筑约 2 800 万 m³ 混凝土, 使用中热硅酸盐水泥约 500 万吨, 为保证三峡大坝工程的百年大计起了重要作用。

自 20 世纪 50 年代以来, 我国特种水泥在经历了仿造、自主开发和研究创新三个发展阶段后, 成功开发出 60 多个特种水泥品种。特种水泥按其功能或用途主要可分为快硬高强水泥、膨胀自应力水泥、水工水泥、油井水泥、装饰水泥、耐高温水泥和其他专用水泥等七大类, 其中有 20 多个品种具有较大的批量生产规模。我国特种水泥的品种、数量、研究和应用水平均处于世界先进行列, 在国民经济建设中发挥了重要作用, 基本满足了石油、水电、冶金、化工、建筑、交通和海洋等各行业工程建设的需要。

近年来,随着我国能源、交通等领域一系列国家战略规划的制定和实施,水电、核电、石油、交通和海洋工程建设不断深入和扩大,建设条件和服役环境越来越新型绿色工程化,建筑材料越来越复杂和严酷,对水泥基材料性能提出了更高要求。针对重大工程建设亟待解决的技术瓶颈,通过数十年研究,以中国建筑材料科学研究总院为核心的研发团队,成功开发了具有特殊性能和特种功能的多品种特种水泥,建立了这些专用特性水泥制备和应用技术体系。例如,针对水工大坝温度裂缝这一世界性难题,从补偿混凝土后期温度降低发生收缩和降低水泥混凝土水化热的思路出发,研发了具有微膨胀性能的微膨胀中热硅酸盐水泥及兼具低水化热、高强特性的低热硅酸盐水泥,为大坝混凝土温控防裂提供了新的解决方案和技术路径;针对核电工程混凝土胶凝材料用量大、水化热高、收缩大等问题,开发了水化热和强度性能兼优的核电工程专用水泥,满足了核电混凝土高强高抗裂技术要求;研发了混凝土路面专用道路水泥材料,大幅提升了道路水泥的抗折强度和耐磨性能;针对海洋环境特点(离子侵蚀、海浪冲刷、干湿混循环),为提高海工混凝土建筑耐久性能,研制开发了兼具低水化热、高抗侵性能的海工硅酸盐水泥;针对石化能源开采条件的复杂化和深度化,研发了API油井水泥及具有特殊性能的特种油井水泥。这些特种水泥新品种的成功研制及规模化应用,为国家重点工程建设质量提供重要技术支撑,推动了国家重点工程高耐久、长寿命和绿色低碳可持续发展。

8.5.1.1 高强度低热硅酸盐水泥

低热硅酸盐水泥是以适当成分的硅酸盐水泥熟料,加入适量石膏,磨细制成的具有低水化热的水硬性胶凝材料,简称低热水泥,也主要用于水工大坝等大体积混凝土工程,以期进一步降低混凝土内部温升。国内外标准均对低热硅酸盐水泥作了特殊性能要求,中国、日本及欧洲等国的标准对低热硅酸盐水泥组成及性能指标要求分别见表 8-1[26]。

表 8-1 各国标准对低热硅酸盐水泥或熟料化学成分和矿物组分的要求

相关标准	MgO	SO_3	C_3S	C_2S	C_3A
ASTMC 150—18	≤6.0	≤2.3	≤35	≥40	≤7
JISR 5210—2009	≤5.0	≤3.5	—	≥40	≤6
GB 200—2003	≤6.0	≤3.5	—	≥40	≤6

注:ASTMC 150—18(波特兰水泥标准规范)和 JISR 5210—2009(日本水泥标准规范)规定水泥的化学成分和矿物组成要求;GB 200—2003(中热硅酸盐水泥 低热硅酸盐水泥 低热矿渣硅酸盐水泥)规定熟料化学成分和矿物组成要求。

低热硅酸盐水泥具有水化热低、干缩小、后期强度与强度增进率高等性能特点,对提高大体积混凝土工程的抗裂性和耐久性具有显著的作用。20 世纪 30 年代,美国建造胡佛大坝时便大量使用低热硅酸盐水泥。90 年代,日本建造北海道明石大桥时也使用了低热硅酸盐水泥,但都未能有效解决低热硅酸水泥早期强度偏低(3 d 抗压强度≤10 MPa)这一技术难题,使其难以达到建筑工程对于水泥强度性能的要求,影响工程周期,从而制约了实际推广应用,尤其是限制其在非大体积混凝土工程的应用[26]。

"九五"至"十二五"期间,中国建筑材料科学研究总院等单位开展产学研联合攻关,开展了低热硅酸盐水泥制备及其应用技术的系统研发,较好地解决了现有低热硅酸盐水泥早期强度低、应用受限的技术难题,从而实现对重点水电工程的规模应用,为解决水工大体积混凝土由于温度应力而导致的开裂问题提供了更好的技术途径。

8.5.1.2 核电功能用硅酸盐水泥

核能已成为人类使用的重要能源之一,是电力工业的重要组成部分,世界各国争相积极稳妥推进核电站建设[25]。核电工程的核岛阀基、安全壳等关键部位属于大体积混凝土工程,其既要具备较高的早期强度以满足施工需要,又要防止温度裂缝。在我国核电工程发展初期,核电工程建设用水泥主要靠进口,如秦山一期核电站全部使用了进口核电水泥。一个核电站完整的工程建设周期较长(一般为 5~10 年),水泥需求量大。全部采用进口水泥价格昂贵、长期在工地现场储存易导致水泥品质下降、国内外水泥检验标准不统一,以上因素均不利于我国对先进核电工程建设技术的消化、吸收和转化。20 世纪 90 年代,我国核电设计部门在参考和借鉴国外(美国、法国等)水泥标准的经验基础上,对国产水泥提出了一些高早强、中等水化热、干缩小等的特殊技术要求。但由于缺乏系统研究,也没有相应的标准作为技术支撑,我国核电工程建设中广泛采用了《中热硅酸盐水泥 低热硅酸盐水泥 低热矿渣硅酸盐水泥》(GB 175—2007)中普通硅酸盐水泥(P.O)和硅酸盐水泥(P.Ⅰ和 P.Ⅱ)等多个通用水泥品种,水泥水化热高、收缩大,难以满足核电混凝土高强高抗裂技术要求。

"十二五"期间,中国建筑材料科学研究总院联合国对核电工程设计、施工单位和水泥生产企业历经数年科技攻关,成功开发出具有较高早期强度、中等水化热及较低干缩性能的核电工程用硅酸盐水泥,并主导制定了全球首个核电工程建设用水泥标准《核电工程用硅酸盐水泥》(GB/T 31545—2015)。核电水泥的成功研制及标准的发布实施,对于规范我国核电水泥的生产和质量控制,提升我国核电工程用水泥和混凝土质量,保障核电站的长期安全运营起到重要作用。

8.5.1.3 道路工程水泥

道路、路面和机场跑道等道面工程按其在荷载作用下的力学特性,可分为刚性路面和柔性路面。刚性路面(水泥混凝土路面)是指以水泥混凝土为主要材料做面层的路面,俗称白色路面,是一种刚度较大、扩散荷载应力能力强、稳定性好和使用寿命长的高级路面。混凝土路面坚固耐用,能适应现代高速、重载而繁密的汽车运输的要求,养护维修费用也少,广泛应用于公路与城市道路路面、机场跑道工程、隧道工程以及停车场等。

道面工程用水泥是指专用于道路、路面和机场跑道等工程的特种水泥。水泥混凝土路面要求能长期经受高速车辆动荷载的冲击、摩擦和反复弯折等作用,还要能抵抗温度变化产生的胀缩、冻融的影响,道路混凝土需具有一些与普通混凝土不同的特有性能,如具有较高的抗弯拉强度、良好的耐磨性能和尽可能小的收缩抗裂性能等。路面基层起稳定路面的作用,是在路基(或垫层)表面上用单一材料按照规定的技术措施分层铺筑而成的层状结构,其材料与质量的好坏直接影响工程质量的好坏和使用寿命的长短。道路混凝土的性能和使用寿命皆受到水泥质量的制约,因此,提高混凝土道路工程专用水泥的性能,是优化道路混凝土路用性能的重要途径。我国 20 世纪 80 年代成功研发道路面层专用水泥,并制定了首个国家标准《道路硅酸盐水泥》(GB 13693—1992)[25],之后又研究并制定了首个路面基层专用水泥国家标准《道路基层用缓凝硅酸盐水泥》(GB/T 35162—2017)。随着我国公路交通及机场建设的发展,对混凝土道面工程专用水泥的需求量越来越大。

8.5.1.4　海洋工程水泥

用于海洋工程领域的混凝土,由于在复杂海洋环境中受离子侵蚀、海水冲刷干湿循环、高浓度 CO_2 等因素影响,极易产生过早的劣化破坏,其中钢筋锈蚀导致的混凝土破坏是最突出的问题。根据 1984 年美国的调查,全球每年海洋混凝土锈蚀问题产生的损失达 2 500 亿美元以上。而我国在 2016 年的最新调查表明,国内的各类海洋工程中,每年因腐蚀造成的损失高达 1 000 亿元以上。这严重影响了耐久性要求,由于海洋工程用水泥与混凝土材料特殊的施工条件及环境,阻碍了我国的海洋开发进程,也制约了我国海洋战略的实施。

例如,对于离岸工程,材料运输及其在施工现场的堆放条件非常有限,因此通常要求尽量减少材料种类,使用已经配好辅助胶凝材料的复合水泥[24]。又如,在亚热带等经常处于高温与频繁温、湿度变化的极端施工条件下,通常要求新拌混凝土具有更好的工作性及保持力,以及水泥与混凝土外加剂之间良好的适应性。另外,海洋工程中大量的混凝土构件通常体积较大,因此除了强度要求,还需长期的工程实践验证,海洋工程所需的胶凝材料性能指标主要包括:①强度性能,特别在大掺量辅助胶凝材料下应尽可能提高水泥早强;②抗蚀性,抗氯离子侵蚀和抗硫酸盐侵蚀性好;③保证混凝土良好的工作性,混凝土外加剂硅酸盐水泥是海洋工程中使用最广泛的胶凝材料,国际上,法国、荷兰和日本的硅酸盐水泥适应性好;④低水化热。

硅酸盐水泥是海洋工程中使用最为广泛的胶凝材料,国际上,法国、荷兰和日本等国对水泥材料在海水中的抗腐蚀性及机制开展了大量研究,形成了以高辅助凝材料掺量为特征、抗化学腐蚀的海洋工程专用复合水泥。但复合大量矿渣等材料的海洋工程水泥有早期强度低、凝结慢、混凝土易离析等问题。因此,近几年国际上在如何改善浆体流变性、提高早期强度且延迟水化放热、适应大体积结构施工等方面开展了大量的研究开发工作。

海洋工程硅酸盐水泥由中国建筑材料科学研究总院等单位在 2003 年于浙江宁波联合研制成功,其后在越来越多的地区得到推广应用,例如辽宁、福建、山东、广东、广西等。大量的研究试验和生产实践表明,海洋工程硅酸盐水泥的生产应采取矿渣与熟料分别粉磨的工艺方式,且需分别进行均化。水泥磨料系统应安装混料设备,以保证矿渣粉与基体水泥的混合效果。生产过程控制中应做到以下几点:严格控制石膏品质;原材料计量准确;根据颗粒级配要求分别优化矿粉与基体水泥的细度;为提高水泥早强,所选择熟料的 3 d 强度应在 30 MPa 以上。海洋工程硅酸盐水泥制备的混凝土,工作性优异、水泥与外加剂之间的相溶性好,混凝土氯离子扩散性指标显著优于普通水泥及抗硫酸盐水泥配制的混凝土(表 8-2)[23]。

表 8-2　不同品种水泥所配混凝土的性能比较

水泥品种	混凝土配合比/(kg·m⁻³)					W/C	抗压强度/MPa			Cl⁻扩算系数/(×10⁻¹² m⁻²·s⁻¹)		通电量	
	水泥	砂	石子	水	减水剂		3 d	28 d	90 d	28 d	90 d	28 d	90 d
P. O 42.5	394	749	1143	158	7.1	0.40	40.7	58.1	67.2	1.31	1.16	2 037	1 532
P. HSR 42.5	394	749	1143	158	7.1	0.40	30.8	57.0	60.8	2.53	1.99	3 948	3 020
P. OP 32.5	395	750	1 144	158	7.1	0.40	33.1	49.8	57.0	0.61	0.48	482	413
	440	704	1152	150	4.4	0.34	40.5	61.2	68.5	0.56	0.54	388	328

8.5.2　特种玻璃材料及其应用

随着现代科学技术和玻璃技术的发展及人民生活水平的提高,建筑玻璃在满足采光要求的同时,需要具有保温隔热、遮阳、调节入射光线、安全和艺术装饰等功能。其中隔热、遮阳与安全是建筑玻璃功能化最主要的方向,在世界范围内拥有最广泛的要求[27]。

低辐射镀膜玻璃可以有效阻挡热辐射,真空玻璃可以降低玻璃两侧的传导热,二者均具有保温隔热功能,二者结合是目前隔热效果最好的建筑节能玻璃。阳光控制镀膜玻璃通过对阳光光谱的反射和吸收实现遮阳,并保证一定的采光功能。电致变色智能玻璃可以进一步根据温度、光照、时间等条件变化,或者根据人的意愿,对玻璃的采光和遮阳性进行主动调节,实现对阳光辐射的最佳有效利用,与低辐射节能玻璃等被动式节能协同使用,可以进一步降低建筑能耗,是未来建筑节能玻璃的发展趋势。高性能复合防火玻璃是一种新型建筑安全玻璃,在发生火灾时能够有效控制火势蔓延,起到隔烟和隔热作用。

8.5.2.1　低辐射及太阳光控制镀膜玻璃

目前,我国建筑能耗较大,其中约50%的能耗来自建筑门窗的损失,民用建筑和公共建筑单位能耗水平是欧洲的4倍、美国的3倍,现有建筑93%以上都未安装节能玻璃门窗,使用节能玻璃是一种势在必行的手段。低辐射镀膜玻璃能够降低热量辐射并对太阳光进行选择性透过,阳光控制镀膜玻璃能够减少太阳光入射,这类镀膜玻璃针对不同气候、不同地区具有良好的节能效果,其中Low-E节能玻璃有着更优异的性能,已经在节能玻璃市场中占据绝对优势地位[29]。

商业模式上的平板玻璃膜出现在20世纪50年代末到60年代初,目前建筑玻璃行业主要包括在线化学镀膜技术和离线溅射镀膜技术。

化学气相沉积(Chemical Vapor Deposition,CVD)最初应用在20世纪60年代半导体部件中的单晶膜层的制备。20世纪70年代,人们尝试CVD与平板玻璃生产线结合在一起,用于大面积平板玻璃镀膜[28]。采用这种工艺生产出的第一个产品是英国皮尔顿公司,在线镀膜方式生产的阳光控制镀膜玻璃和低辐射镀膜玻璃的原料配方和反应器均不同,主要原料均为有机金属化合物和无机化合物。气相沉积生产工艺主要包括有机金属或无机化合物向玻璃表面扩散、吸附作用和解离作用、解吸溢流物、沉积颗粒表面漂移、结晶颗粒的核形成等。以下反应式是热分解生产阳光控制镀膜玻璃的典型过程。

$$(SiH_4)_{气体} \xrightarrow{高温} (Si)_{固体} + 2(H_2)_{气体} \uparrow$$

$$(SiH_4)_{气体} + (O_2)_{气体} \xrightarrow{高温} (SiO_2)_{固体} + 2(H_2)_{气体} \uparrow$$

英国的格罗夫(1852年)和德国的普律克尔(1858年)分别在研究辉光放膜过程的实验中发现了通过溅射来沉积膜层的方法。溅射过程的基础是气体放电进所谓的"等离子体",这个放电首先是在低气压处点火起辉,然后再与镀膜材压(即所谓的"靶")相互作用,在这个过程中,靶材从靶的表面刻蚀下来,然后在靶的附近的基片(如平板玻璃表面)上凝结成一层膜,这就是"溅射沉积"。普通溅射沉积方法的不足之处主要是溅射所需的工作气体压力较大,这将导致薄膜的沉积速率较低,气体分子对薄膜产生污染的可能性较大。基于此,磁控溅射技术得到了发展,其基本原理是在阴极靶附近施加一个与电场接近垂直的磁场,这样电子将在沿电场方向加速的同时由于受到洛伦兹力作用而绕磁场方向螺旋前进。磁场的存在延长了电子在等离子体中的运动轨迹,有效地提高了电子与气体分子的碰撞概率,提高了工作气体的电离率,这样就可以使工作气压降低(由 1 Pa 降低至 10^{-1} Pa),降低了薄膜被气体污染的可能性。更重要的是,此时在较低气压条件下溅射原子被散射的概率减少,粒子在电场中运动的自由程增加,提高了入射到衬底表面的能量,改善了膜层质量,沉积速率也比其他方法高出一个数量级。

Low-E 节能玻璃能实现两方面的节能效果:①对太阳光的选择性透过(遮阳);②对红外辐射传热的屏蔽作用(保温)。我国气候多样,对太阳光透过的需求随地理位置而变化,根据不同地区气候、光照的特点,从不同节能角度的需要,选择不同性能的产品。我国北方地区冬季寒冷时间长、室内外温差大,需要能够透过较多的太阳光,以减少供暖的能量需求,因此选用单银 Low-E 产品,实现冬季让尽可能多的太阳光进入室内,能够达到与双银产品相同的节能效果,并且具有较高性价比。而南方地区夏季炎热时间长,全年平均室内外温差小,需要减少太阳光热辐射,以降低制冷的能量需求,因此,选用双银低遮阳系数的产品可以达到最佳的节能效果。我国自从 1985 年引进第一条镀膜玻璃生产线以来,从接触、认可低辐射玻璃的优势到广泛应用经历了 20 余年的时间,现有 Low-E 镀膜玻璃生产线 100 余条,Low-E 镀膜玻璃总产能已达 2×10^8 m^2/年,主要生产公司有南玻集团、信义集团、耀皮集团、台玻集团、淇滨集团、秦皇岛耀华集团和威海蓝星集团等[30]。从整体技术发展来看,初期在膜系设计及膜层材料开发方面多是在引进的国外原设计框架下进行二次开发,延长产品线,对现有产品性能做一些调整。目前,通过近 10 年来国家政策和经费的支持,我国逐渐开始建立了具有自主知识产权的、科学的、完整的膜系设计开发流程,在基础材料、膜系设计、工艺装备方面取得了快速的发展,与国外先进制造技术和产品性能的差距不断缩小。我国开发的高透型可钢化双银低辐射膜系等与国际知名产品处于同一水平,自主开发的膜系设计软件及在线光谱测试系统的各项功能均达到国际先进水平。随着各项节能政策的实施,在目前我国平板玻璃产能严重过剩的背景下,开发生产大面积 Low-E 镀膜玻璃已经成为玻璃行业的重要经济增长点,但由于 Low-E 镀膜玻璃的产能也在不断释放,利润率在不断下滑,各厂商在激烈的市场竞争中都在向差异化、高性能、低成本方面发展。从技术发展及市场需求方面预测,未来低辐射相关镀膜玻璃的发展将主要表现为:结构由产品低性能、低可加工性向高性能、高可加工性发展;膜系结构由简单向复杂发展;生产控制难度由易到难发展;生产方式逐步由镀膜工程加工方式(即先钢后镀定尺寸)向大面积可钢镀膜技术发展;由订单式的小批量、低效率生产方式逐渐向库存式的大规模、高效率发展;产品开发和生产方式由经验型开发生产方式向智能制造方式发展。

8.5.2.2　电致变色智能玻璃

电致变色智能玻璃在外加循环电压作用下其光学性能发生可逆变化,从而实现玻璃可见近红外波段光谱性能,特别是可见光透过率的连续调控。它可以根据环境温度、光照条件、人为意愿等,通过电信号,主动、灵活地调控玻璃的采光和遮阳性能,以满足节能、视觉舒适度、隐私保护等个性化需求[31]。电致变色智能玻璃是 Low-E 低辐射能玻璃之后崛起的主动调控式建筑节能玻璃,实现了建筑节能的智能化。

电致变色玻璃两侧的透明导电层作为器件与外电源之间的电接触,其作用是传导电子进入阴极、阳极电致变色层,以及褪色时电子通过透明导电层抽出电致变色层。透明导电膜的方块电阻对玻璃变色速率有很大影响,为了保证有效器件有较快的着/褪色响应速度,一般要求导电层的方块电阻在 20 Ω 以下。此外,要求在可见光范围内透光率尽可能高,化学稳定性好,避免其组成元素在变色过程中向电致变色层扩散,劣化电致变色性能。阳极变色层和阴极变色层统称为电致变色层。其中,阴极变色层通过材料的氧化还原反应实现变色过程,是决定电致变色器件变色幅度的主要功能层;阳极变色层也称为离子储存层,主要作用是提供和存储离子。电致变色玻璃基本结构如图 8-2 所示。

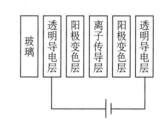

图 8-2　电致变色玻璃基本结构

8.5.3　环境友好型建筑卫生陶瓷

8.5.3.1　薄型陶瓷砖

薄型陶瓷砖是薄型化的普通陶瓷砖,区别于陶瓷薄板(陶瓷薄板是指面积超过 $1.62\ m^2$ 并且厚度不超过 6 mm 的陶瓷砖制品)。除陶瓷薄板外的其他薄型化的陶瓷砖制品均划归为薄型陶瓷砖,这也是我国陶瓷砖产品推进“薄型化”的重要方向之一。推进薄型陶瓷砖主要基于以下方面的考虑:

(1) 目前终端市场上客户消费理念有“厚重则优”的观念,故许多产品做得偏厚,冗余强度较多,通过对国家建筑卫生陶瓷质量监督检验中心近五年来检验数据的分析发现,大规格瓷质抛光砖产品和内墙砖产品的破坏强度值远大于标准要求,完全可以通过减薄降低过剩的强度。所以“减薄不减质”对于陶瓷砖产品比较适用。

(2) 对于外墙砖产品,目前业内讨论的焦点在于外墙砖有没有必要做那么厚,破坏强度是否有必要那么大,从而提出“薄型外墙砖”的理念。外墙砖的强度与其抵抗冷涂试验、水泥膨胀的拉应力破坏试验以及运输试验的能力相关。故该类产品减薄的要点是在产品减薄后,破坏强度达不到国家标准要求的前提下,其他使用性能是否能够达到要求,同时应当考虑是否能够满足燕尾槽设计的厚度。这些需要通过产品性能主产超薄外墙砖的工厂提供铺贴试验数据,或委托国家建筑卫生陶瓷质量监督检验中心进行铺贴性能的机制性试验数据。最终目的是获得破坏强度的最小限定值。

8.5.3.2 烧结透水砖

烧结透水砖是一种生态环保陶瓷砖,是针对我国近些年出现内涝问题开发的一类产品。它是一种用骨料和其他配料混合而成,通过成形、烧结工艺,经过低温和高温造孔工艺制成的具有连续开口孔隙的、透水功能的陶瓷制品。它具有良好的透水及保水能力,能很好地减缓城市由不透水地面覆盖所导致的"城市荒漠化"及"热岛效应",有利于保持城市水平衡,具有良好的吸声性,可降低城市噪声,是海绵城市建设的基础材料。

目前,全国 30 个海绵城市试点纷纷出台相关政策制度并持续加快推进。随着国家对建设海绵城市的提倡,多个省、自治区、直辖市提出了推进海绵城市建设的实施意见[32]。

8.5.4 环境功能建材

8.5.4.1 抗菌、防霉材料及建材制品与工程应用

经济、工业的快速发展,带来了资源大量消耗、环境不断恶化等问题。大气污染、雾霾严重威胁人们的生活健康;各种化学建材、工业材料的大量应用,使室内环境中甲醛、VOCs、细菌霉菌等有害物质不断增多,导致人们癌症、皮肤病、过敏症等发病率提高[33]。为了解决室内污染和舒适度问题,一是大力发展无毒无害的室内用品,不使用或者少使用有害含量高的产品,切断或降低污染的源头;二是使用合理的建筑设计,大力发展节能以及通风采光、宜居等综合指标好的绿色建筑。

抗菌材料主要分为三大类:

第一类是天然抗菌材料,包括从动物中提取的甲壳素、壳聚糖和昆虫抗菌性蛋白质等;还有从竹子、桧柏、芦荟等植物中提取的抗菌成分。这类抗菌材料由于来源有限,一般不在建材产品上应用。

第二类是有机抗菌防霉材料,按照聚合物的多寡可以分为低分子和高分子两大类。低分子有机抗菌剂主要有季铵盐类、双胍类、醇类、有机金属类等。高分子有机抗菌剂是在低分子有机物的基础上,通过接枝的方式引入。按照官能团的疏水性和亲水性,可以分为水溶性有机抗体剂和非水溶性有机抗体剂。

第三类是无机抗菌防霉材料,其具有长效、不产生耐药性、耐热等优点。近年来,无机抗菌材料日益得到广泛开发和应用。无机抗菌防霉材料主要是纳米光催化材料和金属离子/金属氧化物型材料。

(1)抗菌防霉硅藻无机壁材。

抗菌防霉硅藻无机壁材是利用硅藻土的微介孔特点,选择合适的有机防霉物质、孔道吸

附复合抗菌金属离子、有机防霉组分,以适合的处理工艺制备防霉有效成分缓释性、时效性和耐久性高的无机防霉抗菌复合材料。最终确定以一种有机防霉材料和抗菌金属离子按照一定的负载量,对在低温干燥条件下制备出的硅藻土负载进行防菌霉性能测试,测试结果见表 8-3[34]。

表 8-3　防霉性能测试

| 项目 | 样　品 | | 白度/% | 抑菌圈直径/mm | | 抗霉菌 | 耐久性 |
				黄葡萄球菌	大肠杆菌		
1	硅藻土负载复合材料1%添加到乳胶漆	7 d 样品	90	28	30	0 级	0 级
		4 个月样片	88	26	26	0 级	0 级
2	纯有机防霉材料1%添加到乳胶漆	7 d 样品	89	37	35	0 级	1 级
		4 个月样片	82	28	27	1 级	1 级
3	硅藻土负载复合材料1%添加到粉体硅藻泥	7 d 样品	85	30	30	0 级	0 级
		4 个月样片	85	28	28	0 级	0 级
4	纯有机防霉材料1%添加到粉体硅藻泥	7 d 样品	83	36	37	0 级	0 级
		4 个月样片	83	32	32	0 级	1 级

(2)抗菌防霉填缝剂。

填缝剂虽然用量较小,但其应用范围非常广泛。填缝剂是用于填充陶瓷墙面砖与地面砖缝间的接缝材料。填缝剂与瓷砖、石材等装饰材料相配合,起到饰面砖之间黏结、防渗等作用,优质的瓷砖填缝剂还能够减少整个墙壁或者地板覆盖材料的应力,保护瓷砖基层材料免受机械损坏及水的渗透所带来的负面影响。

室内用填缝剂,日常使用容易发黄变脏,甚至出现长霉发黑的现象。尤其是湿度较大的厨房、卫生间等应用场合,水会从瓷砖间的缝隙渗入瓷砖内部,导致瓷砖脱落和渗水发霉,更重要的是液态脏污会渗透到填缝剂里面无法清除,不但严重影响美观,更直接危害人体健康。

(3)抗菌防霉厨用人造石材。

石材是一种新型的复合材料,是用不饱和聚酯树脂与填料、颜料混合,加入少量引发剂,经一定的加工程序制成的。在制造过程中配以不同的色料可制成具有颜色艳丽、光泽如玉、酷似天然大理石的制品。它兼备大理石的天然质感和坚固的质地、陶瓷的光洁细腻以及木材的易于加工性。因其具有无毒、无放射性、阻燃性、不沾油、不渗污、耐磨、耐冲击和易保养等特点,正成为建筑装饰材料市场的新宠。

8.5.4.2　建筑污染控制材料技术与工程应用

空气净化材料是指吸附或降解环境中有害物质的材料与制品,这些材料能够去除和净化环境空间中的有机化学污染物(有机化学污染物以建筑环境中典型污染物甲醛、甲苯和

VOC 为代表），从而达到改善空气质量的目的[21]。

常见的空气净化材料有活性炭、TiO_2、矿物负载 TiO_2 等。净化材料按原理主要分为三类：物理吸附型、光催化型和吸附与光催化复合型。常见的空气净化制品，有空气净化涂料、空气净化人造板材和空气净化壁纸等，其中以空气净化涂料产品行业规模最大，应用范围最广，进入市场最早。

吸附技术是空气净化的方法之一，是利用某些多孔物质的吸附性能吸附有害成分达到消除有害气体的目的。通常吸附现象根据其作用力可分为物理吸附和化学吸附。物理吸附是由范德华力及吸附质分子与吸附剂表面原子间的点作用力引起的，由于这种力较弱，故对分子结构影响不大，所以可把物理吸附类比为凝聚现象。而化学吸附的作用力则是吸附质与吸附剂之间的化学反应力，由于此种力作用强，涉及吸附质分子和固体间的电子重排、化学键的断裂或形成，所以对吸附质分子的结构影响较大。两种吸附的主要特征见表 8-4。常用的吸附剂有活性炭、沸石分子筛、天然矿物材料等。

表 8-4　物理吸附与化学吸附主要特征比较

吸附现象	化学吸附	物理吸附
吸附速率	通常需要活化，速率慢	不需要活化，速率快
发生温度	高于气体液化点	接近气体液化点
选择性	有选择性，与吸附质、吸附剂的本性有关	无选择性，可吸附任何气体
吸附层	单层	多层
可逆性	通常不可逆	可逆

许多天然矿物因其特殊的结构、大的比表面积等性质表现出很高的吸附性能。前面提到的硅藻土、海泡石等矿物不仅有很强的调节能力，而且在空气净化方面表现优异。

然而，吸附平衡是吸附材料的一大缺陷。当吸附速率与脱附速率达到动态平衡时，在这种环境下的吸附剂就失去了作用，而且通常在常温常压下很难将气体从吸附剂中解吸，因此在室内空气净化方向上，吸附只能是一种短时高效的净化手段。

（1）光催化空气净化材料。

光催化材料在光催化过程中所产生的羟基自由基会先破坏有机气体分子的化学键，将大分子气体分解成简单分子气体，并能将空气中的甲醛、苯等各种有机物、氮氧化物、硫化物、氨等氧化。由于大多光催化材料对于反应温度没有严格的限制，在常温条件下即可进行光催化，在解决当前环境恶化问题、新型建筑材料及家具中的化学物质对环境的影响问题、汽车尾气产生的大气污染问题等方面具有较大的应用前景。

TiO_2 由于其光生载流子的强氧化能力而被认为是目前处理空气污染物最有潜力的光催化材料。当 TiO_2 表面受到波长小于 400 m 的光辐照时，TiO_2 会被激发，产生光生电子和空穴。光生电子和空穴会与空气中的 O_2、H_2O 或 TiO_2 表面的晶格 O、OH- 基团发生反应，产生具有强氧化能力的活性物，以及空气中的有害有机物[CO_2 和卤化银（卤代有机物）]等。在这些活性物质中，-OH 在气相化学反应中起着重要作用。

尽管纳米 TiO_2 具有优良的光催化性能，但是由于 TiO_2 的带隙较宽，太阳光谱中仅含有5%左右的紫外线被激发,这就极大限制了纳米 TiO_2 光能化材料对于太阳的利用率。而且在太阳光辐射下,一部分光生电子与空穴重新复合也是制约光催化技术大规模工业应用的一个重要因素。当前,国内外研究人员通常主要采用离子掺杂、贵金属负载、半导体复合等方法来解决这个问题。

(2)生物空气净化材料。

生物材料主要是利用生物对空中的污染物进行氧化分解,从而达到净化空气的目的。生物材料主要有两种。

一种是绿植。室内摆放绿植有助于改善空气质量,选择绿化植物应考虑室内的光照、空气温湿度等因素,达到室内环境相调节的目的。植物对空气中污染物的净化途径主要包括阻滞作用、吸附作用、储存作用和转换作用等。

另一种是生物酶。由于酶的存在使得生物对多种污染物具有生物降解作用,因此可利用活的微生物来治理环境废物。目前,生物酶处理污染物主要应用在水污染处理方面,在空气净化方面发展比较慢。

8.5.5 绿色建筑评估

评分项是从节能、减排、安全、便利和可循环五个方面对建材产品全生命周期进行评价。评分项指标:节能是指单位产品能耗、原材料运输能耗、管理体系等要求;减排是指生产厂区污染物排放、产品认证和环境产品声明(EPD)、碳足迹等要求;安全是指影响安全生产标准化和产品性能的指标;便利是指施工性能、应用区域适用性和经济性等要求;可循环是指生产、使用过程中废弃物回收和再利用的性能指标。

8.5.5.1 美国 LEED 评估

1998 年美国颁布了非政府性(美国绿色建筑协会 USGBC)的绿色建筑评价标准 LEED (Leadership in Energy and Environmental Design),后改版数次,至 2009 年颁布了 LEED 2009 版,即"绿色建筑评价工具",其下划分为 6 个分支:

(1)新建建筑(NC);

(2)商业建筑室内设计(CD);

(3)核心及外壳(CS);

(4)绿色社区(ND);

(5)家庭(FOR FAMILY)和学校(FOR SCHOOUL);

(6)医疗、零售等。

LEED 绿色建筑评价体系是美国绿色建筑协会用于推广、鼓励及评价认证建筑与绿色社区,推动建筑市场转型的有力工具。评价体系定期更新,以反映建筑技术和政策的新动态,目前 LEED 第 4 版已经推出,它依然以过去几版的认证标准为核心基础,但是整体认证流程更顺畅并且更突出强调建筑性能的表现,提升了行业标准。

8.5.5.2　英国 BREEAM 评估

英国 BREEAM 评估法是最早的绿色建筑评估系统,是由英国建筑研究组织(BRE)和一些私营单位的研究人员共同开发的。从 1990—1993 年,英国建筑研究所公布了对多种建筑类别适用的 5 种评估版本。BREEAM 评估法主要根据地球环境和资源利用、当地环境以及室内环境三个方面进行评估,内容包括建筑性能、设计建造和运行管理。评价条目包括 9个方面:

(1) 管理——总体政策和规程;

(2) 健康和舒适——室内和室外环境;

(3) 能源——能耗和 CO_2 排放;

(4) 运输——有关场地规划和运输时 CO_2 的排放;

(5) 水——消耗和渗漏问题;

(6) 原材料——原材料选择及对环境的作用;

(7) 土地使用——绿地和褐地使用;

(8) 地区生态——场地的生态价值;

(9) 污染——(除 CO_2 外)空气和水的污染。

每一条目下分若干子条目,分别对应不同的得分点。BREEAM 结果按照各部分权重进行计分,计分结果分为 5 个等级,分别是:通过(pass)≥30%;良好(good)≥45%;优秀(very good)≥55%;优异(excellent)≥70%;杰出(outstanding)≥85%。

8.5.5.3　我国绿色建筑评估标准

(1) 评价阶段。绿色建筑的评价分为设计评价和运行评价。设计评价应在建筑工程施工图设计文件审查通过后进行,运行评价应在建筑通过竣工验收并投入使用一年后进行[36]。

(2) 评价体系。绿色建筑评价体系由节地与室外环境、节能与能源利用、节水与水资源利用、节材与材料资源利用、室内环境质量、施工管理以及运行管理 7 类指标组成。施工管理和运行管理两类指标不参与设计评价。每类指标均包括控制项和评分项。每类指标的评外项总分为 100 分。为鼓励绿色建筑技术、管理的提升和创新,评价体系还统一设置加分项。控制项的评定结果为满足或不满足;评分项的评定结果为某得分值或不得分;加分项的评定结果为某得分值或不得分。

(3) 评价等级。

绿色建筑评价按总得分确定等级。绿色建筑评价的总得分按式(8-1)计算:

$$\sum Q = w_1 Q_1 + w_2 Q_2 + w_3 Q_3 + w_4 Q_4 + w_5 Q_5 + w_6 Q_6 + w_7 Q_7 + Q_8 \qquad (8-1)$$

式中,$Q_1 \sim Q_7$ 为评价体系 7 类指标各自的评分项得分;Q_8 为加分项的附加得分;$w_1 \sim w_7$ 为 7 类指标评分项的权重,按表 8-5 取值。

表8-5 评分评价表

项 目		节地与室外环境 (w_1)	节能与能源利用 (w_2)	节地与水资源利用 (w_3)	节材与资源利用 (w_4)	室内环境质量 (w_5)	施工管理 (w_6)	运行管理 (w_7)
设计评价	建筑建筑	0.21	0.24	0.20	0.17	0.18	—	—
	公共建筑	0.16	0.29	0.17	0.19	0.19	—	—
运行评价	居住建筑	0.17	0.19	0.16	0.14	0.14	0.10	0.10
	公共建筑	0.13	0.23	0.14	0.15	0.15	0.10	0.10

　　绿色建筑分为一星级、二星级、三星级三个等级。三个等级的绿色建筑都应满足本标准所有控制项的要求,且每类指标的评分项得分不应少于40分。三个等级的最低总得分分别为50分、60分、80分。

　　在上述这些绿色建筑评价标准或体系中,尽管对绿色建筑的内涵有各式各样的表述,范围有宽有窄,但基本上都是围绕三个主题:减少对地球资源与环境的负荷和影响;创造健康、舒适的生活环境;与周围自然环境相融合。国际绿色建筑评价体系的建立,目前正处于一个快速发展和不断更新完善的时期。不可否认的是,绿色建筑评价是一项关系到绿色建筑健康发展的重要工作,世界许多国家和地区都开始和继续在这一领域积极研究、探索和实践,相信各国的实践经验,能够对我国的相关工作起到很好的借鉴作用。

参考文献

[1]郑国玉.生态社会主义构想研究[M].北京:中国社会科学出版社,2015.

[2]孙儒泳,李庆芬,牛翠娟,等.基础生态学[J].北京:高等教育出版社,2002.

[3]秦鹏,史云贵,姜战朝.资源循环利用法律制度研究[M].北京:光明日报出版社,2010.

[4]刘峰贵,周强,何为静.人类环境学[M].北京:地质出版社,2004.

[5]Poulsen M, Lauring M. The historical influence of landscape, ecology and climate on Danish low-rise residential architecture[J]. International Journal of Design and Nature and Ecodynamics,2019,14(2):91-102.

[6]Hackel M, Hackel A. Architecture, ecology and economy:Synergy or contradiction?[C]//MATEC Web of Conferences. EDP Sciences,2019,280:03001.

[7]王红兵,胡爱珍.浅谈节能建筑发展之可持续性[J].甘肃科技纵横,2010(5):74-75.

[8]詹凯.关于绿色建筑发展的思考[J].四川建筑科学研究,2010(5):265-267.

[9]刘畅,于双民,王峻,等.中国乡村社区资源环境保护现状问题及技术发展研究[J].中国农业科技导报,2013,15(5):129-136.

[10]洪大用.中国低碳社会建设初论[J].中国人民大学学报,2010,2:19-26.

[11]Britannica E. Encyclopædia Britannica[M]. Chicago:University of Chicago,1993.

[12]李丽华.中国自然资源权属新探[D].武汉:武汉大学,2004.

[13]梁珍,程继梅,徐坚.商场建筑能耗主要影响因素及节能分析[J].节能技术,2001,19(3):17-18,20.

[14]苏英杰.基于相关系数法对公共建筑能耗限额研究[D].绵阳:西南科技大学,2018.

[15]龙瀛,毛其智,杨东峰,等.城市形态、交通能耗和环境影响集成的多智能体模型[J].地理学报,2011,

66(8):1033-1044.

[16] 玉林张. 李继宁. 装配式建筑工程管理的影响因素与对策[J]. 建筑工程技术研究,2018,1(15):161-162.

[17] 卢炯星,罗雪光. 论我国环境资源法的体系[J]. 福建政法管理干部学院学报,2002,3:12-18.

[18] 刘海龙. 发展生态建筑 改善人居环境[J]. 住宅科技,2001(9):7-11.

[19] 李路明. 绿色建筑评价体系研究[D]. 天津:天津大学,2003.

[20] 江步. 绿色建筑设计方法研究[D]. 武汉:华中科技大学,2008.

[21] 开彦,张文华. 健康住宅:人类居住健康与健康的人居环境[J]. 住宅科技,2001(11):3-6.

[22] 臧鑫宇,王峤. 可持续城市设计的内涵、原则与维度[J]. 科技导报,2019,37(8):6-12.

[23] 乔欢欢,卢忠远,严云,等. 特种水泥对普通硅酸盐水泥性能的影响[J]. 混凝土,2008(3):68-71.

[24] 蒋元海. 钢渣活化技术及其在水泥生产中的应用[J]. 硅酸盐通报,1996,15(5):61-64.

[25] 于利刚. 废橡胶粉的杂化改性及其对水泥基材料结构与性能的影响[D]. 广州:华南理工大学,2010.

[26] 王绍先,彭志刚,印兴耀. 新型油井水泥分散剂 AS 的研制及其应用[J]. 济南大学学报(自然科学版),2008,22(4):334-337.

[27] 黄惠忠. 纳米材料分析[J]. 现代仪器,2003(1):5-7.

[28] 温广武,雷廷权,周玉. 石英玻璃基复合材料的研究进展[J]. 材料工程,2002(1):40-43.

[29] 王福吉,郭会彬,贾振元,等. 玻璃纤维增强聚丙烯复合材料制孔损伤[J]. 复合材料学报,2018,35(8):2023-2031.

[30] 王彩华,李慧剑,余为,等. 空心玻璃微珠增强环氧树脂复合材料的动态力学性能[J]. 复合材料学报,2018,35(5):1105-1113.

[31] 罗益锋,罗晰旻. 现代飞机用特种纤维及其复合材料的最新进展[J]. 纺织导报,2018(B08):61-67.

[32] 聂保民. 三大要素影响 2013 年我国建筑卫生陶瓷产业发展[J]. 陶瓷,2013(9):9-11.

[33] 刘裕涛. 建筑卫生陶瓷工业节能技术及趋势[J]. 四川建材,2011,37(1):3-5.

[34] 秋荀谭. 新材料在建筑给水排水工程中应用[J]. 工程建设,2019,2(6):83-84.

[35] Ye Y. Composite Material for Air Purification, Preparation Method therefor and Application thereof: U. S. Patent Application 16/331,532[P]. 2019-07-04.

[36] Bratton E, Streed E, Bradley H. Air purification system: U. S. Patent Application 10/183,299[P]. 2019-01-22.